Nachhaltigkeit richtig umsetzen

Fachinformationen für die unternehmerische Praxis, Beratung und Prüfung

IDW (Hrsg.)

IDW VERLAG GMBH

Das Thema Nachhaltigkeit liegt uns am Herzen:

1. Auflage

Hinweis: Bei den enthaltenen bereits separat veröffentlichten Bestandteilen (z.B. Positionspapiere, WPg-Artikel etc.) können Nummerierung und Seitenzahl von dem Original abweichen, da die Elemente in der hier vorliegenden Publikation thematisch strukturiert und in den Gesamtkontext eingeordnet wurden. Textliche Veränderungen wurden nicht vorgenommen.

© 2021 IDW Verlag GmbH, Tersteegenstraße 14, 40474 Düsseldorf

Die IDW Verlag GmbH ist ein Unternehmen des IDW.

Satz: Reemers Publishing Services GmbH, Krefeld
Druck und Bindung: C.H.Beck, Nördlingen
KN 11978/0/0

ISBN 978-3-8021-2556-0

Bibliografische Information der Deutschen Bibliothek
Die Deutsche Bibliothek verzeichnet diese Publikation in der Deutschen Nationalbibliografie; detaillierte bibliografische Daten sind im Internet über http://www.d-nb.de abrufbar.

Coverfoto: www.istock.com/RuslanKaln

www.idw-verlag.de

Geleitwort

Die Transformation von Wirtschaft und Gesellschaft mit dem Ziel eines nachhaltigen Umgangs mit den Ressourcen unseres Planeten ist in vollem Gange. Alle Lebensbereiche werden davon berührt. Die intensive Beschäftigung mit den Herausforderungen der Nachhaltigkeit ist unausweichlich. Dies gilt vor allem auch für Unternehmen aller Größen, Branchen und Rechtsformen. Gesetzgeber und Regulatoren haben die Wirtschaft bzw. die ihr unterliegenden Kapitalströme als wesentlichen Schlüssel der nachhaltigen Transformation erkannt. Ansatzpunkt ist ein breites Spektrum verschiedenster Stakeholder. Hier treten neben die unmittelbaren Eigen- und Fremdkapitalgeber zunehmend auch solche Gruppen, die als Mitarbeiter, Konsumenten, Teil von Lieferketten etc. ebenfalls in ihre Unternehmen „investieren", sei es in Form von Arbeitskraft, Vertrauen oder der körperlichen Gesundheit. Die „Investitionsentscheidungen" dieser Stakeholder nehmen damit auch unmittelbar Einfluss auf den wirtschaftlichen Erfolg der Unternehmen.

Die gesetzgeberischen Maßnahmen – vor allem auch auf der europäischen Ebene – haben bereits eine erhebliche Dichte erreicht. Dies ist allerdings nur der Beginn einer schnell fortschreitenden Entwicklung. In den nächsten zwei bis drei Jahren sind wesentliche weitere Maßnahmen zu erwarten, die vor allem die Finanzierung unternehmerischer Aktivitäten (Sustainable Finance), deren Organisation (Corporate Governance) sowie die Berichterstattung über deren Erfolg (CSR-Berichterstattung, Integrated Reporting) betreffen. Vorstand und Aufsichtsrat – aber auch die Wirtschaftsprüfer – sind gut beraten, sich zeitig und proaktiv mit diesen Entwicklungen zu beschäftigen. Zusätzliches Know-how, etwa für die Einrichtung neuer Systeme und Prozesse sowie deren Prüfung, muss rechtzeitig aufgebaut und fortentwickelt werden.

Das IDW hat die Entwicklungen im Bereich der Nachhaltigkeit von Beginn an als strategisches Projekt verstanden und intensiv begleitet. Herausgekommen ist dabei eine Vielzahl von Veröffentlichungen, die gerade auch der proaktiven Positionierung der Unternehmen und ihrer Wirtschaftsprüfer dienen sollen. In der Rückschau sind wir selbst erstaunt, welche Fülle an Material dabei in letzter Zeit entstanden ist. Der vorliegende Band soll Ihnen, liebe Leserinnen und Leser, eine systematische Erschließung dieses Wissensfundus ermöglichen.

Unser besonderer Dank gilt daher Frau WP StB Katharina Völker-Lehmkuhl, die die strukturierte Aufbereitung der verschiedenen Materialien übernommen hat.

Selbstverständlich werden wir auch weiterhin die Entwicklungen intensiv begleiten und zusammen mit unseren Fachgremien praktische Hilfen und Lösungen erarbeiten.

Düsseldorf, im Februar 2021
Prof. Dr. Klaus-Peter Naumann
Institut der Wirtschaftsprüfer in Deutschland e.V.

Vorwort

Klimaschutz beziehungsweise Nachhaltigkeit waren den allgemeinen Erwartungen entsprechend wohl auf dem besten Weg, die vorherrschenden Themen des vergangenen Jahres zu sein – wären sie nicht von der Corona-Pandemie in den Hintergrund gedrängt worden.

Betrachtet man es jedoch genau, so sind beide Themenfelder eng miteinander verknüpft, denn die Pandemie ist nach Auffassung der Wissenschaft kein zufälliges Ereignis, sondern kann als direkte Folge mangelnden nachhaltigen Handelns betrachtet werden. Das Virus ist vom Wildtier auf den Menschen übergesprungen, da der Mensch den Tieren seit Langem zu nahe kommt. Durch Brandrodungen des Regenwalds, bei denen klimaschädliches Kohlendioxid (CO_2) freigesetzt wird, geraten die dort lebenden Tierarten in Bedrängnis und weichen ihrerseits in die Lebensräume der Menschen aus. Warnungen von Wissenschaftlern vor aufgrund mangelnden Schutzes der Regenwälder drohenden Pandemien blieben vielfach ungehört, sodass die globale Gesellschaft nun unter Verletzlichkeiten leidet, die sie durch ihr Handeln selbst zu verantworten hat.[1]

Als Argument gegen Umwelt- und Naturschutzmaßnahmen werden häufig die damit verbundenen Kosten genannt. Experten halten dagegen, dass nachhaltiges wirtschaftliches Handeln zumindest langfristig die ökonomisch erfolgreichere Alternative ist. Auch am Beispiel der Corona-Pandemie wird deutlich, dass die Folgen fehlenden Umwelt- und Naturschutzes deutlich höhere Kosten als die Schutzmaßnahmen selbst verursachen können. Neben den immensen wirtschaftlichen Schäden hat Corona uns aufgezeigt, wie unsere Welt in kürzester Zeit vollkommen verändert werden kann. Unser freiheitliches Lebensmodell wurde quasi über Nacht auf den Kopf gestellt. Konnten wir – bei vorhandenen finanziellen Mitteln – vor Kurzem noch zum Spaß um die Welt jetten, waren plötzlich sogar Besuche von engen Angehörigen per Verordnung reglementiert.

Ebenso wie Corona haben die Dürresommer der letzten Jahre uns exemplarisch verdeutlicht, dass die Warnungen der Wissenschaftler vor dem Klimawandel bzw. vor Pandemien ernst zu nehmen sind. Wirtschaftliches Handeln sollte daher künftig stets ein nachhaltiges wirtschaftliches Handeln sein, bei dem im marktwirtschaftlichen Rahmen wirtschaftlicher Erfolg, sozialer Zusammenhalt, der Schutz der natürlichen Lebensgrundlagen und globale Verantwortung als gleichermaßen wichtig anerkannt werden. Dabei ist ein langfristig tragfähiges Gleichgewicht anzustreben, durch das diese Ziele bestmöglich erreicht und das Wohl des Einzelnen und der Gesellschaft gesteigert werden.[2]

---

[1] Vgl. Epidemics and Society: From the Black Death to the Present by Frank M Snowden, Buchbesprechung auf theguardian.com, abgerufen am 13.01.2021.
[2] Nachhaltiges Handeln in der Wirtschaft – Chancen und Perspektiven, Staatssekretärsausschuss für nachhaltige Entwicklung, Beschluss vom 19.10.2015, verfügbar auf der Website der Bundesregierung unter bundesregierung. de, abgerufen am 12.01.2021.

Das Institut der Wirtschaftsprüfer e.V. (IDW) hat durch die Herausgabe von entsprechenden Beiträgen, Positionspapieren, Prüfungshinweisen und Fachbüchern einen beachtlichen Beitrag zur Umsetzung einer nachhaltigen Entwicklung geleistet. Wir haben hier, mit Ausnahme der Buchpublikationen, die in den letzten Jahren zu Nachhaltigkeitsthemen erschienenen Schriften des IDW zusammengetragen, um dem Berufsstand einen übersichtlichen und umfassenden diesbezüglichen Wissensschatz zur Verfügung zu stellen.

Der vorliegende Band ergänzt das Einführungswerk „Wegweiser Nachhaltigkeit"[3] sowie die Ausführungen in Neuauflagen der WPH Edition[4], die die Themen „Sustainable Finance" und „Nichtfinanzielle Berichterstattung" in der Tiefe behandeln.

Heiligenhaus, im Januar 2021   Katharina Völker-Lehmkuhl

----

[3]   Völker-Lehmkuhl/Reisinger: Wegweiser Nachhaltigkeit.
[4]   Gemeint sind IDW (Hrsg.): Kreditinstitute, Finanzdienstleister und Investmentvermögen (2020) sowie
      IDW (Hrsg.): Assurance 2. Auflage (2021).

Inhaltsverzeichnis

Autorenverzeichnis

Kai Michael Beckmann, Hamburg

WP StB Nils Borcherding, Hamburg

WP Alexander Glöckner, Frankfurt a. M.

Christian Heller, Frankfurt a. M.

Mirjam Kolmar, München

WP StB Georg Lanfermann, Berlin

WP Yvonne C. Meyer, Eschborn

Dr. Christian Reisinger, Berlin

WP StB Nicole Richter, München

WP StB Nina Schäfer, Düsseldorf

StB Dr. Matthias Schmidt, Düsseldorf

Dr. Martin W. Schönberger, Frankfurt a. M.

WP StB Dr. Daniel P. Siegel, Düsseldorf

WP StB Ellen Simon-Heckroth, Hamburg

WP StB Prof. Dr. Bernd Stibi, Geldern

WP StB Katharina Völker-Lehmkuhl, Heiligenhaus

Kapitel 1: Einführung – Nachhaltigkeit und die Rolle der Wirtschaft

Am 11.01.2019 hat die EU-Kommission den sogenannten „Green Deal" mit folgenden sehr ambitionierten Zielen vorgestellt:[1]

- Klimaneutralität Europas bis 2050
- Ankurbelung der Wirtschaft durch umweltfreundliche Technologien
- Schaffung einer nachhaltigen Industrie
- Schaffung eines nachhaltigen Verkehrs
- Eindämmung der Umweltverschmutzung

Zur Durchsetzung der Klimaneutralität bis 2050 soll ein europäisches Klimaschutzgesetz verabschiedet werden, dessen Entwurf seit März 2020 vorliegt. Es hat den Zweck, einen rechtsverbindlichen Rahmen für die besagten Ziele und somit auch einen Anreiz für Investitionen zu schaffen, und betrifft alle Bereiche der Wirtschaft[2]:

- Der Energiesektor, der für über 75 % der Treibhausgasemissionen der EU verantwortlich ist, soll dekarbonisiert werden. Das hat den Ausstieg aus bzw. die Verminderung der Stromerzeugung auf Basis fossiler Brennstoffe wie Stein- und Braunkohle, Erdgas oder Erdöl zur Folge. Klimaneutral ist dagegen die Stromerzeugung aus erneuerbaren Energien wie Solarkraft, Windenergie oder Wasserkraft. Auch die Kernenergie gilt als klimaneutral, wird aber aufgrund der weitestgehend ungeklärten Frage der Endlagerung der atomaren Reststoffe sowie angesichts des Risikos von Störfällen oder Terroranschlägen kritisch gesehen.
- Ungefähr 40 % des europäischen Energieverbrauchs entfallen auf den Gebäudebestand. Durch energetische Sanierungen und Renovierungen lassen sich Energieverbrauch und -kosten senken.
- Die Industrie soll bezüglich Innovationen und in ihrer weltweiten Führungsrolle bezüglich der grünen Wirtschaft unterstützt werden. Bisher verwendet die Industrie nur zu 12 % recycelte Materialien. Dies ist erheblich zu steigern.
- Der Verkehr ist in Europa für 25 % aller Emissionen verantwortlich, die sich durch die Einführung umweltfreundlicherer, kostengünstigerer und „gesünderer" Formen des privaten und öffentlichen Verkehrs zu einem erheblichen Anteil einsparen lassen.

---

[1] Aktuelle Maßnahmen der EU, siehe Website der Europäischen Union unter ec.europa.eu, Suchbegriff: Aktuelle Maßnahmen der EU, abgerufen am 08.01.2021.
[2] Was ist der europäische Grüne Deal?, https://ec.europa.eu/info/strategy/priorities-2019-2024/european-green-deal_deabgerufen am 016.02.2021 (im Folgenden: Was ist der europäische Grüne Deal?).

Der Green Deal ist aus Sicht der EU-Kommission alternativlos. Würde er nicht umgesetzt, hätte dies gravierende Folgen:[3]

- Die Umweltverschmutzung würde weiter zunehmen. Bereits heute sind 400.000 vorzeitige Todesfälle jährlich auf Luftverschmutzung zurückzuführen.
- Hitze und Dürre führen alljährlich zu 90.000 Todesfällen infolge extremer Hitzewellen. Ein globaler Temperaturanstieg um 5 °C würde zu weiteren Migrationsbewegungen und infolgedessen allein in der EU zu 660.000 zusätzlichen Asylanträgen jährlich führen. Bei einer Erwärmung um 4,3 °C sind 16 % der Tierarten vom Aussterben bedroht.
- Die Verteilung des Wassers würde sich katastrophal verschlechtern. In Südeuropa würde 40 % weniger Wasser zur Verfügung stehen. Überschwemmungen im Bereich von Flüssen würden jährlich 500.000 Menschen betreffen, in den Meeresküstenregionen pro Jahr sogar 2,2 Millionen.
- Auch die Wirtschaft würde massiv leiden: Der Klimawandel könnte bis 2050 zu einem Anstieg der Lebensmittelpreise um 20 % führen. 50 Millionen Menschen könnten weltweit gezwungen werden, ihre Wohnorte aufgrund von Überschwemmungen aufzugeben. Die wirtschaftlichen Kosten hitzebedingter vorzeitiger Sterblichkeit könnten sich auf 40 Milliarden Euro jährlich belaufen. Ein Anstieg der Durchschnittstemperatur um 3 °C würde für die Wirtschaft schätzungsweise Verluste in Höhe von 190 Milliarden Euro jährlich mit sich bringen.

Klimawandel

Der Klimawandel hat bereits begonnen. Das Jahr 2020 war das zweitwärmste Jahr seit Beginn der Wetteraufzeichnungen, die globale mittlere Temperatur lag ungefähr 1,2 °C über der des vorindustriellen Vergleichszeitraums[4] und 0,01 °C über der globalen mittleren Temperatur des bislang wärmsten Jahres 2016. Die Temperaturanstiege verliefen regional unterschiedlich: In den Regionen nördlich des Polarkreises lagen sie um das Doppelte über dem globalen Durchschnitt, in Nordsibirien kam es sogar zu ausgedehnten Waldbränden und Temperaturen von über 30 °C. Forschungsarbeiten zeigen, dass das Eintreten derartiger Hitzewellen in Nordsibirien mittlerweile schon um das 600-Fache wahrscheinlicher ist als vor der Industrialisierung.[5]

Weltweit verursachten Naturkatastrophen im Jahr 2020 8.200 Todesfälle und Schäden in Höhe von 210 Milliarden US-Dollar. Versichert waren davon 82 Milliarden US-Dollar, die restlichen 128 Milliarden US-Dollar beziehungsweise 60 % waren von den Geschädigten

---

[3]   Was geschieht, wenn wir nicht handeln, https://ec.europa.eu/commission/presscorner/detail/de/fs_19_6715f, abgerufen am 16.02.2021 (im Folgenden: Was geschieht, wenn wir nicht handeln).

[4]   Gemeint sind die Jahre 1880 bis 1900.

[5]   Rekord-Hurrikansaison, extreme Waldbrände – Die Bilanz der Naturkatastrophen 2020, siehe Website der Münchner Rückversicherung unter munichre.com, Stichwort: Naturkatastrophen-Bilanz 2020, abgerufen am 08.01.2021 (im Folgenden: Rekord-Hurrikansaison, extreme Waldbrände – Die Bilanz der Naturkatastrophen 2020).

selbst aufzubringen.[6] Im Vorjahr war der Umfang der Schäden noch um 21 % geringer ausgefallen. Auch wenn die Veränderungen der letzten Jahre schwankend waren, lässt sich unter dem Strich eine eindeutige Tendenz der Zunahme von durch Naturkatastrophen verursachten Schäden beobachten. Besonders hohe Schäden richteten im Jahr 2020 Stürme und Hurrikans an, am teuersten war der Hurrikan Laura in den USA mit einem Gesamtschaden von 13 Milliarden US-Dollar. Die gesamte Hurrikansaison verursachte in Nordamerika 2020 Schäden in Höhe von 43 Milliarden US-Dollar. Davon waren 60 % versichert.[7] Die Ursachenforschung bezüglich der Zunahme von heftigen Hurrikans gestaltet sich komplex, jedoch gilt der Klimawandel, wenn nicht als einzige, so doch zumindest als eine der Ursachen.

Die EU-Kommission weist darauf hin, dass jede weitere Verzögerung die notwendigen Maßnahmen zum Klimaschutz schwieriger und kostspieliger werden lässt.[8] Sie ruft daher zum sofortigen Handeln auf und fordert von den einzelnen Mitgliedsstaaten entsprechende Initiativen. Um jene Menschen, Unternehmen und Regionen, die am stärksten mit dem Übergang zu einer umweltfreundlichen Wirtschaft zu kämpfen haben, mit finanzieller und technischer Hilfe zu unterstützen, stellt die EU-Kommission mindestens 100 Milliarden Euro bereit.

Die Theorie der freien Güter

Dass in der Wirtschaft ein Umdenken gefragt ist, wird von immer mehr Wissenschaftlern, der Öffentlichkeit, der Politik und von Unternehmen wahrgenommen. Noch vor wenigen Jahrzehnten wurden Luft, Gewässer, Urwälder und Sonne in der Wissenschaft als freie Güter bezeichnet, die weder knapp noch mit einem Preisschild versehen sind und dieser Sichtweise entsprechend unbegrenzt und ohne jede Gegenleistung verbraucht werden dürfen. Die Verwendung freier Güter führte – abgesehen von etwaigen Kosten für Abbau, Transport oder Ähnliches – dementsprechend zu keinen Aufwendungen.

Teilweise hat die Theorie der freien Güter auch heute noch Gültigkeit, zum Beispiel bezüglich der Nutzung der Sonnenenergie. Luft jedoch, genau wie auch Meer- und Flusswasser sind heute nicht mehr als freie Güter anzusehen, sondern sehr wohl mit Aufwendungen verknüpft. So haben die Abgase aus Kraftwerken, Fabriken und Kraftfahrzeugen mittlerweile zu erheblichen lokalen und globalen Problemen mit Luftverschmutzung geführt. War der Dieselmotor über Jahrzehnte das Flaggschiff der deutschen Automobilindustrie, hat man inzwischen festgestellt, dass die durch Dieselfahrzeuge freigesetzten Stickstoffdioxide ein nicht unerhebliches Risiko für Erkrankungen der Atemwege und des Herz-Kreislaufsystems darstellen.

---

[6] Vgl. Rekord-Hurrikansaison, extreme Waldbrände – Die Bilanz der Naturkatastrophen 2020.
[7] Vgl. Rekord-Hurrikansaison, extreme Waldbrände – Die Bilanz der Naturkatastrophen 2020.
[8] Vgl. Was geschieht, wenn wir nicht handeln.

Die Wassermengen in Flüssen und Ozeanen wirken auf den Menschen so groß, dass man lange davon ausging, das Hineinleiten von Abwässern oder anderen Substanzen würde ohne Konsequenzen bleiben. Heute aber wissen wir, welch gravierende, teils gar verheerende Wirkung selbst scheinbar kleine Auslöser haben können. So wurde beispielsweise in Fischen, Walen und anderen Meeresbewohnern Mikroplastik gefunden, das u. a. aus Wasch- und Pflegemitteln[9] bzw. dem Abwasser von Haushaltswaschmaschinen stammt.[10] Der Abrieb von Auto- oder LKW-Reifen auf den Straßen gelangt als Mikroplastik in das Grundwasser. Die jeweils einzelnen Mengen mögen marginal erscheinen – in der Summe bündeln sie sich zu einer massiven globalen Problematik[11], zumal Mikroplastik auch im Trinkwasser nachgewiesen wurde.

Die Abholzung des Regenwalds wurde über viele Jahre nicht als ernsthafte Bedrohung wahrgenommen und der Regenwald von vielen Menschen als freies Gut angesehen. Zwar wurde die Einfuhr von Tropenhölzern aus illegaler Regenwaldrodung in der EU 2013 unter Strafe gestellt, die Wirksamkeit dieser Regelung ist aber nicht in allen Mitgliedsstaaten belegt – zumal die Verwendung der besagten Hölzer in Druckerzeugnissen weiterhin legal ist. Neben dem widerstandsfähigen und teilweise sehr begehrten Tropenholz ist Palmöl eine weitere Triebfeder für umfangreiche (Brand-)Rodungen. Das süßliche Öl von klarer, heller Farbe findet aufgrund seiner geringen Produktionskosten in der Lebensmittelproduktion umfangreiche Verwendung, sei es in Margarine, Schokolade, Müsli oder Brotaufstrichen. Auch die Kosmetik- und sogar die Aluminiumindustrie setzen Palmöl ein. Palmpflanzen werden in Plantagen auf ehemaligem Regenwaldgebiet angebaut, das dessen ursprüngliche Bewohner eher unfreiwillig hergeben mussten. Es ist grundsätzlich davon auszugehen, dass es kein wirklich nachhaltig angebautes Palmöl gibt.[12]

Für das Weltklima sind die Regenwälder sehr wichtig. Die vorsätzlich herbeigeführten Brände zum Zweck ihrer Rodung sind eine ökologische Katastrophe, die nicht grundlos auf der Agenda des G7-Gipfels im August 2019 stand. Durch die Brandrodungen werden viele Tier- und Pflanzenarten ausgerottet. Das in den Bäumen und Pflanzen gebundene Kohlendioxid (CO_2) wird in die Atmosphäre freigesetzt. Auf den abgeholzten Waldflächen kann kaum mehr CO_2 aus der Luft gebunden werden. Der Umfang des Regenwalds als „grüne Lunge" der Erde sinkt bedrohlich. Es ist davon auszugehen, dass ungefähr 15 % des Klimawandels durch die Rodung der Regenwälder verursacht werden. Betrachtet man die Kosten des Klimawandels, wird deutlich, dass der Regenwald keineswegs ein „freies Gut", für das „keine Aufwendungen" anfallen, darstellt.

....

[9]   Die Zusätze sorgen beispielsweise für Glitzereffekte in Duschgels oder Bodylotions.
[10]   Durch die Rotation der Waschtrommel entsteht Abrieb der synthetischen Bekleidungsstoffe, der mit dem Abwasser in die Kanalisation gelangt. Da der Abrieb für die verwendeten Filter zu fein ist, gelangt er letztendlich ins Meer.
[11]   Vgl. Völker-Lehmkuhl/Reisinger: Wegweiser Nachhaltigkeit.
[12]   Vgl. Völker-Lehmkuhl/Reisinger: Wegweiser Nachhaltigkeit.

Über viele Jahre herrschte die Annahme vor, dass die Freisetzung von Kohlendioxid (CO_2) in die Atmosphäre keine nachteiligen Folgen hat: Insofern es sich um ein in der Natur häufig vorkommendes Gas handelt, sah man in der Freisetzung von CO_2 durch die Verbrennung von fossilen Brennstoffen wie Kohle, Öl und Gas kein Umweltrisiko. Heute weiß man, dass die Menschheit zu viel CO_2 freigesetzt und hierdurch den Treibhauseffekt verursacht hat.

Weitere Handlungsfelder

Neben dem Klimaschutz gibt es zahlreiche weitere Handlungsfelder auf dem Gebiet des nachhaltigen Wirtschaftens. Als Beispiel sei hier Mica genannt, ein natürliches Mineral und Bestandteil vieler Kosmetikprodukte wie Puder, Rouge oder Lidschatten, da es diesen – aber auch Lippenstiften und Nagellack – ihren besonderen Schimmer verleiht. Hübsch verpackt dienen die Kosmetika dem schönen Erscheinungsbild. Gedanken an die Abbaubedingungen ihres Inhaltsstoffes Mica – in illegalen, stickigen und unzureichend gesicherten Minen, ohne Licht, unter Lebensgefahr für Arbeiter im Erwachsenen- und Kindesalter – kommen dabei schon allein aus Unkenntnis aufseiten der Verbraucher kaum auf. Doch rund 90 % der indischen Mica-Produktion stammen aus illegalen Minen, in denen jeden Monat ein Dutzend Menschen sterben. Papiere von legal gewonnenem Mica werden bei Bedarf auch für das illegal geförderte verwendet.[13]

Wer auf Mica, aber nicht auf ein strahlendes Äußeres verzichten möchte, hat es derzeit schwer, Alternativen zu finden. Auch Produkte der Naturkosmetik enthalten Mica. Tierversuche für kosmetische Produkte sind seit 2009 in der EU grundsätzlich verboten – das Leid von Menschen im Dienste der Schönheit wohlhabenderer Mitmenschen ist hingegen bis dato nahezu vollkommen unbekannt. Möchten Unternehmen wirklich nachhaltige Kosmetik anbieten und Auditoren dies bescheinigen, darf die Frage der Mica-Herkunft nicht ausgeblendet werden. Anstelle von Mica kann für Glitzereffekte in der Kosmetik Aluminium oder Mikroplastik verwendet werden, doch beides ist ökologisch bedenklich. Aluminium hat einen sehr hohen CO_2-Fußabdruck und steht unter dem Verdacht, krebserregend zu sein. Mikroplastik gerät mit dem Abwasser in die Meere und wird über die Nahrungskette von den Meerestieren aufgenommen.

Noch schöner als Mica schimmern Gold und Diamanten. Auch bei ihrem Abbau herrschen katastrophale Arbeitsbedingungen, häufig unter Einsatz von Kinderarbeit. Leonardo DiCaprio, der seine Berühmtheit seit vielen Jahren nutzt, um sich für Nachhaltigkeit einzusetzen, hat dies schon 2006 in seinem Spielfilm „Blood Diamond" thematisiert, der eine bemerkenswerte Gratwanderung zwischen Hollywood-Drama und umweltpolitischem Aufklärungsfilm unternimmt.

---

[13] Kosmetikindustrie, Kinder schuften für Europas Schminke, siehe Website des ZDF unter zdf.de, Beitrag vom 05.02.2020, abgerufen am 09.01.2021.

Außer in Minen und Steinbrüchen oder Kleiderfabriken gibt es auch in der Landwirtschaft Kinderarbeit, beispielsweise auf Baumwoll-, Bananen-, Tabak-, Kaffee- oder Kakao-Plantagen. Bei der Bananenernte müssen die Kinder auf hohe Leitern steigen, um die Bananenstauden mit scharfen Messern abzutrennen, bei der Schädlingsbekämpfung mit Pestiziden mitwirken oder die Raupen einzeln von den Bananenblättern ablesen. Die auf den Kakao-Plantagen arbeitenden Kinder sind oft so arm, dass sie niemals Gelegenheit haben, die aus dem Kakao hergestellte Schokolade zu kosten. Sie können sich gar nicht vorstellen, wie Schokolade schmeckt.

Es mutet ironisch an, dass es sich wie bei der Kosmetik auch bei der Kakao-Ernte u. Ä. m. noch nicht mal um essentielle Grundbedürfnisse dreht, sondern allein um Annehmlichkeiten für wohlhabendere Menschen. Bei der beschriebenen Kinderarbeit geht es auch nicht um „harmlosere" Dinge wie Mithilfe im Haushalt, Babysitten oder Austragen von Zeitungen nach der Schule, sondern um Tätigkeiten, die gefährlich, ausbeuterisch und/oder erzwungen sind, die die körperliche und/oder seelische Entwicklung von Kindern schädigen und/oder Kinder vom Schulbesuch abhalten. Weltweit leisten 152 Millionen 5- bis 17-Jährige verbotene Kinderarbeit – dies ist ein Anteil von 5 % aller Kinder –, in Afrika sind es mit 72 Millionen sogar ganze 20 %. Weitere 62 Millionen arbeitende Kinder leben in Asien und im Pazifikraum.[14] Sklaverei, Prostitution, Kinderpornografie, Einsätze als Kindersoldaten oder Drogenkuriere schädigen das körperliche, geistige, soziale und moralische Kindeswohl.

Hiergegen muss die Wirtschaft auf indirektem Wege tätig werden. Die Hauptursache für Kinderarbeit ist Armut. Muss in Indien ein Großteil der Bevölkerung von weniger als einem US-Dollar täglich leben, sehen sich Eltern gezwungen, ihre Kinder arbeiten zu lassen – zumal der Besuch schlecht ausgestatteter Schulen ihnen oftmals als wenig sinnvolle Alternative erscheinen mag.

Fairer Handel

Der Schlüssel für eine nachhaltige Entwicklung ist in diesem Zusammenhang daher die Armutsbekämpfung.[15] Eine Möglichkeit zur Verminderung bzw. Vermeidung von Kinderarbeit sind fair gehandelte Produkte. Fairer Handel bedeutet: kontrollierter Handel, bei dem die Erzeuger Mindestpreise erhalten und so ein höheres und verlässlicheres Einkommen haben. Zwangsarbeit und Kinderarbeit sind im Fairtrade-System verboten.

---

[14]   Arbeit statt spielen: Wenn Kinder keine Kindheit haben, Publikation auf der Website von Brot für die Welt unter brot-fuer-die-welt.de, abgerufen am 09.01.2021 (im Folgenden: Arbeit statt spielen: Wenn Kinder keine Kindheit haben).

[15]   Vgl. Arbeit statt spielen: Wenn Kinder keine Kindheit haben.

Auch den Frauen kommt fairer Handel zugute, die Stärkung ihrer wirtschaftlichen und sozialen Unabhängigkeit trägt nachweislich zur allgemeinen Verbesserung der wirtschaftlichen Verhältnisse ganzer Gemeinschaften bei. Die in Europa zu zahlenden Preisaufschläge für Fairtrade-Produkte von Rosen und Bananen über Tee, Kaffee, Müsli und Eiscreme bis hin zu Schuhen und Schokolade sind relativ gering, insbesondere seitdem Fairtrade-Produkte in großen Supermärkten und bei Discountern, teilweise sogar als Eigenmarken, erhältlich sind. Der Verbraucher ist durchaus bereit, zu Fairtrade-Produkten zu greifen, sofern er auf ein überzeugendes Angebot stößt. Hier ist die Wirtschaft vom Lebensmittelproduzenten über Groß- und Einzelhandel bis hin zu Finanzgebern und Beratern aufgerufen, den fairen Handel zu fördern.

Ob Luft, Wasser, Regenwälder oder Menschenrechte: Keinesfalls handelt es sich hierbei um freie Güter. Dem Wirtschaftswissenschaftler stellt sich daher die Frage, ob und wie diese Güter zu bepreisen sind. Eine Studie der Universität Augsburg hat berechnet, dass die Einpreisung aller Folgekosten von Stickstoffdüngung, Energieerzeugung und übrigen Treibhausgas-Emissionen zu Preisaufschlägen von bis zu 196 % führen würde.[16]

Emissionshandel

Ein Modell der Einpreisung externer Kosten wird seit 2005 von der EU in die Praxis umgesetzt. Unternehmen aus dem Bereich der Energieerzeugung, Industrieunternehmen mit hohen CO_2-Emissionen und die Flugverkehrsunternehmen müssen am sogenannten EU-Emissionshandel teilnehmen und für jede Tonne emittiertes CO_2 ein Emissionsrecht abgeben. Während die Emissionsrechte anfangs kostenlos an die Unternehmen ausgeteilt wurden, sind sie heute im Wesentlichen gegen Entgelt zu kaufen. Somit sind die Emissionen von CO_2 bepreist, und die Luft stellt diesbezüglich kein freies Gut mehr dar. Weitere Modelle der CO_2-Bepreisung befinden sich aktuell in der Diskussion.

Neben Wirtschaft, Politik und Gesellschaft sind die Finanzmärkte ein wesentlicher Treiber in Sachen Nachhaltigkeit. Unternehmen, die auf „Green Finance" setzen, öffnen sich für neue Investorenkreise und erweitern dadurch ihre Finanzierungsbasis. Potenzielle Investoren sind vorhanden. Sowohl institutionelle Anleger wie Pensionskassen, Kommunen, Länder oder Stiftungen als auch private Anleger suchen gezielt nach Investments, die ökologisch und sozial nachhaltig sind. Green Finance kann zu einer Imageverbesserung führen und die Attraktivität eines Unternehmens für Neu- und Bestandskunden, Kapitalgeber oder potenzielle Mitarbeiter steigern. Dies wiederum kann bei der Suche nach Fachkräften der Generation Y der entscheidende Pluspunkt sein.

---

[16] Studie Universität Augsburg (2018): „How much is the dish?" – Was kosten Lebensmittel wirklich?, als PDF online verfügbar, z. B. unter schweisfurth-stiftung.de, abgerufen am 08.01.2021.

Die Erfahrungen der letzten Jahre zeigen, dass ein erfolgreiches Nachhaltigkeitsmanagement kein Nischenthema, sondern integraler Bestandteil von Unternehmensprozessen sein sollte. Eine wirklich nachhaltige Unternehmensführung erfordert die Identifizierung und Bewertung aller Auswirkungen der Unternehmenstätigkeit auf Umwelt und soziale Faktoren. Unternehmen, die ihre Geschäftsprozesse nicht sorgfältig auf ESG-Risiken[17] prüfen, sondern versuchen, sich mit kleineren, marketingwirksamen Aktionen ein grünes Image zu verschaffen, laufen Gefahr, in die Greenwashing-Falle zu tappen. Wird in der Öffentlichkeit bekannt, dass ein Produkt oder eine Dienstleistung in Wirklichkeit weit weniger umweltfreundlich oder verantwortungsbewusst ist als behauptet, kann dies zu einen erheblichen Reputationsschaden führen.[18]

Tu Gutes und rede darüber

Nachhaltigkeitskommunikation ist fast so wichtig wie Nachhaltigkeit selbst. Die Unternehmensberichterstattung für große kapitalmarktorientierte Unternehmen, große Kreditinstitute und große Versicherungsunternehmen mit mehr als 500 Arbeitnehmern ist seit dem Geschäftsjahr 2017 verpflichtend um eine nichtfinanzielle Erklärung zu ergänzen. Darin sind Mindestangaben zu den Umwelt-, Sozial- und Arbeitnehmerbelangen, zur Achtung der Menschenrechte und zur Bekämpfung von Korruption und Bestechung zu machen. Relevant sind dabei nicht nur die inländischen Betriebsstätten. Vielmehr wird erwartet, dass die globalen Auswirkungen des Unternehmensgeschehens – sowohl in den eigenen als auch in fremden Betriebsstätten sowie entlang der Lieferkette – in der Berichterstattung berücksichtigt werden. Während die Menschenrechte in inländischen Betriebsstätten im Regelfall gewahrt sind und Korruption in Deutschland eine untergeordnete Rolle spielt, sieht es diesbezüglich beispielsweise an den Produktionsstätten in Entwicklungsländern häufig deutlich schlechter aus. Hier kann die Bewusstseinsbildung einen ersten Schritt zur Verbesserung der Verhältnisse darstellen.

Neben den Unternehmen, die aufgrund gesetzlicher Vorgaben über ihre nichtfinanziellen Belange berichten, gibt es eine Reihe von Unternehmen, die sich auf freiwilliger Basis im kleineren oder größeren Umfang besonderes nachhaltig verhalten und hierüber Nachhaltigkeitsberichte veröffentlichen. Der nächste Schritt nach der Veröffentlichung von Berichten aus dem Bereich der Nachhaltigkeit – hierzu zählen auch CO_2-Bilanzen und die oben erwähnten nichtfinanziellen Erklärungen – ist für viele Unternehmen die Prüfung dieser Berichte durch unabhängige Wirtschaftsprüfer, was eine neue Herausforderung für den Berufsstand der Wirtschaftsprüfer darstellt.

---

[17]   ESG (Environment, Social, Governance) bezeichnet die drei zentralen Faktoren der Nachhaltigkeit und wird hauptsächlich im Bereich des Finanzwesens verwendet.
[18]   Vgl. Völker-Lehmkuhl/Reisinger: Wegweiser Nachhaltigkeit, mit weiteren Ausführungen zum Greenwashing.

Im vorliegenden Buch wird das Thema Nachhaltigkeit – auch ESG, CSR oder Sustainability genannt – sowohl anhand bereits veröffentlichter als auch anhand extra für diesen Band verfasster Beiträge aufbereitet. Es ist als Ergänzung zum ebenfalls im IDW Verlag erschienenen Band „Wegweiser Nachhaltigkeit"[19] zu verstehen. Während der Wegweiser systematisch die Grundlagen der Nachhaltigkeit, der Nachhaltigkeitsberichterstattung und der Nachhaltigkeitskommunikation sowie die Prüfung von Berichten aus dem Bereich der Nachhaltigkeit erläutert, bietet dieser Band den Raum, einzelne Aspekte des großen Themas Nachhaltigkeit tiefer zu beleuchten.

WP StB Katharina Völker-Lehmkuhl, Heiligenhaus

---

[19]   Vgl. Völker-Lehmkuhl/Reisinger: Wegweiser Nachhaltigkeit.

1.1 Die 17 Nachhaltigkeitsziele – Agenda 2030

Der Begriff Nachhaltigkeit stammt aus der Forstwirtschaft. Es bezeichnet einen pfleglichen Umgang mit der Natur und ihren Rohstoffen, indem man dem Wald nicht mehr Holz entnimmt als nachwächst.[1]

Die aktuelle Nachhaltigkeitsdiskussion nahm 1983 mit der Einberufung der Brundtland-Kommission durch die Vereinten Nationen ihren Anfang. 1992 folgte die Umweltkonferenz in Rio de Janeiro, auf der fünf wegweisende Schriften verabschiedet wurden:[2]

- Rio-Erklärung über Umwelt und Entwicklung
- Klimarahmenkonvention
- Biodiversitätskonvention
- Walddeklaration
- Agenda 21

Im September 2015 wurde auf einem Gipfel der Vereinten Nationen mit der Agenda 2030[3] die Nachfolgeagenda der Agenda 2021 von allen Mitgliedsstaaten verabschiedet. Sie umfasst 17 Nachhaltigkeitsziele, deren Zusammenhänge sich wiederum in den fünf Kernthemen Mensch, Planet, Wohlstand, Frieden und Partnerschaft (People, Planet, Prosperity, Peace, Partnership) ausdrücken.

Abb. 1 Die 17 Ziele der Agenda 2030 [Quelle: BMZ (2017)][4]

[1]   Das Konzept stammt von Hans Carl von Corlowitz aus dem Jahr 1713, vgl. ausführlicher Völker-Lehmkuhl/Reisinger: Wegweiser Nachhaltigkeit.
[2]   Vgl. ausführlich Völker-Lehmkuhl/Reisinger: Wegweiser Nachhaltigkeit.
[3]   Vgl. Transformation unserer Welt: die Agenda 2030 für nachhaltige Entwicklung, Resolution der Generalversammlung, verabschiedet am 25. September 2015, als PDF verfügbar auf der Website der United Nations unter un.org, abgerufen am 08.01.2021.
[4]   Aus der Agenda 2030 für nachhaltige Entwicklung, Stand März 2017, online verfügbar auf der Website des Bundesministeriums für wirtschaftliche Zusammenarbeit und Entwicklung, abgerufen am 08.01.2021 [hier und im Folgenden: BMZ (2017)].

Unter den 17 Nachhaltigkeitszielen ist Folgendes zu verstehen:

Nr.	Ziel	Erläuterung	Beispiel
1	Keine Armut	Die weltweite Beseitigung der Armut ist die größte Herausforderung und ein wichtiges Ziel für nachhaltige Entwicklung.	Der Anschluss an Bewässerungssysteme führt in Entwicklungsländern nicht nur zu besseren Erträgen in der Landwirtschaft, sondern ermöglicht Kindern eine bessere Schulbildung, wenn sie weniger Zeit für die Wasserversorgung der Familien aufwenden müssen.
2	Kein Hunger	Hunger verletzt nicht nur die Menschenwürde, sondern ist eine der Hauptursachen für Flucht, Vertreibung, Hoffnungslosigkeit und Gewalt. Angestrebt werden die Beendigung des Hungers bis 2030 (einschließlich aller Folgen der Mangelernährung), die Verdopplung der landwirtschaftlichen Produktivität und die Schaffung von Auffangsystemen für Krisenzeiten.	Entwicklungsprojekte fördern Kleinbauern und -bäuerinnen bei der nachhaltigen Nutzung von Wasser und Böden, die ihre wichtigsten natürlichen Lebensgrundlagen darstellen, da eine produktive und umweltschonende Landwirtschaft die Armut vermindert und die Entwicklung vorantreibt.
3	Gesundheit und Wohlergehen	Täglich sterben weltweit neben ca. 16.000 Kleinkinder auch viele ältere Kinder und Erwachsene an Krankheiten, die in Industrieländern keine ernsthafte Gefahr mehr darstellen. Die Förderung der Gesundheit ist ein Gebot der Menschlichkeit und Bestandteil verantwortlicher Führung.	Zur Verbesserung von Ausbildung, Ausrüstung und Aufklärung im Gesundheitsweisen findet in den Entwicklungsländern ein Austausch mit europäischen Fachleuten statt.
4	Hochwertige Bildung	Bildung ermöglicht es den Menschen, politische, soziale, kulturelle und wirtschaftliche Herausforderungen zu meistern.	Europäische Fachleute leisten in den Entwicklungsländern Unterstützung bei der Beantragung von internationalen Fördermitteln und stellen sicher, dass die Gelder form- und firstgemäß beantragt werden. So ermöglichen sie vielen Kindern eine Schulausbildung.
5	Geschlechtergleichheit	Gleiche Rechte, Pflichten, Chancen und Macht für Männer und Frauen sind vielerorts noch keine Realität. Ziel ist es, zu erreichen, dass gleichgestellte Frauen sich an allen Entscheidungen beteiligen können, die ihr Leben beeinflussen, und ermächtigt werden, Führungspositionen auf allen Ebenen des politischen, ökonomischen und öffentlichen Lebens zu übernehmen.	Qualifizierte Schul- und Berufsausbildung ermöglicht Mädchen und Frauen die Übernahme von Verantwortung.

Nr.	Ziel	Erläuterung	Beispiel
6	Sauberes Wasser und Sanitäreinrichtungen	Sauberes Wasser ist Lebengrundlage, unentbehrlich für Haushalt, Landwirtschaft und Industrie. 10 % der Menschen haben keinen Zugang zu sauberem Trinkwasser, 32 % keine angemessene sanitäre Basisversorgung.	Öffentliche Wasserzapfsäulen mit Münzeinwurf stellen der Bevölkerung in Entwicklungsländern sauberes Wasser zu tragbaren Preisen zur Verfügung. Korrupten Wasserhändlern wird das Handwerk gelegt, der Gesundheitszustand der Bevölkerung verbessert sich.
7	Bezahlbare und saubere Energie	Energie ist die Grundlage für Entwicklung. Aus Klimaschutzgründen müssen die Energieeffizienz und der Anteil der erneuerbaren Energien erhöht werden.	Zinsgünstige Darlehen, z.B. aus Deutschland, fördern den Ausbau der Solarenergie in Afrika.
8	Menschenwürdige Arbeit und Wirtschaftswachstum	Menschenwürdige Arbeitsplätze in ausreichender Anzahl fördern das Wirtschaftswachstum.	Staatlich geförderte Entwicklungspartnerschaften ermöglichen deutschen Unternehmen Ausbildungs- und Qualifizierungsmaßnahmen an ihren Produktionsstandorten in Entwicklungsländern.
9	Industrie, Innovation und Infrastruktur	Die Infrastruktur in vielen ländlichen Regionen in Entwicklungsländern ist hinsichtlich Transportwegen und Energieversorgung unzureichend. Schwierige und teure Transporte erschweren den Zugang zu Absatzmärkten und somit die Entwicklung.	Während der alljährlichen Regenzeit waren viele Straßen in Laos über sechs Monate lang unpassierbar. Dank eines Förderprogramms zum Straßenbau hat sich die Situation für 140.000 Einheimische deutlich verbessert.
10	Weniger Ungleichheiten	Die wachsende soziale und wirtschaftliche Ungleichheit zwischen den Staaten führt zu Konflikten und ist eine wesentliche Fluchtursache.	Die Ausbildung von Menschen im Bereich landwirtschaftliche Produktion verschafft ihnen ein Auskommen und verhindert das Aufkeimen von Konflikten.
11	Nachhaltige Städte und Gemeinden	Die Urbanisierung, d.h. der Anteil der Menschen, die in Städten wohnen, schreitet unaufhaltsam voran, sie stieg weltweit von 30 % im Jahr 1950 auf heute 50 % und wird 2050 bei 80 % liegen. Die Lebensbedingungen in den Städten sind teilweise stark verbesserungswürdig, der Energieverbrauch ist enorm.	Zinsverbilligte Darlehen, z.B. aus Deutschland, fördern energieeffiziente Wohnungsbauprojekte.

Nr.	Ziel	Erläuterung	Beispiel
12	Nachhaltige/r Konsum und Produktion	Eine ressourcenschonende Wirtschafts- und Lebensweise erfordert eine Umstellung der Konsumgewohnheiten und Produktionstechniken nach international gültigen Arbeits-, Gesundheits- und Umweltschutzregelungen.	In Europa angebotene Kleidungsstücke haben eine lange internationale Lieferkette. Die Arbeitsbedingungen in den Entwicklungsländern sind oft katastrophal. Bündnisse zwischen Textilwirtschaft, Gewerkschaften, Verbrauchern und Politik können transparente Lieferketten schaffen und somit für existenzsichernde Löhne, Gesundheits- und Brandschutz an den Produktionsstandorten und die Einhaltung von Sozialstandards sorgen.
13	Maßnahmen zum Klimaschutz	Der Klimawandel ist ein globales Problem, das alle Lebens- und Wirtschaftsbereiche betrifft.	Durch die Ausbildung von Rangers zur Bewachung und Verteidigung von Wäldern wird die illegale Abholzung und Brandrodung verhindert, der Lebensraum von Pflanzen und Tieren gewahrt und der Wald als wichtiger Kohlenstoffspeicher geschützt. Dabei entstehen Arbeitsplätze für Männer und Frauen, im Rahmen angegliederter Projekte auch Schulen und Krankenhäuser.
14	Leben unter Wasser	Ozeane, Meere und Meeresressourcen sind zu erhalten und nachhaltig zu nutzen.	Im Rahmen internationaler Projekte werden Meeresschutzgebiete eingerichtet. Sie schaffen Lebensräume für bedrohte Tierarten sowie Arbeitsplätze, die den Menschen eine legale Tätigkeit anstelle der Wilderei ermöglichen.
15	Leben an Land	Erhalt von Ökosystemen und Wäldern sowie Bekämpfung von Wüstenbildung und Bodenverschlechterung zum Schutz der Biodiversität.	Aus- und Weiterbildungsangebote für Forstbehörden dienen dem Schutz von Wäldern und auch dem Klimaschutz.
16	Frieden, Gerechtigkeit und starke Institutionen	Friedliche, inklusive Gesellschaften mit Zugang zur Justiz und effektiven, rechenschaftspflichtigen Institutionen sichern weltweit Frieden und Stabilität, die ihrerseits unabdingbar für die nachhaltige Entwicklung sind.	Maßnahmen zum Wiederaufbau von ehemaligen Kriegsgebieten sorgen für Stabilität und beseitigen Fluchtursachen.
17	Partnerschaften zur Erreichung der Ziele	Die Ziele der Agenda 2030 können durch globale Partnerschaften erreicht werden.	Durch globale Impfprogramme können Krankheiten wirkungsvoll bekämpft werden.

Tab. 1 Erläuterung der 17 Ziele der Agenda 2030 [basierend auf BMZ (2017)]

Die 17 Sustainable Development Goals (kurz SDGs) haben sich nicht nur wesentlich verbindlicher als das vorausgegangene Konzept der Millennium Development Goals, sondern auch bereits nach kurzer Zeit zum weltweit führenden normativen und analytischen Bezugsrahmen für die Ausarbeitung konkreter Nachhaltigkeitsstrategien entwickelt.

Doch während in Fachkreisen in Bezug auf Nachhaltigkeitskonzepte und -vorhaben große Fortschritte gemacht wurden, kamen die entsprechenden Themen in breiten Schichten der Bevölkerung nur langsam an.

Folgende wesentliche Entwicklungen sind zu nennen:

Die Umweltbewegung der 1970er und 1980er Jahre hatte sich im Wesentlichen auf Forderungen zum Atomausstieg bezogen, der schließlich im Jahr 2011 – nach der Reaktorkatastrophe in Fukushima – per Gesetz dekretiert wurde, mit dem Ergebnis, dass bis 2022 alle deutschen Atomreaktoren abgeschaltet werden sollen.

1992 wurde in Rio de Janeiro die Klimarahmenkonvention der Vereinten Nationen verabschiedet. Trotz regelmäßiger Vertragsstaatenkonferenzen, der Verabschiedung des Kyoto-Protokolls und des Pariser Abkommens standen sich lange und teilweise unerbittlich die Fraktionen der Klimaschützer und Klimaskeptiker gegenüber. Das wandelte sich in den letzten Jahren mit einigen ungewöhnlich heißen Sommern und für unsere Breitengrade bislang unbekannten Dürreperioden. Heute erkennt die Mehrheit der Deutschen die Realität des Klimawandels an und fürchtet seine Folgen. Ein konsequenter Klimaschutz lässt – von Ausnahmen abgesehen – immer noch auf sich warten.

Das von allen Staaten außer Syrien und den USA[5] anerkannte Pariser Abkommen sieht die Begrenzung der anthropogenen globalen Erwärmung auf möglichst 1,5 °C, auf jeden Fall deutlich unter 2 °C, gegenüber vorindustriellen Werten vor.

Nachhaltigkeitsaspekte und -terminologie

Nachhaltigkeit umfasst die drei Dimensionen Ökonomie, Ökologie und Soziales und wird meist in Form eines Dreiecks dargestellt, um die Abhängigkeit der einzelnen Dimensionen voneinander zu verdeutlichen (siehe **Abb. 2**).[6]

---

[5]   Unter Präsident Biden werden die USA dem Pariser Klimaabkommen wieder beitreten.
[6]   Vgl. Online-Lexikon der Nachhaltigkeit unter nachhaltigkeit.info, Begriff Drei-Säulen-Modell, abgerufen am 08.01.2021.

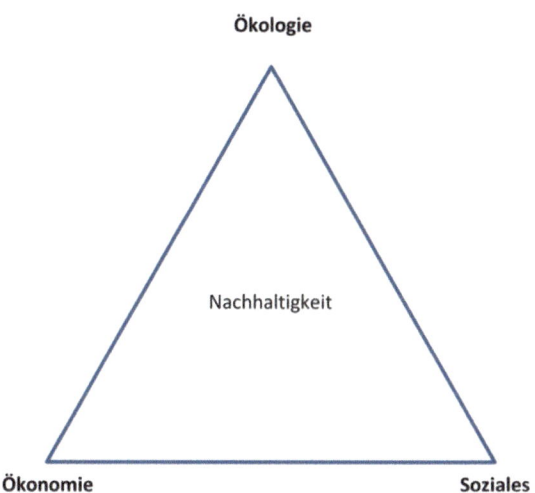

Abb. 2 Dimensionen der Nachhaltigkeit nach dem Drei-Säulen-Modell

Neben dem Terminus Nachhaltigkeit gibt es eine Reihe von verwandten Begriffen, die teilweise synonym verwendet werden. Einer der am häufigsten verwendeten Begriffe ist Corporate Social Responsibility (CSR) bzw. Corporate Responsibility (CR).[7]

Das CSR-Konzept kommt ursprünglich aus den USA und unterscheidet sich vom Begriff der Nachhaltigkeit insofern, als CSR sich weniger auf das Kerngeschäft bezieht als die Nachhaltigkeit. In der Praxis ist diese Unterscheidung jedoch hinfällig, da die Begriffe Nachhaltigkeit und CSR weitgehend synonym verwendet werden. Auch die Funktionsbeschreibungen in Unternehmen wie Nachhaltigkeitsbeauftragte/r und C(S)R Manager können weitgehend als Synonyme betrachtet werden.

Aus dem Bereich der Finanzmärkte kommt der Ausdruck ESG, der die Aspekte Environment (Umwelt), Social und Governance (Unternehmensführung) umfasst. In der Praxis bevorzugt man den Ausdruck ESG im Bereich Green Finance, aber auch als Synonym für das Kürzel C(S)R oder für Nachhaltigkeit bzw. (in der englischen Übersetzung) Sustainability.

WP StB Katharina Völker-Lehmkuhl, Heiligenhaus

----

[7]   Im Kern bezeichnen beide Begriffe – Corporate Responsibility und Corporate Social Responsibility – das Gleiche, allerdings herrscht insbesondere im kontinentaleuropäischen Raum die Tendenz vor, den Zusatz „Social" wegzulassen, um deutlich zu machen, dass die Verantwortung von Unternehmen (noch) mehr als die sozialen Komponenten – also z. B. auch ökologische Aspekte – mit einschließt; vgl. Praum, S. 41.

1.2 Nachhaltigkeit: Bedeutung für den Berufsstand

1.2.1 Zukunft der nichtfinanziellen Berichterstattung und deren Prüfung

Die EU-Kommission befasst sich aktuell mit der Überarbeitung der CSR-Richtlinie. Zugleich zeichnen sich durch die angekündigte Zusammenarbeit bzw. gar Fusion bedeutsamer NGO sowie mit der Initiative der IFRS-Foundation wichtige Entscheidungen für ein globales Standardsetting im Bereich der nichtfinanziellen Berichterstattung ab. Weitere Schritte werden für die nächsten Monate erwartet. Im Vorfeld hat das IDW im November 2020 seine Empfehlungen zur Zukunft der nichtfinanziellen Berichterstattung veröffentlicht, die sich wie folgt zusammenfassen lassen (federführend: IDW Ausschuss Trendwatch, IDW Steering Committee Sustainability und der IDW Arbeitskreis Nachhaltigkeitsberichterstattung):

1. Die unternehmens- und länderübergreifende Vergleichbarkeit der CSR-Berichterstattung muss verbessert werden. Dazu bedarf es einheitlicher und hinreichend konkreter Standards. Die Entwicklung solcher Standards sollte unter dem Dach der IFRS-Foundation durch ein eigenes Board neben dem IASB erfolgen. Die gegenwärtigen europäischen Aktivitäten könnten später als Blaupause in einer globalen Lösung aufgehen.
2. Die weitergehende Integration von finanziellen und nichtfinanziellen Informationen ist zu fördern. Als längerfristiges Ziel ist dies v.a. durch die Monetarisierung der nichtfinanziellen Aspekte erreichbar. Diesen Ansatz verfolgt auch die Value Balancing Alliance.
3. Die nichtfinanziellen Informationen dienen wie die Finanzberichterstattung der Unterstützung der Stakeholder bei der Entscheidungsfindung über die Allokation von Kapital. Zur Stärkung des Vertrauens in nichtfinanzielle Informationen sollten diese ebenfalls mit hinreichender Sicherheit geprüft werden.
4. Eine moderate und schrittweise Ausdehnung der CSR-Berichterstattung auf nichtkapitalmarktorientierte Unternehmen ist zu erwägen. Dabei ist auf die „Anschlussfähigkeit" an nationale Bilanzierungsvorschrift en zu achten. Diese Kernmaßnahmen werden sicher auch von Beginn an die Diskussionen in diesem Jahr bestimmen.

1.2.2 Sustainable Finance als Teil der nachhaltigen Transformation – Auswirkungen auf Kreditinstitute

Bereits 2018 hatte die EU-Kommission den ersten Aktionsplan zur Finanzierung nachhaltigen Wachstums vorgelegt und die Maßnahmen seitdem weiter konkretisiert. Entsprechende EU-Rechtsakte sollen sicherstellen, dass Finanzströme in nachhaltige Aktivitäten geleitet werden, Nachhaltigkeitsaspekte stärker in der Governance verankert werden und die Transparenz gefördert wird. Kreditinstitute spielen bei der nachhaltigen Transformation der Wirtschaft eine bedeutsame Rolle. Zu deren Herausforderungen hat sich das IDW im Oktober 2020 positioniert (federführend: IDW Bankenfachausschuss). Die wesentlichen Aussagen werden im Folgenden zusammengefasst:

1. Die nachhaltige Transformation berührt die Geschäftsstrategie und Governance der Institute. Regulatoren (BaFin, EZB) veröffentlichen dazu entsprechende Erwartungshaltungen. Berührt sind u.a. die Produktstrategie, das interne Kontrollsystem und die Kreditprozesse. Es ist zu erwarten, dass die aufsichtsrechtlichen Pflichten des Abschlussprüfers um Vorgaben zur Überwachung der Einhaltung von ESG-Aspekten erweitert werden.

2. Dem Risikomanagement kommt eine zentrale Rolle zu. Es ist davon auszugehen, dass Institute bestehende Risikoanalyse- bzw. Risikoklassifizierungsverfahren zur Beurteilung ihrer Vertragspartner prüfen und ggf. um Nachhaltigkeitsaspekte ergänzen bzw. neue Verfahren einrichten werden.

3. Die Berücksichtigung von Nachhaltigkeitsrisiken wird in der Unternehmensberichterstattung und u.a. bei der Bewertung von Finanzinstrumenten nach HGB und IFRS eine zunehmend bedeutsame Rolle spielen. Bewertungsverfahren sind im Hinblick auf geeignete Bewertungsmodelle unter Einbeziehung von messbaren ESG-Parametern fortzuentwickeln. Die Umstellung von Bewertungssystemen auf eine ggf. stärkere Berücksichtigung von bilanziellen Risiken durch ESG-Entwicklungen ist indes abhängig von der Verfügbarkeit objektiver, d.h. belastbarer Daten zu ESG-Risiken, was gegenwärtig nicht unproblematisch ist.

4. Die EU-Kommission sieht auch neue Transparenzpflichten außerhalb des Geschäftsberichts vor. Hierzu bestehen derzeit zahlreiche Anwendungsfragen. Relevant sind belastbare Informationen. Prüfungen unabhängiger Wirtschaftsprüfer können Informationsasymmetrien abbauen und das Vertrauen der Öffentlichkeit in neue nichtfinanzielle Informationen stärken.

5. Die Institute werden durch neue Rechtsakte verpflichtet, die Nachhaltigkeitspräferenzen der Kunden in der Anlageberatung und Vermögensverwaltung abzufragen. Dies macht Anpassungen im Vertrieb erforderlich.

6. Die Auswirkungen für Kreditinstitute werden flankiert von europäischen Maßnahmen zur Abgrenzung nachhaltiger Investments (Taxonomie) bzw. Ausgabe von Green Bonds.

1.2.3 Green Bonds

Schon seit längerer Zeit werden mit steigendem Volumen Instrumente ausgereicht, die das Label „Green Bond" tragen und deren Mittel in nachhaltige Aktivitäten fließen sollen. Die Emission der grünen Anleihen orientiert sich in der Regel an den Vorgaben von sog. Green Bond Standards, deren Anforderungen bis heute zu vielen Auslegungsfragen führen. Solche Unklarheiten verstärken die Sorge einer verlässlichen Klassifizierung von Finanzprodukten als „grün" und erhöhen das Risiko, das Emittenten „Greenwashing" betreiben könnten. Auch die im Zusammenhang mit der Emission von Green Bonds durchgeführten Arbeiten externer Prüfer weisen eine hohe Heterogenität auf. Daran beteiligt sind häufig Institutionen außerhalb des Berufsstands der Wirtschaftsprüfer. Das Vorgehen dieser NGO wird zunehmend hinterfragt. Die Heterogenität auf Emittenten- und Prüferseite soll künftig durch einen EU Green Bond Standard beseitigt werden. Die Neuerungen und deren Bedeutung für den Berufsstand werden zurzeit analysiert und sollen in Kürze veröffentlicht werden (federführend: IDW Arbeitsgruppe Grüne Investments). Für den Berufsstand relevante Bestätigungsleistungen ergeben sich in allen Stadien eines Green Bond: Von der Prüfung/ Verifizierung des unternehmensindividuellen Rahmenwerkes zur Emission von Green Bonds (preissuance), über die Mittelverwendung bis hin zur Prüfung der Auswirkungen der Projekte (postissuance).

1.2.4   Bilanzierung „grüner Investments"

Die Vielschichtigkeit und das Volumen „grüner Investments" lassen zunehmend Fragen zur Bilanzierung solcher Finanzinstrumente beim Emittenten und Investor (HGB, IFRS) aufkommen. Eine besondere Herausfordwerung stellt die Klassifizierung grüner Produkte beim Investor nach IFRS 9 dar. Die Klassifizierung bestimmt dann wiederum die Folgebilanzierung. Beim Emittenten stellt sich vor allem die Frage, ob ein grünes Investment als Eigen- oder Fremdkapital qualifiziert und ob ggf. ein eingebettetes Derivat vorliegt. Auch diese Thematik wird aktuell diskutiert. Entsprechende Vorschläge wird das IDW voraussichtlich noch im ersten Quartal veröffentlichen (federführend: IDW Arbeitskreis Finanzinstrumente nach IFRS).

1.2.5   Fazit

Die dargestellten Entwicklungsstränge werden die Arbeit des IDW in diesem Jahr und darüber hinaus umfassend beschäftigen. Zentrale Fragen werden hinzukommen, etwa nach einer nachhaltigen Corporate Governance und nach der Verantwortung für nachhaltige Lieferketten. Auch diese Aktivitäten wird das IDW für den Berufsstand und im Sinne unserer Verantwortung gegenüber der Gesellschaft intensiv begleiten.

WP StB Dr. Daniel P. Siegel, Düsseldorf

WP StB Prof. Dr. Bernd Stibi, Geldern

(Quelle: IDW Life, Heft 01/2021, Seite 8 ff.)

Kapitel 2: Nachhaltigkeit: Game Changer für Wirtschaft, Politik und Gesellschaft?

Mit der Generation Z, den Geburtsjahrgängen nach der Jahrtausendwende, wird in den nächsten Jahren eine Generation die Wirtschaft beeinflussen, die den Klimawandel als eine der wichtigsten globalen Herausforderungen unserer Zeit sieht. Durch die Fridays-for-Future-Bewegung hat diese Generation bereits für viel Aufmerksamkeit gesorgt, die nur durch die Pandemie überlagert werden konnte. Es ist davon auszugehen, dass der zunehmende Einfluss der Generation Z auf Politik, Wirtschaft und Gesellschaft die Nachhaltigkeit überall in den Fokus rücken wird.

Der Klimaschutz wird sich künftig nicht auf die freiwillige Klimaneutralität vereinzelter Urlaubsreisen beschränken, sondern zu einer Neuausrichtung von Politik, Wirtschaft und Gesellschaft führen. Damit dies gelingt, sind nicht nur Ge- und Verbote gefragt, sondern vor allem intelligente Lösungen mit positiven Anreizen.

Kinderarbeit auf Plantagen der ärmsten Länder kann man nicht nachhaltig dadurch bekämpfen, dass man den Konsum von Bananen, Tabak, Kaffee, Tee oder Schokolade diffamiert. Gemaßregelte Konsumenten verzichten vielleicht kurzfristig – auf Dauer jedoch werden sie ihr Verhalten nicht ändern, sondern die verpönten Güter allenfalls weniger öffentlich konsumieren. Nachhaltiger wirken Aufklärung über Kinderarbeit bzw. katastrophale Arbeitsbedingungen und die Hintergründe zu Fairtrade-Produkten. Die wachsende Nachfrage nach fair gehandelten Konsumgütern hat das Angebot bereits steigen lassen und – beispielsweise durch den Einfluss von Diskountern – die Preisunterschiede zu konventionellen Waren geschmälert. So verdrängen faire Waren zumindest teilweise bereits die nicht fair produzierten Artikel.

Der Handel reagiert auf den Druck der Medien und Verbraucher. Jeder Kunde im Supermarkt kann beobachten, dass der Anteil an nachhaltigen Artikeln aus Bio-Produktion bzw. fairem Handel oder mit anderweitigen Zertifizierungen deutlich steigt. Einige Händler kennzeichnen auf freiwilliger Basis ihre Fleischprodukte mit dem Tierwohl-Siegel, aus dem die Haltungsform erkennbar ist. Damit wird es zur bewussten Entscheidung der Verbraucher, ob ihr Fleisch aus engen oder weniger engen Ställen stammt, die Tiere Tageslicht sehen oder sogar „Premium"-Bedingungen mit genügend Auslauf genießen durften. Durch das Tierwohl-Label hat der Supermarktkunde eine echte Wahlmöglichkeit, die auch dadurch gefördert wird, dass das Label häufig auf der Vorderseite der Verpackung und nicht an versteckter Stelle platziert ist. Man mag zu Recht kritisieren, dass auch Produkte ohne Tierwohl-Label weiterhin verkauft werden. Diesem Einwand ist aber entgegenzusetzen, dass ein sofortiger Ausstieg aus der Massentierhaltung nicht möglich ist. Durch das Tierwohl-Label wird vielmehr ein nachhaltiger Beitrag zur künftigen Umstellung der Landwirtschaft geleistet.

Sogar klimaneutrale Produkte nehmen im Lebensmitteleinzelhandel zu. Waren in diesem Segment zunächst nur Nischenprodukte zu finden, so bietet inzwischen ein Lebensmittelhändler seine veganen Fleischalternativen klimaneutral an, ein anderer seine Frischmilch.

Ein weiterer Treiber der Nachhaltigkeit sind die sogenannten Standardsetter, die nicht nur Vorgaben zur nichtfinanziellen Berichterstattung machen, sondern bei den Unternehmen zumindest indirekt entsprechende Anstrengungen voraussetzen. Möchten Unternehmen über ihre nachhaltigen Aktivitäten berichten, müssen diese auch existieren.

WP StB Katharina Völker-Lehmkuhl, Heiligenhaus

2.1 Green and more: Quo vadis nichtfinanzielle Berichterstattung?

Das Thema Nachhaltigkeit ist der Game Changer für Wirtschaft, Politik und Gesellschaft: Die Erreichung der Welt-Klimaziele erfordert die fast vollständige Vermeidung von Treibhausgasemissionen bis zum Jahr 2050. Der Aktionsplan Menschenrechte der Bundesregierung erhöht den Druck auf Unternehmen, ihre Lieferketten sauber zu halten. Die UN Sustainable Development Goals (SDG) geben den Rahmen für die politische Agenda vor.

2.1.1 Aktuelle Trends

Vor allem die folgenden Trends prägen die Fortentwicklung der (nichtfinanziellen) Berichterstattung:

– Die Zeiten von „bunten Unternehmensbroschüren zu Baumpflanz- und Schulbau-Projekten" gehen zu Ende: Nachhaltigkeit und die Erfüllung von Stakeholder- Erwartungen als entscheidendes Alleinstellungsmerkmal am Kapitalmarkt wird verstärkt auch regulatorisch gefordert und reglementiert.
– Neuausrichtung der Standardsetzung: EU-Kommission, IASB, DRSC, IFAC, IDW etc. greifen das Thema auf – wegen der globalen Akzeptanz und Beachtung der Empfehlungen der G20 Task Force on Climate-Related Financial Disclosures (TCFD) ist eine solche Neuausrichtung zwingend notwendig.
– Im Interesse des Unternehmens, seiner Stakeholder und seiner Eigentümer müssen Vorstände und Aufsichtsräte Risiko- und Compliance-Management sowie internes und externes Reporting grundlegend an die geänderten Rahmenbedingungen anpassen: Die Erfüllung von Stakeholder-Erwartungen trägt zur Optimierung des Chancen- und Risikoportfolios und somit zur Zukunftsfähigkeit des Geschäftsmodells bei und ist daher auch im langfristigen Interesse von Investoren.

Insbesondere die im Folgenden skizzierten drei Entwicklungen dürften den künftigen Rahmen der nichtfinanziellen Berichterstattung maßgeblich beeinflussen.

2.1.2 Überarbeitung der CSR-Richtlinie der EU

Es ist mit einer zeitnahen Überarbeitung der EU-CSRRichtlinie zu rechnen: Im sogenannten Fitness Check hat die EU-Kommission alle EU-Richtlinien und -Verordnungen mit Rechnungslegungsbezug dahingehend geprüft, ob sie vor dem Hintergrund einer nachhaltigen Entwicklung zu überarbeiten sind. Die Veröffentlichung der Zusammenfassung der Ergebnisse wurde zwar mehrfach verschoben und steht noch aus. Nach Aussage der EU-Kommission zeigen die Ergebnisse jedoch, dass insbesondere die CSR-Richtlinie durch die zwischenzeitlichen Entwicklungen mittlerweile überarbeitungsbedürftig ist. Zentrale Kritikpunkte sind die doppelte Wesentlichkeit (Relevanz für wirtschaftliche

Lage und Auswirkungen der Geschäftstätigkeit), eine unzureichende Klimarisikobericht-erstattung und eine unzureichende Verankerung der Berichtspflicht in den bestehenden Corporate-Governance-Mechanismen. Im Rahmen ihres Financing Sustainable Growth Action Plan hat die EU-Kommission bereits die Non-Binding Guidelines zur CSR-Richtli-nie um die TCFD-Empfehlungen ergänzt. Nach Überarbeitung der CSR-Richtlinie dürfte eine umfangreichere Berichterstattung über die Auswirkungen der Geschäftstätigkeit erforderlich sein. Experten gehen auch davon aus, dass der Kreis der berichtspflichti-gen Unternehmen ausgeweitet werden dürfte, die Berichterstattung zwingend in den Lagebericht aufzunehmen ist (statt Veröffentlichung bis zu vier Monate nach Abschluss-stichtag in einem separaten Dokument), die Möglichkeit des Unterlassens nachteiliger Angaben wegfallen und die Angaben in die gesetzliche Abschlussprüfung einbezogen werden sollten. Dies wäre letztlich eine Angleichung an den für den „traditionellen" Lagebericht gültigen Rechtsrahmen.

2.1.3   Verbesserung der Berichterstattung über Klimarisiken

Das Network for Greening the Financial System, dem die wichtigsten Zentralbanken und Aufsichtsbehörden der Welt angehören, z. B. Bundesbank und BaFin, hat Empfehlun-gen für nachhaltige Kapitalmärkte veröffentlicht. Infolgedessen hat die BaFin kürzlich den vielbeachteten Entwurf eines Merkblatts zum Umgang mit Nachhaltigkeitsrisiken vorgelegt. Die BaFin spricht die klare Erwartung aus, dass die von ihr beaufsichtigten Kreditinstitute und Versicherungen sich strategisch mit Klimarisiken befassen: Die Un-ternehmensleitung der Institute soll ein Verständnis für Nachhaltigkeitsrisiken entwi-ckeln und für deren Integration in bestehende Risiko- und Portfoliomanagementsysteme sorgen. Dem Thema Klimarisiken sollen angemessene Ressourcen zugewiesen werden. Die bestehende Berichterstattung soll um Klimarisiken ergänzt werden, inkl. Beschrei-bung der Zuständigkeiten von Aufsichtsrat, Vorstand und Risikomanagement, z. B. ent-sprechend den TCFD-Empfehlungen. Diese Berichterstattung müsse zwingend auf der Berichterstattung der Portfolio-Unternehmen aufbauen – dafür wäre bei diesen ggf. auf eine angemessene Berichterstattung hinzuwirken. Beispielsweise werden institutionelle Investoren etwaige Berichtspflichten vor dem Hintergrund der EU Taxonomie nur erfül-len können, wenn die Portfolio-Unternehmen eine entsprechende „Segmentberichter-stattung" (grünes vs. braunes Geschäft) entsprechend der Taxonomie vorlegen. Bei der Begebung von Green Bonds sind weitere Berichtspflichten zu erfüllen.

Mit der Fortentwicklung der Berichterstattung durch bessere Berücksichtigung von Klimarisiken befasst sich auch eine Arbeitsgruppe der EFRAG im Rahmen des EFRAG European Reporting Lab: Die EFRAG Project Task Force on Climate-related Disclosures (EFRAG PTF) wurde im Rahmen des EU Action Plan mit dem Ziel eingesetzt, durch Identifikation von Best Practices und Austausch von Experten auf diesem Gebiet zu einer Fortentwicklung der Berichterstattung beizutragen. Aufgabe der EFRAG PTF ist nicht die unmittelbare Standardsetzung, wenngleich die für die Unternehmensberichterstattung zuständigen Vertreter der EU-Kommission an den Sitzungen der PTF teilnehmen. Im Dezember 2019 soll der Konsultationsentwurf einer Studie zur Berichterstattung entsprechend den Vorgaben der EU-CSR-Richtlinie und der TCFD-Empfehlungen – mit einem Schwerpunkt auf Szenarioanalysen – vorgelegt werden.

2.1.4   Fortentwicklung der Standardsetzung

Die von Politik, Gesellschaft, Investoren und Unternehmen derzeit vorangetriebene Transparenz über Nachhaltigkeitsaspekte krankt u. a. an einer Vielzahl von unterschiedlichen nationalen, regionalen und globalen Standardsetzern: Schätzungen gehen von 2.000 verschiedenen Berichtsstandards aus. Die starke Fragmentierung ist ein Hindernis für Verbreitung, Qualität und Vergleichbarkeit der entsprechenden Berichterstattung. Sie kann die mit der Berichterstattung verbundenen Belastungen für Unternehmen erhöhen und die Nutzbarkeit der Berichte durch die Adressaten (erheblich) einschränken. Innerhalb der EU-Kommission wird diese Problematik nachdrücklich verfolgt. Accountancy Europe hat bereits im September 2017 in einem Call for Action die Vereinheitlichung der wesentlichen Berichtsstandards unter Führung des IASB oder des IIRC Corporate Reporting Dialogue gefordert. Die Accountancy Europe Task Force: Corporate Reporting of the Future – Towards a connected Standardsetter arbeitet derzeit einen Vorschlag für eine Governance-Struktur und ein Arbeitsprogramm für einen zwar auf europäische Initiative eingerichteten, aber von Beginn an global ausgerichteten Standardsetzer aus, der die Standardsetzung für finanzielle und nichtfinanzielle Berichterstattung z. B. unter der strategischen Aufsicht einer übergeordneten Institution (z. B. der IFRS Foundation), aber als neben dem IASB stehende eigenständige Organisation verfolgt. Dahingehend sollte auch der kürzlich vorgelegte Bericht: „Ensuring the relevance and reliability of non-financial corporate information: an ambition and a competitive advantage for a sustainable Europe", den Patrick de Cambourg, Präsident der Autorité des Normes Comtables (das französische Äquivalent des DRSC) im Auftrag des französischen Finanzministers verfasst hat und der auf EU-Ebene intensiv erörtert wird, interpretiert werden.

Auch die anerkannten Wissenschaftler Richard Barker (Oxford) und Robert Eccles (Harvard) haben sich in ihrem Beitrag „Should FASB and IASB be responsible for setting standards for nonfinancial information?" für eine Standardisierung der nichtfinanziellen Berichterstattung durch FASB bzw. IASB ausgesprochen.

Der Vorsitzende des IASB Hans Hoogervorst zeigte sich mit Blick auf solche Avancen in seiner vielbeachteten Rede „On what sustainability reporting can and cannot achieve" an der Cambridge University sowie im Interview mit der Börsen- Zeitung (25.06.2019) deutlich reserviert und wies vor allem darauf hin, dass die Berichterstattung nur begrenzt dazu geeignet sei, Klimaziele, insbesondere die Verminderung von Treibhausgasen, zu erreichen. Tatsächlich setzen beispielsweise die TCFD-Empfehlungen wie auch der EU Financing Sustainable Growth Action Plan vor allem auf Transparenz, z. B. in der Lageberichterstattung: „Wie wäre das Unternehmen bzw. dessen Geschäftsmodell betroffen, wenn es einen deutlich höheren CO_2-Preis gäbe?", in der Hoffnung, dass vor allem institutionelle Investoren solche Risiken dann einpreisen. Eine tatsächlich (deutlich) höhere CO_2-Bepreisung würde dazu führen, dass sich das Thema unmittelbar in der GuV niederschlagen würde und von allen Investoren unmittelbar berücksichtigt würde.

Anders als mit Blick auf die Bilanzierungsvorschriften nach HGB und IFRS ist bei der nichtfinanziellen Berichterstattung in der nahen Zukunft also mit umfangreichen Entwicklungen zu rechnen, mit dem Ziel, insbesondere die Aussagekraft und Datenqualität der nichtfinanziellen Berichterstattung an die der etablierten Finanzberichterstattung anzupassen.

StB Dr. Matthias Schmidt , Düsseldorf

(Quelle: Die Wirtschaftsprüfung, Heft 22/2019, Seite 1198 ff. (Reihe „Green and more"))

2.2 Green and more: Europa als Motor für die Vereinheitlichung von nichtfinanziellen Rahmenwerken?

Angetrieben durch die Klimadebatte und die Informationswünsche von Vermögensverwaltern und anderen Kapitalmarktteilnehmern legt die EU-Kommission derzeit beim „EU Green Deal" eine hohe Priorität auf die weitere Standardisierung nichtfinanzieller Informationen. Die Vielfalt der bestehenden freiwilligen Berichtsstandards mindert die Vergleichbarkeit der nichtfinanziellen Berichterstattung und erschwert die Nutzungsmöglichkeiten für Adressaten. Ende 2020 will die EU-Kommission einen Vorschlag für die Überarbeitung der CSR-Richtlinie vorlegen.

2.2.1 „EU Green Deal" drängt zu schnellen Fortschritten

Die aktuelle Konsultation der EU-Kommission, die am 14.05.2020 endet, lässt die Zielrichtung des Ende 2020 erwarteten Gesetzgebungsvorschlags für die Überarbeitung der CSR-Richtlinie bereits erahnen: jenseits der bereits existierenden Vielfalt gegenwärtiger freiwilliger Berichtsstandards möchte die Kommission nicht nur für große Unternehmen von öffentlichem Interesse, sondern bis hin zu kleinen und mittelgroßen Unternehmen eine CSR-Berichterstattungspflicht etablieren. Dabei geht es um die Festlegung von Mindestanforderungen an Nachhaltigkeitsinformationen, um die Vergleichbarkeit und Zuverlässigkeit solcher Angaben zu stärken. Erforderlich erscheint dies aufgrund der Ende 2019 verabschiedeten Gesetzgebungsakte zu Sustainable Finance, die eine Reihe von Kapitalmarktteilnehmern, vor allem institutionelle Investoren, Vermögensverwalter und Banken, zu einer eigenen Berichterstattung bzw. zum Risikomanagement von Nachhaltigkeitsrisiken verpflichten. Daher benötigen diese für eigene Compliance-Zwecke standardisierte nichtfinanzielle/ESG-Informationen von Unternehmen, denen sie finanzielle Mittel zur Verfügung stellen. Ferner sind nichtfinanzielle Informationen erforderlich, um für Investoren nachhaltige Wertpapierportfolios zu managen. Der von der neuen EU-Kommission Ende 2019 vorgestellte „EU Green Deal" greift dies auf und hat die Überarbeitung der CSR-Richtlinie unmittelbar zur Priorität erhoben.

Mit dem Anliegen einer weiteren Standardisierung steht die EU-Kommission nicht allein. Ähnliche Forderungen kommen auch von bedeutenden institutionellen Investoren wie BlackRock, die im Frühjahr 2020 öffentlichkeitswirksam ankündigten, künftig ihre Anlageportfolien unter Nachhaltigkeitsaspekten neu auszurichten. Gleiches gilt für Nicht-Regierungsorganisationen (NGO). So fordert z. B. eine Gruppe von über 20 NGO die Weiterentwicklung regulatorischer Vorgaben in Bezug auf Nachhaltigkeitsberichte, um die Vergleichbarkeit und Konsistenz sicherzustellen und somit Investitionsentscheidungen und Stakeholder-Engagement entsprechend zu lenken.

2.2.2   Reichen die gegenwärtigen Anstrengungen zur Etablierung freiwilliger Rahmenwerke aus?

Derzeit sind die Möglichkeiten der Ausgestaltung der Nachhaltigkeitsberichterstattung durch Unternehmen vielfältig – etwa von der Anwendung der Standards der Global Reporting Initiative (GRI) über den UN Global Compact bis hin zu den Empfehlungen der Task Force on Climate-Related Financial Disclosures (TCFD) und der Darstellung der Anknüpfungspunkte des Berichterstatters an die SDG (Sustainable Development Goals der UN). Bisher bieten sowohl die CSR-Richtlinie als auch die Umsetzung durch den deutschen Gesetzgeber im HGB den Anwendern viel Spielraum in der Auswahl von Rahmenwerken für die gesetzlich verpflichtende Berichterstattung und somit bei der Offenlegung von Informationen zu den geforderten nichtfinanziellen Aspekten (Umwelt-, Arbeitnehmer- und Sozialbelange, Achtung der Menschenrechte sowie Bekämpfung von Korruption und Bestechung). Als geeignete nationale, internationale und europäische Rahmenwerke zur nichtfinanziellen Berichterstattung nennt die CSR-Richtlinie derzeit

- die Leitsätze der OECD für multinationale Unternehmen,
- die GRI-Standards,
- den Deutschen Nachhaltigkeitskodex (DNK),
- das Umweltmanagement- und -betriebsprüfungssystem EMAS,
- die UN Global Compact Principles,
- die Leitprinzipien für Wirtschaft und Menschenrechte der UN,
- die Norm ISO 26000,
- die Trilaterale Grundsatzerklärung der Internationalen Arbeitsorganisation zu multinationalen Unternehmen und zur Sozialpolitik (ILO).

In der zur CSR-Richtlinie erlassenen unverbindlichen Leitlinie (2017/C 215/01) aus dem Jahre 2017 gibt die EU-Kommission für die Berichterstattung zu nichtfinanziellen Informationen zwölf weitere Rahmenwerke an, darunter des CDP (ehemals das Carbon Disclosure Project) und des Rats für Standards zur Nachhaltigkeitsberichterstattung (Sustainability Accounting Standards Board – SASB). Die ergänzte unverbindliche Leitlinie (2019) sieht vor allem die Anwendung der klimabezogenen TCFD-Empfehlungen vor.

Bei einigen der genannten Rahmenwerke handelt es sich nicht um Rahmenwerke zur Berichterstattung, sondern um Ansätze zum Management der Aspekte, z. B. EMAS. Darüber hinaus bilden einige Rahmenwerke zum Teil nur einzelne Bereiche der nach der CSR-Richtline geforderten nichtfinanziellen Aspekte ab. Berichtende Unternehmen müssen also bei der Auswahl an Rahmenwerken sicherstellen, dass alle Aspekte mit einem oder mehreren anerkannten Rahmenwerken ausreichend abgedeckt sind. Die einzelnen Rahmenwerke fokussieren teils auf unterschiedliche Zielgruppen bzw. Adressaten, was die Auswahl geeigneter Rahmenwerke abhängig von der spezifischen Zielsetzung eines Unternehmens zusätzlich erschwert.

Die Auswahl geeigneter Rahmenwerke dürfte daher bei den berichtenden Unternehmen und deren Adressaten eher Verwirrung als Orientierung stiften, vor allem für Organisationen, bei denen sich stabile Berichtsprozesse gegenwärtig noch herausbilden. Zum Teil werden Unternehmen angesichts der Vielfalt der Rahmenwerke auch überfordert sein – vor allem, wenn darüber hinaus Rating-Agenturen oder andere Informationsintermediäre weitergehende individuelle Informationsabfragen an die betroffenen Unternehmen richten. Insofern erscheint eine weitere Standardisierung im Hinblick auf eine von anderen Stakeholdern nutzbare Informationsbasis von relevanten und zuverlässigen nichtfinanziellen Informationen sinnvoll.

2.2.3   Freiwillige Initiativen nehmen ebenfalls stärkere Standardisierung in den Blick

Die Notwendigkeit einer weiteren Vereinheitlichung der freiwilligen Rahmenwerke wurde zumindest auch von den bedeutenderen freiwilligen Standardsetzungsinitiativen erkannt. Derzeit arbeiten z. B. im „Better Alignment Project" das CDP, das Climate Disclosure Standards Board (CDSB), die GRI, das International Integrated Reporting Council (IIRC) und das SASB Gemeinsamkeiten und Unterschiede ihrer jeweiligen Rahmenwerke heraus, um deren Harmonisierung zu ermöglichen und letztendlich die finanzielle und nichtfinanzielle Berichterstattung zu integrieren. Der Weg zu einer Vereinheitlichung wurde somit beschritten, aber es bleiben noch viele Hürden zu nehmen, bevor eine Konsolidierung dieser freiwilligen Initiativen endgültig Gestalt annehmen wird.

Auch die erst kürzlich ins Leben gerufene, in Frankfurt ansässige „Value Balancing Alliance" (VBA) setzt sich mit Unterstützung der großen Prüfernetzwerke für einen einheitlichen Rechnungslegungsstandard im Bereich Nachhaltigkeit ein. Er soll es Unternehmen ermöglichen, durch die Internalisierung externer Effekte die Auswirkungen ihrer Tätigkeit auf Wirtschaft, Umwelt und Soziales besser erfassen, bewerten und steuern zu können. Die VBA hat jüngst auch einen Auftrag der EU-Kommission erhalten, sogenannte „Environmental Accounting Standards" (E-GAAP) zu erarbeiten. Konkrete Arbeitsergebnisse der VBA dürften in den kommenden drei Jahren zu erwarten sein. Einen bereits greifbaren Ansatz zur unternehmensübergreifenden Konsistenz befürworten die rund 120 CEO des World Economic Forum International Business Council. Sie haben die Anwendung eines konkreten branchenübergreifenden Sets an Indikatoren anlässlich des letzten Weltwirtschaftsforums zur Diskussion gestellt. Das mit Hilfe der großen internationalen Prüfernetzwerke erarbeitete Set umfasst für die Bereiche Governance, Planet, People und Prosperity 22 Kern-Kennzahlen sowie erweiterte Empfehlungen, die in die herkömmliche Jahresberichterstattung integriert werden könnten.

2.2.4   Standardisierung sollte nicht in eine Sackgasse führen

Auch wenn der Nutzen weiterer Standardisierung anscheinend auf der Hand liegt, ist es notwendig, die Fortentwicklung einer aus Sicht der Unternehmen und ihrer Stakeholder sinnvollen CSR-Berichterstattung nicht zu bremsen. Negativ zu sehen wäre vor allem ein allumfassender checklistenartiger Ansatz, bei dem – ungeachtet der Unternehmenstätigkeit – bestimmte Kennzahlen anzugeben sind. Dies ist z. B. bei der Umsetzung der CSR-Richtlinie in Spanien der Fall. Daher erscheint die Konzentration der Brüsseler Bemühungen auf einen Mindestsatz an zuverlässigen CSR-Informationen vorzugswürdig.

Eine zu ambitionierte gesetzliche Standardisierung birgt zudem die Gefahr, dass neue Entwicklungen und Trends in Bezug auf spezifische Themen – z. B. Menschenrechte oder Lieferketten – erst mit deutlicher zeitlicher Verzögerung berücksichtigt werden. Bei der Beschränkung auf einen gesetzgeberisch definierten Mindestsatz bliebe hier auch genügend Spielraum für Aktivitäten der freiwilligen Standardsetzungsorganisationen.

Schließlich ist zu fragen, ob ein möglicherweise gesetzlich festgelegter Mindestsatz an CSR-Informationen nicht stärker in die Finanzberichterstattung integriert sein sollte. Angesichts der zunehmenden Bedeutung von Nachhaltigkeitsrisiken erscheint deren Berücksichtigung bei der Beurteilung der Resilienz eines Geschäftsmodells unabdingbar. Nur durch ganzheitliche Informationen können Stakeholder befähigt werden, informierte Kauf- oder Investitionsentscheidungen zu treffen und so bewusst zu einer nachhaltigeren Entwicklung beizutragen.

WP StB Georg Lanfermann, Berlin

WP Alexander Glöckner, Frankfurt a. M.

(Quelle: Die Wirtschaftsprüfung, Heft 8/2020, Seite 436 ff. (Reihe „Green and more"))

Kapitel 3: Sustainable Finance als CSR-Treiber

Die 17 Nachhaltigkeitsziele der UN, die Ziele des Pariser Klimaschutzabkommens sowie die übrigen ökologischen und sozialen Ziele im Sinne der Nachhaltigkeit können nach Auffassung der EU-Kommission nur mit Hilfe umfangreicher Investitionen in den Wandel der Wirtschaft erreicht werden.[1] Der Finanzierungsbedarf wird auf 180 Milliarden Euro jährlich geschätzt. Auch wenn künftig ein Viertel des EU-Haushalts für den Klimaschutz eingesetzt werden soll, genügt dies nicht, um die Ziele des Green Deals zu erreichen. Erforderlich sind private Investitionen in grüne Projekte. Um diese zu fördern und um die negativen Auswirkungen des Klimawandels auf Wirtschaft und Finanzmärkte zu vermindern, soll ein nachhaltiges Finanzwesen dafür sorgen, dass Nachhaltigkeitsaspekte bei Finanzentscheidungen künftig berücksichtigt und auf diese Weise sowohl mehr klimaneutrale, energie- und ressourceneffiziente als auch mehr kreislauforientierte Projekte auf den Weg gebracht werden. Wenngleich sich das vermehrte Auftreten von Unwettern nicht mehr verhindern lässt, so sollen durch die stärkere Berücksichtigung von Nachhaltigkeitsaspekten bei Investitionsentscheidungen doch zumindest die wirtschaftlichen Auswirkungen von wetterbedingten Schäden verringert werden. Auf diese Weise wird Sustainability zum „kritischen Erfolgsfaktor".

Die EU-Kommission sieht in einem nachhaltigen Finanzwesen einen starken Treiber der nachhaltigen Entwicklung. Der Umbau der Wirtschaft in eine klimaneutrale Wirtschaft erfordert weltweite Kooperationen. Daher hat es sich die EU-Kommission zum Ziel gesetzt, die verschiedenen Initiativen in den einzelnen Ländern zusammenzubringen bzw. aufeinander abzustimmen, um grenzüberschreitende kompatible Märkte für nachhaltige Finanzen zu schaffen und Synergien zu nutzen. Investoren steht so eine breitere Auswahl an Projekten und nachhaltigen Finanzprodukten zur Verfügung. Unternehmen können sich neue Finanzierungsquellen für globale Finanzmärkte erschließen.

Die drei Säulen der Finanzierung nachhaltigen Wachstums

Der Aktionsplan der EU-Kommission zur Finanzierung nachhaltigen Wachstums steht auf drei Säulen:

1. **EU-Taxonomie:** Die EU möchte ein einheitliches EU-Klassifikationssystem für umweltverträgliche Tätigkeiten schaffen, damit anhand harmonisierter EU-Kriterien festgestellt werden kann, ob eine wirtschaftliche Tätigkeit ökologisch nachhaltig ist. Anhand dieser Klassifikationen können Bereiche identifiziert werden, in denen nachhaltige Investitionen besonders wirksam werden.

---

[1] Der Aktionsplan Finanzierung nachhaltigen Wachstums kann online eigesehen werden, z. B. unter eur-lex. europa.eu, abgerufen am 13.01.2021.

Eine Investition wird als umweltverträglich bezeichnet, wenn sie zu einem der folgenden sechs Ziele beiträgt:
- Klimaschutz,
- Anpassung an den Klimawandel,
- nachhaltige Wassernutzung,
- Übergang zur Kreislaufwirtschaft,
- Minimierung der Umweltverschmutzung und
- Schutz von Biodiversität und Ökosystemen.

2. **Investorenpflichten:** Vermögensverwalter und institutionelle Anleger sollen verpflichtet werden, Kriterien der Nachhaltigkeit in die Investitionsabläufe einzubeziehen. Des Weiteren sollen die Offenlegungsvorschriften verschärft werden.

3. **Referenzwerte für CO_2-arme Investitionen:** Es werden zwei neue Kategorien von Referenzwerten geschaffen:
- Referenzwert für Investitionen, der die Umstellung auf eine CO_2-arme Wirtschaft fördern soll, also eine dekarbonisierte Version von Standard-Indizes
- Referenzwert für auf die Klimaziele von Paris ausgerichtete Investitionen nur für Unternehmen, die das 1,5-Grad-Ziel von Paris verfolgen

Grüne Finanzprodukte sollen künftig durch EU-Normen und EU-Kennzeichen kenntlich gemacht und die Nachhaltigkeit in das Risikomanagement einbezogen werden. Eine technische Beratung durch europäische Aufsichtsbehörden soll die Einbeziehung von Nachhaltigkeitsrisiken in finanzielle Entscheidungen fördern.

Die deutsche Finanzaufsicht BaFin hat im Dezember 2019 ein umfangreiches „Merkblatt zum Umgang mit Nachhaltigkeitsrisiken" herausgegeben.[2]

Die europäische Zentralbank (EZB) legt ihrerseits in einem Leitfaden[3] dar, wie Klima- und Umweltrisiken im derzeitigen Aufsichtsrahmen sicher und umsichtig gesteuert werden können. Der EZB-Leitfaden bietet eine Arbeitshilfe für Kreditinstitute zur Berücksichtigung von Klima- und Umweltrisiken und zur Festlegung und Umsetzung der Geschäftsstrategie sowie ihrer Rahmenwerke für Governance und Risikomanagement. Des Weiteren gibt der Leitfaden vor, inwieweit die EZB von den Instituten erhöhte Transparenz durch eine verbesserte Offenlegung von Informationen zu Klima- und Umweltthemen

---

[2] BaFin (2019): Merkblatt zum Umgang mit Nachhaltigkeitsrisiken, https://www.bafin.de/SharedDocs/ Downloads/DE/Merkblatt/dl_mb_Nachhaltigkeitsrisiken.html, (abgerufen am 16.02.2021).
[3] EZB-Leitfaden zu Klima- und Umweltrisiken, Erwartungen der Aufsicht in Bezug auf Risikomanagement und Offenlegungen (Mai 2020), als PDF verfügbar unter bankingsupervision.europa.eu/home, Suchbegriff Leitfaden zu Klima- und Umweltrisiken, abgerufen am 13.01.2021.

erwartet. Der Leitfaden ist für die Institute jedoch nicht verpflichtend. Er soll vielmehr eine Grundlage für den aufsichtlichen Dialog darstellen, in dessen Rahmen die EZB ihre Erwartungen mit den Instituten im Hinblick auf etwaige Abweichungen ihrer Verfahren besprechen wird.

WP StB Katharina Völker-Lehmkuhl, Heiligenhaus

3.1 Green and more: Sustainable-Finance-Taxonomie der EU – Ein wichtiger Schritt zur Fortentwicklung der Unternehmensberichterstattung

Die EU verfügt mit ihrer Sustainable-Finance-Taxonomie über ein Regelwerk zur Klassifizierung von klimaschützenden Geschäftsaktivitäten und Finanzprodukten. Die damit einhergehenden neuen Berichtspflichten für Unternehmen sind geeignet, die Aussagekraft der nichtfinanziellen Berichterstattung erheblich zu erhöhen. Sie werden relevant für den Kapitalmarkt sein und erfordern eine frühzeitige und intensive Befassung in den Unternehmen.

3.1.1 Neue Berichtspflicht

Unternehmen, die zur nichtfinanziellen Berichterstattung nach §§ 289b ff. bzw. §§ 315b f. HGB verpflichtet sind, werden für das Geschäftsjahr 2021 in der nichtfinanziellen Berichterstattung den Anteil ihrer nach der europäischen Sustainable-Finance-Taxonomie als „ökologisch nachhaltig" anzusehenden Umsatzerlöse, Investitionsausgaben (Capital Expenditures – Capex) und Betriebsausgaben (Operational Expenditures – Opex) angeben müssen (Art. 8 Abs. 2 der EU-Taxonomie-VO). Die Angaben sind vom Aufsichtsrat nach § 171 AktG inhaltlich zu prüfen. Zu beachten ist, dass die EU-CSR-Richtlinie derzeit überarbeitet wird und mit einer deutlichen Ausweitung des Kreises berichtspflichtiger Unternehmen zu rechnen ist, die dann künftig (voraussichtlich ab Geschäftsjahr 2023) ebenfalls die Angaben nach der Taxonomie- Verordnung machen müssten.

3.1.2 Hintergrund

Mit dem Ziel, bis zum Jahr 2050 der erste klimaneutrale Kontinent zu sein, hat die EU-Kommission ein ganzes Bündel an Maßnahmen vorgesehen.[1] Einen Baustein bildet dabei die Sustainable-Finance-Taxonomie zur eindeutigen Bestimmung „ökologisch nachhaltiger" Geschäftsaktivitäten und Finanzprodukte, die im Zeitablauf um weitere Umweltziele sowie soziale Ziele ergänzt werden soll. Die EU-Kommission verfolgt sechs Umweltziele:

1. Klimaschutz,
2. Anpassung an den Klimawandel,
3. nachhaltige Wassernutzung,
4. Übergang zur Kreislaufwirtschaft,
5. Minimierung der Umweltverschmutzung und
6. Schutz von Biodiversität und Ökosystemen.

---

[1] Vgl. https://econsense.de (Abruf: 01.12.2020).

Bislang liegen konkrete Kriterien nur für die beiden ersten Umweltziele vor.

Geschäftsaktivitäten sind „ökologisch nachhaltig", wenn sie

1. einen wesentlichen Beitrag zur Erreichung eines der EU-Umweltziele leisten („substantial contribution"),
2. die Erreichung der fünf weiteren EU-Umweltziele nicht erheblich beeinträchtigen („do not significant harm" – DNSH) und
3. Mindestvorschriften für Arbeitssicherheit und Menschenrechte einhalten (Minimum Social Safeguards).

Die Taxonomie-bezogenen Angaben der realwirtschaftlichen Unternehmen in deren nichtfinanzieller Berichterstattung bilden die Grundlage der eigenen Berichtspflichten von Finanzinstituten. Durch die Angabe des Anteils von ökologisch nachhaltigen Anlagen (Finanzinstitute) bzw. Umsatzerlösen und Investitionen (Realwirtschaft) soll die Gefahr von Greenwashing erheblich vermindert werden, da eindeutig klar wird, welchen Beitrag die jeweiligen Unternehmen zur Erreichung der sechs Umweltziele leisten. Die Taxonomie betrifft Unternehmen auf strategischer und operativer Ebene. Finanzielle und nichtfinanzielle Informationen werden durch die Angabepflichten von ökologisch nachhaltigen Umsatzerlösen, Capex und Opex erstmalig zwingend miteinander verknüpft.

Es ist davon auszugehen, dass die mit der neuen Berichtpflicht erreichte Verknüpfung von nichtfinanziellen und finanziellen Informationen eine wichtige Fortentwicklung der Rechenschaftslegung von Unternehmen ist und sehr relevant für die Berichtsadressaten sein dürfte: Bislang stand die (handelsrechtliche) nichtfinanzielle Berichterstattung oft neben der finanziellen Rechnungslegung (in Lagebericht und Abschluss). Häufig folgte sie keinem roten Faden, die Angaben blieben vor allem qualitativ und hatten zum Teil eher den Charakter von Absichtsbekundungen oder Policy Statements. Durch die Taxonomie-Berichtspflichten wird eine Verknüpfung mit dem Abschluss zwingend: Die Ernsthaftigkeit des nachhaltigen Engagements wird vor allem durch die Angaben zu „ökologisch nachhaltigen" Anteilen an Umsatz und Capex für die außenstehenden Berichtsadressaten (vor allem Investoren, aber auch weitere Adressaten) nachvollziehbar. Die berichteten Kennzahlen sind im Zeitablauf und auch zwischen Unternehmen unterschiedlicher Branchen vergleichbar. Eine Herausforderung für die Unternehmenspraxis ist indes, dass nicht für alle Branchen Kriterien vorliegen. Für viele Branchen werden vor allem die künftig zu entwickelnden Kriterien zu den vier weiteren EU-Umweltzielen einschlägig sein.

3.1.3   Relevanz für Investoren

Die empirische Forschung zeigt, dass Unternehmen mit guter ESG-Performance besser performen als solche mit schlechter ESG-Performance.[2] Vor diesem Hintergrund sind Investoren an Unternehmen mit (sehr) guter oder (sehr) schlechter ESG-Performance interessiert: an den guten, weil von diesen Out- Performance zu erwarten ist, und an den schlechten, um dort (massiv) auf Veränderungen hinzuwirken und so von der Wertsteigerung unmittelbar zu profitieren (aktivistische Investoren). Die unmittelbare Verknüpfung von nichtfinanziellen und finanziellen Zahlen im Rahmen der Taxonomie-Berichterstattung erhöht die Transparenz über die tatsächliche ESG-Performance und macht diese auch über unterschiedliche Branchen hinweg vergleichbar. Die Taxonomie wird Grundlage für eine Vielzahl von Finanzprodukten sein, beispielsweise für Green Bonds. Denkbar sind Investitionskriterien (etwa für ETF), beispielsweise:

– „Anteil ökologisch nachhaltiger Umsatzerlöse größer als 50 Prozent" für heutige ESG-Out-Performer oder
– „Anteil ökologisch nachhaltiger Umsatzerlöse kleiner als 10 Prozent und Anteil ökologisch nachhaltigen Capex größer als 70 Prozent" für künftige ESG-Out- Performer.

Ferner kann die Mittelvergabe aus dem EU Recovery Plan oder sonstiger öffentlicher Fördermittel an die Taxonomie- Konformität der Projekte geknüpft werden; auch kann die Erfüllung bestimmter Schwellenwerte eine Bedingung oder zumindest ein Kriterium in Ausschreibungen sein.

3.1.4   Auswirkungen auf die nichtfinanzielle Berichterstattung

Heute sind in der handelsrechtlichen nichtfinanziellen Berichterstattung Angaben zu Umwelt-, Arbeitnehmer- und Sozialbelangen, zur Achtung der Menschenrechte sowie zur Bekämpfung von Korruption und Bestechung zu machen. Die Berichterstattung erfolgt häufig ohne roten Faden, sodass die wirtschaftliche Relevanz bzw. die Relevanz für das Geschäftsmodell bzw. die künftige Entwicklung des Unternehmens nicht immer deutlich wird.

Künftig könnte die Taxonomie-Berichterstattung zum Ausgangspunkt der nichtfinanziellen Berichterstattung werden, analog beispielsweise zur GuV, die aggregiert das einschlägige Zahlenwerk enthält, das in der Folge in einem Anhang ausführlich erläutert wird. Dementsprechend wären dort die folgenden Angaben zu machen:

– Vorgehen zur Ermittlung der Anteile von Umsatzerlösen, Capex, Opex (einschließlich ggf. des Erfordernisses und der Begründung von Schätzungen samt Annahmen);

---

[2]   Vgl. Friede/Busch/Bassen, ESG and Financial Performance: Aggregated Evidence from more than 2000 empirical Studies (www.researchgate.net; Abruf: 01.12.2020).

- Ansatz zur Ermittlung der Substantial Contribution (wesentlicher bzw. bedeutsamer Beitrag) zu einem Umweltziel und zur DNSH-Einschätzung hinsichtlich der weiteren Umweltziele (jeweils einschließlich ggf. des Erfordernisses und der Begründung von Schätzungen samt Annahmen), ggf. unterschieden nach Alt- und Neuprojekten;
- Einhaltung der Minimum Safeguards (Mindestschutz).

Auf diese Weise würde den bereits bislang nach § 289c HGB zu machenden Angaben in Teilen eine konkretere Struktur gegeben:

- Substantial-Contribution-Angaben und DNSH-Angaben würden den Bereich Umweltbelange abdecken.
- Minimum-Safeguards-Angaben würden die Bereiche Arbeitnehmerbelange, Sozialbelange, Achtung der Menschenrechte sowie Bekämpfung von Korruption und Bestechung abdecken.

3.1.5   Umsetzung im Unternehmen

Eine frühzeitige Zusammenarbeit der Bereiche Rechnungswesen, Controlling, Nachhaltigkeit, Umweltschutz und Arbeitsschutz erscheint zwingend. Gegebenenfalls wären auch Compliance, Einkauf und Produktion einzubeziehen.

Das Vorgehen wäre beispielsweise wie folgt:

- Identifizierung der relevanten Geschäftsaktivitäten des Unternehmens;
- Analyse, welche Aktivitäten einen bedeutsamen Beitrag zum Klimaschutz bzw. zur Anpassung an den Klimawandel leisten („substantial contribution");
- für diese Aktivitäten: Prüfung, ob die Erreichung der vier weiteren Umweltziele signifikant beeinträchtigt wird („do not significant harm");
- für die dann verbleibenden Aktivitäten: Prüfung, ob Mindestschutz für Arbeitnehmer- und Menschenrechte eingehalten wird;
- Analyse, inwieweit die entsprechenden Angaben (Umsatzerlöse, Capex, Opex) systemseitig ermittelt werden können;
- Implementierung einer Logik zur automatischen Erfassung ökologisch nachhaltiger Umsatzerlöse, Capex und Opex.

Dabei sollten auch aktuelle Gesetzgebungsverfahren auf nationaler und auf EU-Ebene mitverfolgt werden, beispielsweise das deutsche Eckpunktepapier zum Lieferkettengesetz.[3]

---

[3]   Vgl. https://die-korrespondenten.de (Abruf: 01.12.2020).

3.1.6 Fazit

Insgesamt ist zu beobachten, dass nichtfinanzielle Angaben für Investoren mittlerweile ebenso relevant sind wie finanzielle Angaben: Während finanzielle Angaben häufig eher bestätigenden Charakter haben, versprechen sich Investoren aus nichtfinanziellen Angaben Rückschlüsse auf die Zukunftsfähigkeit des Geschäftsmodells. Daher ist eine ebenso intensive unternehmensseitige Befassung mit der Umsetzung neuer Berichtspflichten erforderlich. Es ist davon auszugehen, dass auch die Berichtsvorgaben hinsichtlich Konkretisierungsgrad deutlich weiterentwickelt werden und vergleichbar detailliert und anspruchsvoll werden dürften wie beispielsweise die IFRS. Die Taxonomie- Berichtspflichten sind beschlossen, eine Umsetzung der Verordnung in deutsches Recht ist anders als bei EURichtlinien nicht erforderlich. Derzeit werden nur noch die Details (delegierte Rechtsakte zu Kriterien und Berichterstattung) ausgearbeitet. Diese Berichtspflichten vollständig und richtig umzusetzen, erfordert eine frühzeitige und intensive Befassung seitens der Unternehmen. Gleichzeitig können sie die Relevanz und Aussagekraft der nichtfinanziellen Berichterstattung deutlich erhöhen.

StB Dr. Matthias Schmidt, Düsseldorf

(Quelle: Die Wirtschaftsprüfung, Heft 24/2020, Seite 1495 ff. (Reihe „Green and more"))

3.2 Green and more: Sustainable Finance treibt die „nachhaltige Transformation"

Die Anforderungen zahlreicher Stakeholder an eine nachhaltige Wirtschaft steigen: So soll die EU bis 2050 zum ersten CO_2-neutralen Staatenbund werden („Green Deal"). Ein stufenweise steigender CO_2-Preis, wie er demnächst für Deutschland und dann für Europa geplant ist, soll für nachhaltigeres Handeln sorgen. Das Klima zu schädigen würde teurer werden. Die Auswirkungen auf nahezu alle Unternehmen und Lieferketten lassen sich kaum abschätzen. Sustainability wird so zum kritischen Erfolgsfaktor. Unternehmen werden sich konsequenter als bisher mit Nachhaltigkeit auseinandersetzen müssen. Zudem wird eine Vielzahl weiterer Gesetze und Initiativen das Schlagwort „Nachhaltige Wirtschaft" mit Leben füllen, etwa der Umbau zur nachhaltigen Landwirtschaft und zur Kreislaufwirtschaft oder die Steigerung unternehmerischer Verantwortung entlang von Lieferketten. Zunehmend müssen Unternehmen mit neuen Sanktionsmechanismen rechnen: Kampagnen kritischer Stakeholder werden umfangreicher und wirksamer, und der unternehmerische Verantwortungsbegriff wird wohl auch vor Gericht neu ausgelegt werden.

3.2.1 Finanzmarkt weist die Richtung

Im Zentrum zahlreicher Initiativen steht das Stichwort „Sustainable Finance", also der sukzessive Umbau des Finanzsektors. In dessen Folge wird die nachhaltige Ausrichtung von Risikobewertungen und Investitionsentscheidungen wichtiger. Regulierungs- und Aufsichtsbehörden nutzen in diesem Rahmen ihre Möglichkeiten, Unternehmen kapitalseitig zu mehr Nachhaltigkeit zu verpflichten. Der Klimawandel betrifft alle finanziellen Institutionen; weltweit steht er ganz oben auf der Agenda von Aufsichtsbehörden, die für die nachhaltige Transformation der Wirtschaft eine Rolle spielen.

Eine aktuelle Studie[1] zeigt, wie Zentralbanken und Aufsichtsbehörden die Herausforderungen des Klimawandels angehen. Demnach halten zwar 70% aller Befragten den Klimawandel für eine große Bedrohung der Finanzstabilität; aber nur etwa jede zweite Zentralbank berücksichtigt dies bislang in ihrem Monitoring.

Auf (inter-)nationaler Ebene integrieren Zentralbanken und Aufsichtsbehörden Klimarisiken aber zunehmend in ihre Aktivitäten. So hat die Deutsche Bundesbank bereits Standards für Green Finance und Green Lending angekündigt.[2] Auch die Bewertung von Klimarisiken als finanzielles Risiko (Stresstest) ist eine von vielen Zentralbanken geplante Maßnahme, so auch in Deutschland. Die Gegenüberstellung von Planung und

---

[1] Mazars/OMFIF, Tackling climate change (www.mazars.com; Abruf: 24.02.2020), mit einer Befragung von 33 Zentralbanken aus sechs Regionen von August bis Dezember 2019.
[2] Siehe Mazars/OMFIF, a.a.O. (Fn. 1), S. 13.

Umsetzung zeigt aber, dass Zentralbanken hier noch Handlungsbedarf haben: Während 79% aller weltweit befragten Zentralbanken Klimarisiken in Stresstests integrieren wollen, setzen dies heute erst 15% um.

Die Bundesbank macht sich auch in eigenen Geschäftsbereichen für Green Finance stark: Bereits in sechs von 16 Portfolios, die sie namens der Bundesländer verwaltet, werden Nachhaltigkeitskriterien für Investments angewendet. Zudem sollen eigene Investments künftig einen größeren Fokus auf Nachhaltigkeitsrisiken legen. Und zusammen mit Hessen, Baden-Württemberg und Nordrhein-Westfalen entwickelt die Bundesbank Nachhaltigkeits- und ESG-Indizes. International befasst sich die Bundesbank als Gründungsmitglied des Network For Greening the Financial System mit der Frage, wie Banken dem Klimawandel begegnen können.

Aus der Sicht von Zentralbanken und Aufsichtsbehörden sind auf dem Weg zu Sustainable Finance aber noch zahlreiche Hürden zu nehmen. Ein weltweit stärkeres Engagement der Institutionen verhindern derzeit noch fehlende Analysetools, Methodologien und Daten, so 84% der Befragten. Auch fragmentierte Rahmenwerke sind eine große Herausforderung: So befürchten 31% Schwierigkeiten bei Vergleichbarkeit und Konsistenz aufsichtsrechtlicher Rahmenwerke für Klimarisiken. Zudem sehen viele die politischen Institutionen in der Verantwortung, Maßnahmen zur Bekämpfung des Klimawandels aufzusetzen.

3.2.2   BaFin empfiehlt strategische Befassung mit Nachhaltigkeitsrisiken

Ausweislich ihres am 20.12.2019 veröffentlichten Merkblatts zum Umgang mit Nachhaltigkeitsrisiken erwartet die BaFin vor allem eine ganzheitliche Überprüfung von Geschäfts- und Risikostrategien bezüglich der Berücksichtigung von Nachhaltigkeitsrisiken.[3] Klimabezogene Risiken sollen in den Überprüfungsprozess der Aufsicht integriert werden. Die BaFin skizziert zudem Good-Practice- Ansätze als Orientierung für den Umgang mit Nachhaltigkeitsrisiken. In der Wahl ihrer Ansätze und Methoden sind die beaufsichtigten Institute frei. Die BaFin will zunächst keine konkreten Prüfungsanforderungen formulieren. Derartige (und später auch prüfungsrelevante) Vorgaben werden aber mit der Umsetzung europäischer Richtlinien, Verordnungen und Leitlinien auf die Institute zukommen.[4]

Geltende gesetzliche oder aufsichtsrechtliche Vorgaben – etwa MaRisk, MaGo, KAMa-Risk – sind in jedem Fall zu beachten; sie werden im Hinblick auf Nachhaltigkeitsrisiken, sofern diese als wesentlich identifiziert wurden, im Merkblatt weder abgeschwächt noch erweitert.

[3]   Siehe www.bafin.de (Abruf: 24.02.2020).
[4]   Siehe – auch zum Folgenden – BaFin, a.a.O. (Fn. 3), S. 5.

Gleichwohl ist davon auszugehen, dass die klare Positionierung der BaFin den Finanzmarkt mittelbar beeinflussen wird und den Umgang mit Nachhaltigkeitsrisiken stärker in den Fokus rücken lässt. So erwägt etwa die Bundesbank bereits, Unternehmen zu ermutigen bzw. zu verpflichten, klimabezogene Finanzdaten offenzulegen.

3.2.3   Vom Vorhaben zur Verpflichtung: Sustainable Finance Action Plan der EU

Das BaFin-Merkblatt ist ein Impuls, um Prozesse anzupassen und Nachhaltigkeitsrisiken in Unternehmensstrategie, Geschäftsorganisation und Risikomanagement zu integrieren. Demgegenüber ist die EU bestrebt, fehlende Standards zu definieren. Insofern steht die nachhaltige Finanzierung ganz oben auf der Agenda der EUKommission. Mit dem EU Sustainable Finance Action Plan vom Frühjahr 2018 sollen Kapitalströme in nachhaltige Investitionen umgelenkt werden. Der Plan sieht u. a. eine einheitliche Taxonomie für nachhaltiges Wirtschaften vor, ferner eine Offenlegungs- und Benchmark- Verordnung sowie die Integration von Nachhaltigkeit in die Organisationsprozesse von Investmentfonds und Anlageberatung. Kapitalverwaltungsgesellschaften (KVG), Banken und Pensionskassen werden damit gesamtgesellin die Pflicht genommen. Die Handlungsfelder reichen von grünen Finanzprodukten bis zur Organisationsstruktur von KVG. Zudem sollen umfangreiche Offenlegungs- und Reporting-Pflichten eine größere Transparenz schaffen.

3.2.4   EU-Taxonomie für grüne Wirtschaftsaktivitäten

Zahlreiche Gesetzgebungsverfahren zur Umsetzung der geplanten Maßnahmen stehen noch aus bzw. sind noch nicht beendet. Am 18.12.2019 einigte sich die EU aber bereits auf die Taxonomie als Herzstück des Sustainable Finance Action Plan.[5] Damit legt die EU eine verbindliche Definition für ökologisch nachhaltige Wirtschaftstätigkeiten und Investments fest. Auf diese Weise sollen u. a. die Ziele des Pariser Klimaabkommens und die Nachhaltigkeitsziele der Vereinten Nationen (SDG) erreicht werden. Die Taxonomie soll EU-weit eine einheitliche Klassifizierung für nachhaltiges Wirtschaften ermöglichen, das Vertrauen bei Investoren stärken und nachhaltige Investitionen transparenter und attraktiver machen. Zudem benennt die Taxonomie – aufbauend auf den Arbeiten einer Expertengruppe (TEG) – jene Bereiche, in denen nachhaltige Investitionen bestmöglich wirken. Demnach kann eine Investition nur dann als „grün" bezeichnet werden, wenn sie zu mindestens einem von sechs Zielen – Klimaschutz, Anpassung an den Klimawandel, nachhaltige Nutzung von Wasser- und Meeresressourcen, Kreislaufwirtschaft, Verhütung von Verschmutzung und gesundes Ökosystem – beiträgt. Diese Kriterien stehen in direkter Verbindung zum „Do not significant harm"-Prinzip, wonach ökonomisches Handeln, das substantiell zu einem der sechs Umweltziele beiträgt, nicht zugleich eines der anderen Ziele (entscheidend) schädigen darf.

---

[5]   Siehe https://ec.europa.eu (Abruf: 24.02.2020).

Finanzmarktteilnehmer, die Produkte als umweltverträglich vermarkten, müssen offenlegen, ob und inwieweit die Taxonomie verwendet wurde und welcher Anteil der Investition im Sinne der Taxonomie förderfähig ist. Alle anderen müssen ausdrücklich erklären, dass eine Investition nicht zu einem Umweltziel beiträgt.

Jenseits der Taxonomie ist mit weiteren regulierungsbedingten Veränderungen für nachhaltige Finanzen zu rechnen. Im Jahr 2021 wird die EU wohl einen weiteren Aktionsplan vorlegen, der die Schaffung größerer Transparenz zum Ziel hat, und zwar mit Blick auf die Bilanzierung und Einpreisung von ESG-Risiken. Hier übernimmt die EU die ihr von Zentralbanken und Aufsichtsbehörden zugewiesene Verantwortung, um mit Standards die Rolle des Finanzmarkts für die Umsetzung der nachhaltigen Transformation zu stärken.

3.2.5   Fazit

Die Anforderungen des Kapitalmarkts sind ein wesentlicher Baustein auf dem Weg zu einer nachhaltigen Wirtschaft; sie werden maßgeblich von Regulierung und Aufsicht bestimmt. Zusammen mit den politischen Akteuren übernehmen sie eine marktgestaltende Rolle bei der nachhaltigen Transformation. Dafür sind drei zentrale Herausforderungen zu meistern:

1. Integration von Nachhaltigkeitsaspekten in Steuerungs- und Überwachungssysteme, um insoweit realistische Risikoeinschätzungen treffen zu können;
2. Weiterentwicklung des Geschäftsberichts, der über die erweiterte Risikoeinschätzung hinaus auch steigenden Erwartungen von Investoren und kritischen Stakeholdern gerecht werden muss;
3. internationale Standardisierung der Rahmenwerke zur (vergleichbaren) Bewertung von Nachhaltigkeit im Hinblick auf die globale Wirkung von Sustainable Finance.

Kai Michael Beckmann, Hamburg

(Quelle: Die Wirtschaftsprüfung, Heft 6/2020, Seite 331 (Reihe „Green and more"))

3.3 IDW Positionspapier: Sustainable Finance als Teil der nachhaltigen Transformation – Auswirkungen auf Kreditinstitute

(Stand: 30.09.2020)

3.3.1 Zielsetzung und Aufbau des Positionspapiers

Klimawandel, soziale Aspekte und verantwortungsgerechte Unternehmensführung (Environmental, Social, Governance – ESG) sind zurecht als drängende Handlungsfelder im Fokus der öffentlichen Wahrnehmung angekommen. Über lange Zeit bildeten dabei Klimarisiken den Schwerpunkt der Nachhaltigkeitsdebatten. Die **Coronavirus-Pandemie** sowie die **Causa Wirecard** haben in letzter Zeit jedoch auch die Aspekte „S" und „G" aus ihrem teilweisen Schattendasein hervorgehoben. Eine **ganzheitliche Betrachtung von ESG-Risiken** ist daher von Bedeutung. Verhalten, das nicht im Einklang mit ökologischen, sozialen und ‚good governance'-Anforderungen steht – also nicht ESG-konformes und somit nicht nachhaltiges Verhalten – wird weniger denn je toleriert, und die Verantwortlichkeiten werden breiter als je zuvor gefasst.

Als Reaktion auf die Ergebnisse des Pariser Klimaabkommens und die von den United Nations (UN) formulierten Global Sustainable Development Goals (SDGs)[1] legte die EU-Kommission im März 2018 ihren **Aktionsplan** zur Finanzierung nachhaltigen Wachstums[2] vor, der die Basis für die im European Green Deal angekündigte und noch 2020 erwartete **Renewed Sustainable Finance Strategy** der EU-Kommission bilden wird.[3] Zahlreiche Maßnahmen des Aktionsplans befinden sich derzeit im Legislativprozess. Die Maßnahmen sollen sicherstellen, dass:

- Finanzströme in nie dagewesenem Umfang in die Finanzierung nachhaltiger Aktivitäten umgeleitet werden,
- ESG-Risikoüberlegungen im Risikomanagement von Unternehmen stärker verankert werden und
- die Transparenz gefördert wird.

Die globalen, europäischen und nationalen Institutionen sehen vor allem **Kreditinstitute, Versicherungen und Vermögensverwalter in einer Schlüsselposition** bei der Erreichung der Nachhaltigkeitsziele. Dem Finanzsektor wird also als Hebel eine ent-

---

[1] Vgl. UN, Sustainable Development Goals, Website der Vereinten Nationen

[2] Vgl. Mitteilung der Kommission an das Europäische Parlament, den Europäischen Rat, den Rat, die Europäische Zenralbank, den Europäischen Wirtschafts- und Sozialausschuss und den Ausschuss der Regionen, Aktionsplan: Finanzierung nachhaltigen Wachstums v. 08.03.2018 (COM/2018/097 final)

[3] Vgl. zur Konsultation https://ec.europa.eu/info/sites/info/files/business_economy_euro/banking_and finance/documents/2020-sustainable-finance-strategy-consultation-document_en.pdf

scheidende Rolle bei der nachhaltigen, insbes. grünen Transformation beigemessen. Er ist zumeist erster Ansatzpunkt regulatorischer Maßnahmen. Zudem erhöht auch das Verhalten der Märkte den Druck auf Finanzdienstleister. ESG-Aspekte stellen inzwischen entscheidungskritische Parameter für viele Marktteilnehmer dar.

Der IDW Bankenfachausschuss (BFA) setzt sich intensiv mit den skizzierten Entwicklungen und deren Auswirkungen auf Banken und Sparkassen (im Folgenden „Kreditinstitute") auseinander. Das vorliegende Positionspapier beleuchtet wesentliche Auffassungen des BFA zu ausgewählten Herausforderungen des Transformationsprozesses zum nachhaltigen Management. Diese Herausforderungen betreffen die Gesamtorganisation von Kreditinstituten. Nach einem Überblick über die bankbetrieblichen Grundfunktionen im Kontext „Sustainable Finance" wird daher der Fokus auf die Auswirkungen von ESG-Maßnahmen auf die Geschäftsstrategie und Governance, das Risikomanagement, Abschluss und Lagebericht, Transparenzpflichten und den Vertrieb gelegt. Die Zusammenfassung sowie ein Ausblick runden das Positionspapier ab.

3.3.2 Auswirkungen von ESG-Maßnahmen auf Kreditinstitute

3.3.2.1 Überblick über bankbetriebliche Grundfunktionen im Kontext von Sustainable Finance

Der begonnene Transformationsprozess ist für Kreditinstitute mit zahlreichen Herausforderungen verbunden, welche die Gesamtorganisation betreffen. Änderungen von Strategien, Modellen und operativen Prozessen unter Berücksichtigung von Proportionalitätsüberlegungen sind die Folge. Das nachfolgende Schaubild zeigt ausgewählte Handlungsfelder, die sich aus den ESG-Maßnahmen für Kreditinstitute ergeben können.

i

Hinweis:
Die Abbildung 1 verdeutlicht die weitreichende Bedeutung von ESG-Maßnahmen für eine **nachhaltige Ausrichtung des Geschäftsmodells** von Kreditinstituten. Die Entwicklungen forcieren regulatorische Maßnahmen zur Umleitung von Zahlungsströmen in nachhaltige Aktivitäten; sie führen allmählich zu einer Änderung der Interessen und des Verhaltens von Bankkunden. Der BFA unterstützt daher eine **frühzeitige Auseinandersetzung** der Institute mit den Herausforderungen der nachhaltigen Transformation. Abschlussprüfer diskutieren diese Entwicklungen und Herausforderungen mit zu prüfenden Banken. Dabei sind Art und Ausmaß der Bedeutung von ESG-Risiken für das einzelne Institut abhängig vom spezifischen, unternehmensindividuellen Geschäftsmodell.

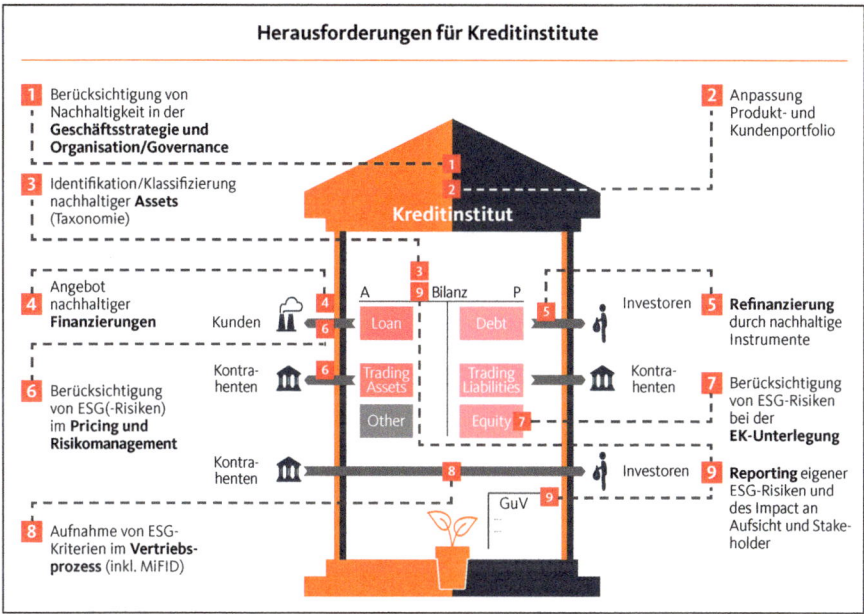

Abb. 1: Auswirkungen von ESG-Maßnahmen auf Kreditinstitute im Überblick

Die in der Abbildung dargestellten ESG-Aspekte bei Kreditinstituten werden zu den folgenden Themenbereichen zusammengefasst und in den nachfolgenden Abschnitten näher erläutert:

- Geschäftsstrategie und Governance,
- Risikomanagement,
- Abschluss und Lagebericht,
- Transparenzpflichten außerhalb des Geschäftsberichts und
- Vertrieb.

3.3.2.2 Geschäftsstrategie und Governance

Die nachhaltige Transformation berührt im Kern die nachhaltige Ausgestaltung von Geschäftsstrategie und Governance von Instituten. Die Entscheidungsträger haben sich daher mit der Berücksichtigung von Nachhaltigkeitsrisiken und -chancen bei der Unternehmenssteuerung angemessen auseinanderzusetzen. BaFin und EZB haben ihre entsprechenden Erwartungshaltungen in den zwischenzeitlich veröffentlichten Verlautbarungen zum Ausdruck gebracht. In dem **BaFin-Merkblatt** zum Umgang mit Nachhaltigkeitsrisiken vom 20.12.2019 (zuletzt geändert am 13.01.2020)[4] sowie im Entwurf des

4   Vgl. https://www.bafin.de/SharedDocs/Downloads/DE/Merkblatt/dl_mb_Nachhaltigkeitsrisiken.html

sog. **Leitfadens der Europäischen Zentralbank (EZB)** zu Klima- und Umweltrisiken (Stand: Mai 2020)[5] werden die Institute auf die **Überprüfung ihrer Geschäftsund Risikostrategie** in Bezug auf die Berücksichtigung von Nachhaltigkeitsaspekten hingewiesen. Im Rahmen dieser Analyse ist bspw. zu hinterfragen, welche Geschäftsfelder wesentlichen ESG-Risiken ausgesetzt sind und ob die betroffenen Geschäftsfelder fortgeführt, eingeschränkt oder umgestaltet werden sollen. Es ist zu überlegen, wie Geschäftsbeziehungen zu Kunden mit besonderen Nachhaltigkeitsrisiken zu behandeln sind und ob aus dem stärkeren Nachhaltigkeitsbewusstsein von Kunden bzw. Investoren Anpassungen der Geschäftsstrategie notwendig sind. Neben einer Betrachtung der Risiken bieten die ESG-Maßnahmen selbstredend auch eine Vielzahl von Chancen, die zu Wettbewerbsvorteilen führen können.

Nachhaltigkeitsaspekte spielen daher je nach Geschäftsmodell eine **zunehmend wichtige Rolle bei der Gesamtbanksteuerung.** Bei der Berücksichtigung von ESG-Risiken und -Chancen in der Geschäftsstrategie setzen sich die Entscheidungsträger mit dem Grad der gewünschten Integration von Nachhaltigkeitsaspekten in die Produktpalette und das Geschäftsmodell auseinander. Die **Produktstrategie** wird dabei insbesondere auf Kundenpräferenzen und Übereinstimmung mit deren Geschäftsmodellen geprüft. Kredit- und Emissionsprogramme könnten künftig auf Basis der im Juni 2020 veröffentlichten **EU-Taxonomie**[6] aufgesetzt werden, die es jedoch noch weiter zu konkretisieren gilt. Die Produktpalette eines Instituts könnte je nach Geschäftsabwägungen z. B. um „grüne Investments" wie Green Bonds, Social Bonds, Green Structured Products, Impact Investments, Wrapper Funds etc. erweitert werden. Der Einfluss von ESG-Faktoren auf das „Pricing" und die Bewertung von Produkten wird dabei kritisch zu hinterfragen sein. Insgesamt bietet es sich an, eine **Sustainable Finance-Strategie** zu entwickeln, die eine Markenschärfung zur nachhaltigen Positionierung im Markt fördern könnte.

Aufgrund der zunehmenden regulatorischen Anforderungen ist zu erwarten, dass Institute künftig vermehrt ESG-Aspekte in die Gesamtorganisation und **Geschäftsprozesse, inkl. des internen Kontrollsystems (IKS),** einfließen lassen. In **Kreditprozessen** sind dafür Schritte, Vorgaben, Kompetenzen und Ressourcen zur Prüfung einer Taxonomie-Konformität aufzubauen.[7] Darüber hinaus ist hierfür eine verlässliche Datenversorgung sicherzustellen. Nationale wie internationale Institutionen sehen in dem Aufbau von belastbaren Nachhaltigkeitsdatenbanken einen wesentlichen Bestandteil der politischen Nachhaltigkeitsstrategien. Bei der Eigenanlagen in Aktien wäre eine ESG-konforme Stimmrechtsausübung durch die Institute zu prüfen.

---

[5] Vgl. https://www.bankingsupervision.europa.eu/legalframework/publiccons/pdf/climate-related_risks/ssm.202005_draft_guide_on_climate-related_and_environmental_risks.de.pdf

[6] Vgl. Verordnung (EU) 2020/852 über die Einrichtung eines Rahmens zur Erleichterung nachhaltiger Investitionen und zur Änderung der Verordnung (EU) 2019/2088, https://eur-lex.europa.eu/legal-content/DE/TXT/PDF/?uri=CELEX:32020R0852&from=DE

[7] Vgl. auch EBA, Guidelines on loan origination and monitoring (EBA/GL/2020/06), Tz. 58

Bei all den Überlegungen zur möglichen Weiterentwicklung der Geschäftsstrategie und Governance ist **Proportionalitätsüberlegungen** Rechnung zu tragen.

Vor dem Hintergrund einer Konkretisierung der Anforderungen an die Berücksichtigung von Nachhaltigkeitsrisiken durch die Institute ist konsequenterweise davon auszugehen, dass künftig auch die (aufsichtlichen) Vorgaben an die **Pflichten des Abschlussprüfers um ESG-Aspekte ergänzt** werden. So könnte es künftig ein Gegenstand der Tätigkeit des Abschlussprüfers sein, Feststellungen zu treffen, ob angemessene und ggf. wirksame Vorkehrungen zur Berücksichtigung von Nachhaltigkeitsaspekten in der Geschäftsorganisation bzw. zur frühzeitigen Identifikation, Bewertung und Überwachung von Nachhaltigkeitsrisiken im Rahmen der Gesamtbanksteuerung getroffen wurden.

3.3.2.3 Risikomanagement

Dem Risikomanagement von Finanzmarktakteuren kommt eine Schlüsselrolle bei Aufbau und Sicherstellung der notwendigen **Resilienz** der Gesamtwirtschaft und damit auch des Kapitalmarktes zu. Die Resilienz erfordert den systematischen Aufbau und die Etablierung von Strukturen, die sich in Krisensituationen als robust und widerstandsfähig im Sinne der Aufrechterhaltung von Systemfunktionen erweisen.[8]

Institute sind sowohl ihren eigenen physischen bzw. transitorischen ESG-Risiken als auch im besonderen Maße den Nachhaltigkeitsrisiken ihrer Kunden ausgesetzt. Insofern wird die Notwendigkeit gesehen, dass Institute ihre **Risikomanagementsysteme und -modelle** im Hinblick auf die angemessene Berücksichtigung der nachhaltigkeitsbezogenen Risikofaktoren **prüfen** und **im Bedarfsfall fortentwickeln**. Dabei ist zu betonen, dass **Nachhaltigkeitsrisiken lediglich einen Teilaspekt der bekannten Risikoarten** darstellen. In den bereits etablierten Prozessen zur Steuerung und Messung von Adressausfall-, Marktpreis-, Liquiditäts- und operationellen Risiken sind Nachhaltigkeitsrisiken bereits heute implizit berücksichtigt. In diesem Zusammenhang hat der Sustainable Finance-Beirat der Bundesregierung in seinem Zwischenbericht (Stand: März 2020) u. a. die folgenden Maßnahmen vorgeschlagen:

– „die verpflichtende Einführung der systematischen Berücksichtigung von wesentlichen – auch zukunftsorientierten (> 5 Jahre) – Nachhaltigkeitsparametern in Risikomanagement- und Strategiebildungsprozesse bei allen institutionellen Investoren und Kreditinstituten ... In diesem Kontext ist die Weiterentwicklung und Nutzung wissenschaftsbasierter und zukunftsorientierter Szenarioanalysen/Stresstests essenziell."[9]

---

[8] Vgl. Zwischenbericht des Sustainable Finance-Beirats der Bundesregierung, 03/2020, S. 19
[9] Vgl. Zwischenbericht des Sustainable Finance-Beirats der Bundesregierung, 03/2020, S. 21

– „Interne Risikomanagementprozesse bei Institutionellen Investoren und Kreditinstituten zur systematischen Berücksichtigung von finanziell relevanten Nachhaltigkeitsrisiken sollten ausgebaut werden und soweit geboten um Szenarioanalysen/Stresstests der Portfolios ergänzt werden."[10]

Hinweis:
Das Risikomanagement hat demnach auch Prozesse zur **Früherkennung von ESG-Risiken** zu umfassen. Bei der Definition von **ESG-Stresstests und ESG-Szenarioanalysen** sollte den Akteuren jedoch die Freiheit einer unternehmensindividuellen Umsetzung von aufsichtlichen Anforderungen unter Berücksichtigung des **Grundsatzes der Proportionalität** gegeben werden. Es ist davon auszugehen, dass Institute bestehende Risikoanalyse- bzw. Risikoklassifizierungsverfahren zur Beurteilung ihrer Vertragspartner prüfen und ggf. um Nachhaltigkeitsaspekte ergänzen bzw. neue Verfahren einrichten werden.

Die **Einbeziehung der klimabezogenen Risiken in die Aufsicht** und die Überprüfung der aktuellen Kapitalunterlegungsanforderungen ist nach dem **European Green Deal** eine der wichtigsten Aufgaben der EU-Kommission in der aktuellen Legislaturperiode.[11] Bereits am 6. Dezember 2019 hat die Europäische Bankenaufsichtsbehörde (EBA) **einen Aktionsplan zur nachhaltigen Finanzierung** vorgelegt, der sowohl anstehende Regulierungsmaßnahmen als auch Erwartungshaltungen der EBA zum Umgang insbesondere mit Klimarisiken von Instituten definiert.[12] Nach Auffassung der EBA müssen Institute in der Lage sein, **Nachhaltigkeits- bzw. ESG-Risiken zu messen und zu überwachen**, um sowohl mit Transitionsrisiken als auch mit physischen Risiken, die der Klimawandel mit sich bringt, umgehen zu können. Bemerkenswerterweise ermutigt sie die Institute, entsprechende Maßnahmen zu ergreifen, bevor der rechtliche Rahmen innerhalb der EU angepasst wird. Auch die **EZB** fordert die von ihr direkt beaufsichtigten signifikanten Institute, z. B. im EZB-Leitfaden zu Klima- und Umweltrisiken auf, in Aufsichtsgesprächen auf den Stand des Risikomanagements, die Integration von ESG-Aspekten in die Kreditvergabe, die Durchführung von Stresstests und Szenarioanalysen sowie den Anteil des von ESG-Risiken betroffenen Kreditportfolios einzugehen. Zudem wird im EZB-Leitfaden erörtert, dass „die EZB von den Instituten erwartet, dass sie ihre Transparenz durch eine verbesserte Offenlegung von Informationen zu Klima- und Umweltthemen steigern".

[10] Vgl. Zwischenbericht des Sustainable Finance-Beirats der Bundesregierung, 03/2020, S. 21 f
[11] Vgl. European Commission, Communication from the Commission to the European Parliament, the European Council, the Council, the European Economic and Social Committee and the Committee of the Regions("The European Green Deal"), COM/2019/640, 11.12.2019, S. 17
[12] Vgl. https://eba.europa.eu/sites/default/documents/files/document_library/EBA%20Action%20plan%20on%20 sustainable%20finance.pdf

Als nationale Aufsichtsbehörde hat die **BaFin** schon am 20. Dezember 2019 das in Abschn. 2.2 angesprochene Merkblatt zum Umgang mit Nachhaltigkeitsrisiken veröffentlicht. Im Januar 2020 wurde zudem das Thema „nachhaltige Finanzwirtschaft, Sustainable Finance" als einer von vier BaFin-Aufsichtsschwerpunkten genannt, die sich aus den strategischen Zielen der BaFin ableiten und ihre Aufsichts- und Prüfungsplanung prägen.[13]

In ihren Verlautbarungen fordern BaFin und EZB die von ihnen beaufsichtigten Institute u. a. zur Überprüfung der Risikostrategie im Hinblick auf die Integration von ESG-Risiken auf. Die als Reaktion darauf zu erwartenden Maßnahmen der Institute erstrecken sich z. B. von einem entsprechenden Update der Risikoinventur und der Identifikation von Risiken bis hin zu einem expliziten Management bzw. einer Steuerung sowie Limitierung von ESG-Risiken.

Hinweis:
Die unverbindlichen Verlautbarungen der Finanzaufsicht sind aus der Sicht des BFA **Vorboten** dafür, dass zeitnah auf die Institute **erhebliche Herausforderungen** aus der Umsetzung noch zu erwartender, konkreter regulatorischer Anforderungen zukommen werden. Merkblatt und Leitfaden bilden daher eine hilfreiche Basis, sich frühzeitig mit den Auswirkungen von ESG-Risiken auf das Risikomanagement auseinanderzusetzen.

Bei der **Aufsichtlichen Prüfung nach § 29 KWG** trifft der Abschlussprüfer Feststellungen über die Angemessenheit und Wirksamkeit des Risikomanagementsystems, unter Beachtung der besonderen aufsichtlichen Vorgaben an den Abschlussprüfer. In Bezug auf den Umgang mit dem BaFin-Merkblatt bei der Abschlussprüfung wird im Merkblatt darauf hingewiesen, dass die „BaFin zunächst **nicht das Ziel** [verfolgt], **konkrete Prüfungsanforderungen** zu formulieren. Entsprechende, **später auch prüfungsrelevante Vorgaben**, werden jedoch in Umsetzung von europäischen Verordnungen, Richtlinien und Leitlinien auf die beaufsichtigten Unternehmen zukommen."[14]

---

13 Vgl. https://www.bafin.de/DE/Aufsicht/Aufsichtsschwerpunkte/Aufsichtsschwerpunkte_2020/
aufsichtsschwerpunkte2020_node.html
14 BaFin, Merkblatt zum Umgang mit Nachhaltigkeitsrisiken, S. 7

Hinweis: **i**

Mit Blick auf die **Aufsichtliche Prüfung für das kalenderjahrgleiche Geschäfts-jahr 2020** haben BaFin und BFA Folgendes festgehalten:

– Die **Berücksichtigung von ESG-Risiken** im Rahmen der Rechnungslegung und im Risikomanagement von beaufsichtigten Unternehmen ist von **großer Bedeu-tung.**
– Es ist daher zu erwarten, dass in Zukunft verbindliche (aufsichtliche) Anforde-rungen an den Umgang mit Nachhaltigkeitsrisiken im Risikomanagement vorge-schrieben und gleichermaßen auch **weitergehende (aufsichtliche) Prüfungs-und Berichterstattungspflichten des Abschlussprüfers** geregelt werden.
– Mit dem BaFin-Merkblatt hat die BaFin ihre Erwartungshaltung nachdrücklich bestätigt, dass die von ihr beaufsichtigten Unternehmen eine Auseinandersetzung mit Nachhaltigkeitsrisiken sicherstellen und dies dokumentieren sollen. Gleich-zeitig möchte die BaFin den betroffenen Unternehmen Zeit für eine **struktu-rierte und systematische Analyse der Nachhaltigkeitsrisiken** geben, damit Prozesse und Systeme in angemessener Zeit überarbeitet bzw. neu eingerichtet werden können.
– Vor diesem Hintergrund erwartet die BaFin **über die bereits bestehenden Prü-fungs- und Berichterstattungspflichten des Abschlussprüfers hinaus für das kalenderjahrgleiche Geschäftsjahr 2020 keine weitergehende Ausei-nandersetzung** und Berichterstattung des Abschlussprüfers dahingehend, wie die von der BaFin beaufsichtigten Unternehmen mit Nachhaltigkeitsrisiken umgehen.
– **Sofern allerdings Nachhaltigkeitsrisiken innerhalb einer Risikoart we-sentlich sind** und sich das betroffene Unternehmen damit z. B. auch im Rahmen der geltenden aufsichtlichen Anforderungen an das Risikomanagement angemes-sen auseinandersetzen muss, bleibt es nach Auffassung der Vertreter des BFA und der BaFin aber selbstredend bei den **bestehenden Prüfungs- und Berichter-stattungspflichten des Abschlussprüfers.**

3.3.2.4 Abschluss und Lagebericht

Die Abbildung von ESG-Risiken in der Rechnungslegung stellt eine besondere Heraus-forderung sowohl für die Unternehmen der Realwirtschaft als auch für finanzierende Kreditinstitute dar. Hiervon sind viele Bilanz- und GuV-Posten eines **Bankabschlusses** betroffen. Besonders zu erwähnen sind in diesem Zusammenhang die sachgerechte **Be-messung der Risikovorsorge** und die Bewertung von sog. "Grünen Investments".

Sowohl bei HGB- als auch bei IFRS-Bilanzierern kommt der Beurteilung der Angemes-senheit der **Methoden zur korrekten Berücksichtigung von ESG-Risiken** bei der Bewertung von Finanzinstrumenten künftig eine besondere Bedeutung zu. Ferner ist beispielsweise bei der Klassifizierung von sog. "grünen Produkten" nach IFRS 9 zu analysieren, ob die Anforderungen an die Zahlungsstrombedingungen erfüllt werden (sog. **SPPI-Test**). Bewertungsverfahren sind im Hinblick auf geeignete Bewertungsmodelle unter Einbeziehung von messbaren ESG-Parametern fortzuentwickeln. Die Umstellung von Bewertungssystemen auf eine ggf. stärkere Berücksichtigung von bilanziellen Risiken durch ESG-Entwicklungen ist indes abhängig von der **Verfügbarkeit objektiver, d.h. belastbarer Daten zu ESG-Risiken**, was gegenwärtig nicht unproblematisch ist.

Darüber hinaus befindet sich die Unternehmensberichterstattung an sich im Wandel. Nichtfinanzielle Informationen werden immer bedeutender. Mögliche Änderungen der CSR-Richtlinie werden gegenwärtig intensiv in einem Konsultationsverfahren der EU-Kommission konsultiert.[15] Auch wenn es schon seit Längerem Bestrebungen einer **integrierten Berichterstattung** gibt, muss konstatiert werden, dass nach der bisherigen europäischen Konzeption und deren praktischer Umsetzung **finanzielle und nichtfinanzielle Informationen** zumeist weitgehend unverbunden (zumindest ohne gemeinsame monetäre Basis) dargestellt werden.

Hinweis:

Das IDW hat in seiner Stellungnahme[16] zum Zwischenbericht des Sustainable Finance Beirats die Auffassung des Beirats unterstützt, dass „die Zusammenführung von Finanz- und Nachhaltigkeitsberichterstattung als die letztlich beste Lösung für die Verbesserung des Informationsflusses" betrachtet wird. Vor dem Hintergrund einer einheitlichen Vermittlung der wirtschaftlichen Lage der Unternehmen muss die bisherige Konzeption der Rechnungslegung also zu einer integrierten Berichterstattung fortentwickelt werden. Idealerweise widmet sich die Erarbeitung eines **internationalen nichtfinanziellen Berichtsstandards** von Beginn an einer solchen integrierten Lösung. Da dies erhebliche (zusätzliche) Zeit erfordern würde, wäre ggf. auch eine Übergangslösung denkbar, die das bisherige CSR-Reporting fortentwickelt und konkretisiert. Hier könnte z. B. auf die ESG-Kenngrößen des **World Economic Forum** zurückgegriffen werden.[17]

In Zukunft sollte nach Auffassung des IDW sichergestellt werden, dass die Berichterstattung über **nichtfinanzielle Aspekte als Teil des Lageberichtes** anzusehen ist und nicht sowohl räumlich als auch zeitlich abweichend präsentiert werden kann. Dies entspricht auch dem Charakter der nichtfinanziellen Informationen, die (zumindest) zu einem späteren Zeitpunkt auch finanzielle Konsequenzen für ein Unternehmen haben

15 Vgl. zur Stellungnahme des IDW https://www.idw.de/blob/124042/d15e3bb8f24a41a78f450e6b1326f82e/down-eu-review-non-financial-reporting-directive-data.pdf
16 Vgl. https://www.idw.de/blob/123422/202019e0cc2812bb9350797f7b1b2dcf/down-sustainable-finance-beirat-zwischenbericht-data.pdf
17 Vgl. https://www.weforum.org/whitepapers/toward-common-metrics-and-consistent-reporting-of-sustainable-value-creation

können (z. B. durch Reaktionen von Konsumenten, Kapitalgebern etc.) und daher auch als sog. „Pre-Financials" bezeichnet werden können. Damit verbunden wird die Notwendigkeit gesehen, einen Standard zur Messung und monetären Bewertung von ESG-Aspekten zu entwickeln. Das IDW unterstützt den von der **Value Balancing Alliance** verfolgten Ansatz, die nichtfinanziellen Informationen in monetäre Größen zu überführen und in einer "Gesamterfolgsrechnung" zu berücksichtigen.[18]

Auch beim Europäischen Green Deal bekräftigte die EU-Kommission ihre Unterstützung bei der Entwicklung von standardisierten "natural capital accounting practices" innerhalb der EU und in dem internationalen Umfeld.[19] Die EU-Kommission hat mittlerweile die EFRAG damit beauftragt, Vorbereitungsarbeiten zur Entwicklung eines EU-Standards zu tätigen.[20]

Im September 2020 haben CDP, Climate Disclosure Standards Board (CDSB), Global Reporting Initiative (GRI), International Integrated Reporting Council (IIRC) und Sustainability Accounting Standards Board (SASB), die sich der Entwicklung von internationalen Standards und Rahmen für (integrierte) Nachhaltigkeitsangaben widmen, eine gemeinsame Absichtserklärung abgegeben. Nach dieser Erklärung wollen sich diese fünf internationalen Organisationen gemeinsam für ein umfassendes System der Unternehmensberichterstattung einsetzen. Sie wollen dabei u. a. eng mit der IOSCO, der IFRS Foundation, der EU-Kommission und dem World Economic Forum's International Business Council zusammenarbeiten.[21] Zeitgleich hat die IFAC (International Federation of Accountants) die IFRS Foundation aufgefordert, einen International Sustainability Standards Board neben dem IASB einzurichten. Dabei soll auch mit CDP, CDSB, GRI, IIRC und SASB zusammengearbeitet werden.[22] Die Treuhänder der IFRS Foundation haben hierzu nunmehr ein Konsultationspapier veröffentlicht.[23]

---

[18] Vgl. IDW Stellungnahme zum Zwischenbericht des Sustainable Finance-Beirats, S. 5
[19] Vgl. European Commission, Communication from the Commission to the European Parliament, the European Council, the Council, the European Economic and Social Committee and the Committee of the Regions ("The European Green Deal"), 11.12.2019, S. 17
[20] Vgl. www.efrag.org/News/Public-243/EFRAG-mandated-to-provide-recommendations-on-possible-European-Non-Financial-Reporting-Standards?AspxAutoDetectCookieSupport=1
[21] Vgl. https://29kjwb3armds2g3gi4lq2sx1-wpengine.netdna-ssl.com/wp-content/uploads/Press-release-Comprehensive-Corporate-Reporting-paper-11-Sep-20.pdf; https://29kjwb3armds2g3gi4lq2sx1-wpengine.netdna-ssl.com/wp-content/uploads/Statement-of-Intent-to-Work-Together-Towards-Comprehensive-Corporate-Reporting.pdf
[22] Vgl. https://www.ifac.org/knowledge-gateway/contributing-global-economy/discussion/enhancing-corporate-reporting-way-forward
[23] Vgl. https://cdn.ifrs.org/-/media/project/sustainability-reporting/consultation-paper-on-sustainability-reporting.pdf?la=en

> **i**
>
> **Hinweis:**
>
> Nach Auffassung des IDW sollte der Ausbau der Offenlegung von Nachhaltigkeits-informationen durch kleinere und mittlere Unternehmen (KMU) sorgfältig geprüft werden. Die Anforderungen der CSR-Richtlinie haben selbst gut aufgestellte kapital-marktorientierte Konzerne vor große Herausforderungen gestellt. Sie erfordern die Einrichtung bzw. Anpassung von Reporting-Systemen, die vielfach mit hohen Kosten verbunden ist. Eine unmittelbare 1:1-Übertragung der weitreichenden Anforderun-gen für kapitalmarktorientierte bzw. große Unternehmen auf KMU scheint daher nicht zielführend. Vielmehr sollte gemeinsam mit KMU und deren wichtigsten Sta-keholdern eine Strategie entwickelt werden, wie ausgewählte, wesentliche Nachhal-tigkeitsinformationen adäquat und angemessen in die aktuelle Berichterstattung der Unternehmen aufgenommen werden könnten.[24]

Die Abbildung der wirtschaftlichen Lage der Unternehmen in einer konzeptionell ein-heitlichen externen Berichtsstruktur verlangt nach Auffassung des IDW auch eine ein-heitliche Prüfung sämtlicher für die Vermittlung der wirtschaftlichen Lage relevanten Informationen. Das IDW setzt sich daher für eine verpflichtende Prüfung sowohl der finanziellen also auch der nichtfinanziellen Informationen bzw. der dahinterstehenden Berichtssysteme ein (in einer final anzustrebenden Lösung würde eine solche Unter-scheidung ohnehin entfallen). Die Prüfung der finanziellen Informationen hat nach den gesetzlichen Vorgaben mit hinreichender Sicherheit durch den Abschlussprüfer zu erfol-gen. Dies ist unstrittig. Vor diesem Hintergrund sind auch die nichtfinanziellen Infor-mationen mit hinreichender Sicherheit zu prüfen. Lediglich in einer (überschaubaren) Übergangsphase sollten auch (zwingende) Prüfungen mit beschränkter Sicherheit zu-lässig sein.[25]

3.3.2.5 Transparenzpflichten außerhalb des Geschäftsberichts

Eine transparente Berichterstattung wird von der EU-Kommission als eine wesentliche Voraussetzung für ein gut funktionierendes und nachhaltig ausgerichtetes Finanzsystem angesehen.[26] Mit der **Offenlegungsverordnung (Disclosure Regulation)**[27], welche zuletzt durch die Taxonomie- Verordnung geändert wurde, werden u. a. bestimmte Kre-ditinstitute zur Veröffentlichung von Informationen zu zwei unterschiedlichen Themen-komplexen verpflichtet:

---

[24] IDW, Stellungnahme zum Zwischenbericht des Sustainable Finance Beirats, S. 3
[25] IDW, Stellungnahme zum Zwischenbericht des Sustainable Finance Beirats, S. 7
[26] Vgl. Europäische Kommission, Aktionsplan: Finanzierung nachhaltigen Wachstums, Kap. 1.3, S. 4
[27] Vgl. Verordnung (EU) 2019/2088 des Europäischen Parlaments und des Rates vom 27. November 2019 über nachhaltigkeitsbezogene Offenlegungspflichten im Finanzdienstleistungssektor

– Offenlegung von Informationen über Nachhaltigkeitsrisiken im Allgemeinen, wie bspw. über Strategien zur Einbeziehung von Nachhaltigkeitsrisiken in die Investitionsentscheidungen sowie über den Umgang mit Nachhaltigkeitsrisiken sowohl auf der Unternehmens- als auch auf der Finanzproduktebene, und

– Transparenzpflichten in vorvertraglichen Informationen, auf der Website sowie in den laufenden Berichten in Bezug auf Finanzprodukte, mit denen nachhaltige Investitionen angestrebt bzw. ökologische oder soziale Merkmale beworben werden.

Die inhaltliche Ausgestaltung, die Methodologie und die Darstellungsform von ESG-Disclosures werden durch Regulatory Technical Standards (RTS) konkretisiert, deren Entwürfe von dem Joint Committee of the European Supervisory Authorities (ESMA, EBA und EIOPA) im April 2020 zur Konsultation gestellt wurden.[28] Mit der Finalisierung eines Großteils der RTS wird bis zum Ende 2020 gerechnet. Erste Berichte sollen planmäßig ab 2021 erfolgen.

Die Umsetzung der neuen umfassenden Transparenzanforderungen stellt, vor allem angesichts der zur Zeit noch offenen Anwendungsfragen und den damit verbundenen Unsicherheiten, eine besondere Herausforderung für betroffene Finanzmarktteilnehmer dar. Betroffene Unternehmen haben bereits Zweifel geäußert, dass die umfangreichen neuen Anforderungen rechtzeitig implementiert werden können. Es ist jedoch zu beachten, dass der Konsultationsprozess zu den RTS zu ESG-Disclosures noch nicht abgeschlossen ist. Je nach Inhalt und Umfang der Kritik wird eine Verschiebung der erstmaligen Anwendung ggf. auf EU-Ebene zu diskutieren sein.

Für den Erfolg der von der EU-Kommission angestrebten Reallokation von Kapitalströmen kommt es entscheidend auf die Vergleichbarkeit von Finanzprodukten sowie auf die Qualität bzw. Belastbarkeit der neuen ESG-Informationen an. Die Überwachung der Einhaltung der neuen Transparenzpflichten obliegt dabei der nationalen Aufsichtsbehörde, in Deutschland also der BaFin. Wirtschaftsprüfer können die BaFin bei Bedarf bei der Überwachung der Einhaltung der neuen Berichtspflichten unterstützen. Prüfungen des unabhängigen Wirtschaftsprüfers können die Verlässlichkeit der neuen Finanzmarktinformationen für den jeweiligen Adressatenkreis signifikant erhöhen. Hierdurch werden Informationsasymmetrien vermieden und das Vertrauen der Öffentlichkeit gestärkt.

Auch unter dem angepassten CRR-Regime („CRR II") ist vorgesehen, die Kapitalmarktteilnehmer über die physische und transitorische ESG-Risiken zu informieren, denen das Kreditinstitut ausgesetzt ist. So werden nach Art. 449a CRR ab dem 28. Juni 2022 „große Institute" (systemrelevant oder ab 30 Mrd. € Bilanzsumme auf Einzel- oder Gruppenbasis), die zum Handel an einem geregelten Markt zugelassen sind und Wertpapiere emit-

---

[28] Vgl. https://www.esma.europa.eu/sites/default/files/jc_2020_16_-_joint_consultation_paper_on_esg_disclosures.pdf

tiert haben, dazu verpflichtet, ESG-Risiken, inkl. physische und transitorische Risiken, offenzulegen. Die Informationen sind einmalig im ersten Jahr und halbjährlich in allen folgenden Jahren offenzulegen. Konkrete Hinweise auf Format und spezifische Inhalte hat die EU-Kommission jedoch bislang noch nicht gegeben.

3.3.2.6 Vertrieb

Bei der nachhaltigen Transformation zu einer umweltfreundlichen und widerstandsfähigen Kreislaufwirtschaft erarbeitet die EU-Kommission derzeit eine gesetzliche Grundlage, die Auswirkungen auf die Anlageberatung für Privatkunden und damit auf die Vertriebsprozesse von Kreditinstituten und Asset Managern haben wird. Das aktuell in der Entwurfsfassung vorliegende Amendment zu der **MiFID II-Verordnung** sieht für Institute die Verpflichtung vor, ab Mitte 2021 die Nachhaltigkeitspräferenzen ihrer Kunden in der Anlageberatung und Vermögensverwaltung abzufragen.[29]

Dies führt ggf. zu Anpassungen bei

- der Produkt-Dokumentation,
- der konkreten und zielgerichteten Kundenkommunikation,
- der Integration von ESG-Kriterien in Kundenprofile,
- der Berücksichtigung von ESG-Kriterien in der Geeignetheitsprüfung und
- dem Customer Reporting,

die Gegenstand der Prüfung nach § 89 WpHG werden dürften.

Mit steigender Nachfrage nach nachhaltigen Investments wächst jedoch der Anreiz für Emittenten **„Greenwashing"** zu betreiben, also Investments als nachhaltig auszuweisen, obwohl diese weiterhin klima- oder umweltschädliche Elemente enthalten oder finanzieren.[30] **Die Notwendigkeit einer Validierung von grünen Produkten ist evident.** Hieran dürfte insbesondere der Vertrieb interessiert sein. Er stellt häufig den unmittelbaren Ansprechpartner für Kunden und Investoren dar und hat daher eine besondere Verantwortung bei der Informationsvermittlung. Der Vertrieb wäre oft als erster von Vertrauenskrisen betroffen.

Die Verabschiedung der EU-Taxonomie-Verordnung sowie die (geplante) Einführung eines einheitlichen EU-Standards zur Emission von grünen Produkten wirken Anreizen zu „Greenwashing" entgegen. Dadurch dürfte Beratern und Kunden künftig der Vergleich von Green Investments deutlich erleichtert werden. Dies betrifft beispielsweise

---

[29] Vgl. COMMISSION DELEGATED REGULATION (EU) .../... amending Regulation (EU) 2017/565 supplementing Directive 2014/65/EU of the European Parliament and of the Council as regards organisational requirements and operating conditions for investment firms and defined terms for the purposes of that Directive, abrufbar unter: https://eur-lex.europa.eu/legal-content/EN/TXT/?uri=PI_COM%3AAres%282018%292681500

[30] Vgl. Antwort der Bundesregierung auf die Anfrage von Abgeordneten „"Greenwashing" von Finanzprodukten in Deutschland und in Europa" vom 17.01.2020, BT-Drs. 19/16590

die Emission von Green Bonds oder auch Social Bonds, z. B. Corona-Bonds. Für Green Bonds entwickelt die EU-Kommission zur Zeit einen sog. **EU Green Bond Standard**[31], der voraussichtlich zu einer verlässlicheren Klassifikation von Produkten unter Berücksichtigung der EU-Taxonomie führen und bestimmte Bestätigungsleistungen durch externe Dritte, z. B. Wirtschaftsprüfer, vorsehen wird.[32] An diese externen Validierungen werden künftig voraussichtlich auch höhere Qualitätsanforderungen als bislang gestellt. Wirtschaftsprüfer können auch bei der Emission von Green Bonds **Bestätigungsleistungen zur weiteren Steigerung des Vertrauens des Kapitalmarkts in ESG-Maßnahmen** erbringen. Für Institute besteht daher die Möglichkeit, ihre Produktpalette mit einem „Qualitätssiegel" des Wirtschaftsprüfers als nachhaltige Investments zu kennzeichnen. Das IDW entwickelt hierzu zur Zeit eine Verlautbarung, die eine einheitlich hohe Prüfungsqualität bei derartigen Prüfungen, die von Wirtschaftsprüfern durchgeführt werden, fördern soll.

3.3.3   Zusammenfassung und Ausblick

Die globale Wirtschaft steht vor der grünen bzw. nachhaltigen Transformation – eine große Herausforderung für alle. Hierzu wird es keine Alternative geben.

Hinweis:
Das IDW begrüßt daher ausdrücklich die Initiative der Bundesregierung, Verantwortung zu übernehmen und international eine führende Rolle bei der Transformation anzustreben. Dabei ist der Berufsstand der Wirtschaftsprüfer davon überzeugt, dass die damit verbundenen, ambitionierten wesentlichen Ziele nur dann erreicht werden können, wenn die Wirtschaftsakteure nachhaltig Vertrauen in **nachhaltigkeitsbezogene Informationen und ergriffene ESG-Maßnahmen haben.** Dies unterstützt Stakeholder bei der Abwägung und Vornahme ihrer Dispositionen. Die Schaffung von Vertrauen zwischen Unternehmen und Stakeholdern ist Kernaufgabe des Berufsstands der Wirtschaftsprüfer. Die Fachgremien des IDW begleiten die Entwicklungen und Initiativen zur Förderung nachhaltigen Wirtschaftens daher aus Überzeugung.

Die EU-Kommission hat mit dem Aktionsplan zur Finanzierung eines nachhaltigen Wachstums im Jahr 2018 ein umfassendes Maßnahmenpaket auf den Weg gebracht. Eingeleitete Reformen werden bis zum Ende des laufenden Jahres jedoch noch lange nicht abgeschlossen sein. Neben der Weiterentwicklung von bereits in Kraft getretenen

[31] Vgl. https://ec.europa.eu/info/consultations/finance-2020-eu-green-bond-standard_de
[32] Vgl. zum Usability Guide der TEG https://ec.europa.eu/info/sites/info/files/business_economy_euro/banking_and_finance/documents/200309-sustainable-finance-teg-green-bond-standard-usability-guide_en.pdf sowie zur Konsultation der EU-Kommission zum EU Green Bond Standard https://ec.europa.eu/info/sites/info/files/business_economy_euro/banking_and_finance/documents/2020-eu-green-bond-standard-consultation-document_en.pdf

Rechtsakten ist mit ergänzenden regulatorischen Maßnahmen zu rechnen, die vor allem Kreditinstitute vor Herausforderungen stellen werden. Wesentliche, aus der Perspektive von Instituten besonders relevante Entwicklungen betreffen:

- **das Risikomanagement**: Umsetzung (weiterer) aufsichtlicher Anforderungen an das Risikomanagement.
- **den CSR-Bericht**: Umsetzung ergänzender Anforderungen an die nichtfinanzielle Berichterstattung.
- **Transparenzpflichten außerhalb des Geschäftsberichts**: Umsetzung neuer Transparenzpflichten außerhalb des Geschäftsberichts sowie der aufsichtsrechtlichen Anforderungen an die Offenlegung von Informationen über ESG-Risiken.
- **die EU-Taxonomie**: Die EU-Kommission wird delegierte Rechtsakte mit spezifischen technischen Evaluierungskriterien erlassen, um die in der Taxonomie-Verordnung festgelegten Grundsätze zu konkretisieren, welche Wirtschaftstätigkeiten für die einzelnen Umweltziele jeweils in Frage kommen. Die Kriterien für „Klimaschutz" und „Anpassung an den Klimawandel" werden bis Ende 2020 und die Kriterien für die anderen vier Umweltziele („nachhaltige Nutzung und Schutz von Wasserund Meeresressourcen", „Übergang zur Kreislaufwirtschaft", „Vermeidung und Verminderung der Umweltverschmutzung", „Schutz und Wiederherstellung der Biodiversität und der Ökosysteme") voraussichtlich bis Ende 2021 angenommen.[33] Dies wird künftig Auswirkungen auf die Entwicklung und den Vertrieb von neuen Produkten haben.
- **Green Bonds**: Einführung des im März 2020 in der Entwurfsfassung veröffentlichten EU Green Bond Standards bis Ende 2020 und erwartete Angleichung der bisher sehr heterogenen Produktpalette von grünen Investments.

Die Maßnahmen der EU-Kommission zur Transformation des europäischen Raumes zu einem nachhaltigen Wirtschaftssystem, die intensivierte Auseinandersetzung der Aufsichtsbehörden und Abschlussprüfer mit Nachhaltigkeitsrisiken und die zunehmende Nachfrage der Investoren nach „grünen" Finanzprodukten führen dazu, dass das Thema „Sustainable Finance" bei den Akteuren der Finanzwirtschaft immer mehr an Bedeutung gewinnt. Der Finanzsektor stellt bei der nachhaltigen Transformation sicherlich eine **Schlüsselbranche** dar. Dies ist mit großen Herausforderungen für Kreditinstitute verbunden. Schließlich kann die Transformation Auswirkungen auf die Gesamtorganisation haben. Um auf dem Markt nachhaltig erfolgreich tätig zu sein und die zunehmenden regulatorischen Anforderungen zu erfüllen, hinterfragen Kreditinstitute ihre Strategien, Modelle und operativen Prozesse. Sie können dabei erheblich von den sich eröffnenden Chancen der Finanzierung nachhaltiger Investitionen profitieren.

----

[33] Vgl. https://ec.europa.eu/germany/news/20200619-taxonomie-verordnung_de

Das IDW und der Berufsstand der Wirtschaftsprüfer nehmen bereits heute aktiv an der regulatorischen Diskussion teil. Wirtschaftsprüfer sind kritische Begleiter bei der Umsetzung neuer Anforderungen und können wertvolle Bestätigungsleistungen zur Stärkung des Vertrauens in ESG-Maßnahmen erbringen. Wirtschaftsprüfer sind also bereit, ihren Beitrag zur nachhaltigen Transformation zu leisten.

Kapitel 4: Erfordernis eines umfassenden ESG-Managements

Unter Nachhaltigkeitsmanagement versteht man die Integration der Nachhaltigkeit mit ihren Konzepten und Instrumenten hinsichtlich sozialer, ökologischer und ökonomischer Ziele in die Unternehmensorganisation. Nachhaltiges wirtschaftliches Handeln bedeutet nicht „business as usual" mit ein paar nachhaltigen Aktionen. Es ist nicht damit getan, auf dem Firmengelände ein paar Bäume zu pflanzen oder ein paar Euro an eine gemeinnützige Organisation zu spenden.

Umfassender Klimaschutz verlangt die Aufstellung einer detaillierten Treibhausgasbilanz über alle Unternehmensbereiche hinweg (Company Carbon Footprint) und für die wesentlichen Produkte und Dienstleistungen (Product Carbon Footprint). Liegt das Zahlenwerk vor, ist es eingehend zu analysieren, um die wesentlichen Emissionsquellen zu identifizieren und Emissionsminderungspotenziale aufzudecken. Auf dieser Basis ist eine unternehmensspezifische Klimaschutzstrategie zu entwickeln, die in erster Linie auf Emissionsvermeidung und Emissionsreduktion ausgerichtet ist. Erst nach Implementierung dieser Klimaschutzstrategie darf die Frage gestellt werden, ob unvermeidbare Emissionen durch Investitionen in anerkannte Klimaschutzprojekte neutralisiert werden sollen.[1]

Nachhaltigkeit bezüglich sozialer Aspekte beschränkt sich weder auf Spenden an das örtliche Altersheim noch auf die Belange der eigenen Arbeitnehmer, sondern umfasst die gesamte Supply Chain. Die Arbeitsbedingungen entlang der globalen Lieferkette lassen sich häufig nicht mit den Arbeitsbedingungen in der EU vergleichen, Kinderarbeit steht in einigen Bereichen auf der Tagesordnung.

Es ist ein Lieferkettengesetz geplant, das Unternehmen verpflichten soll, alle im Ausland beschafften Güter in allen Phasen der Lieferkette auf umweltschädliche Aspekte und Verstöße gegen Arbeitsschutzbedingungen zu untersuchen und gegebenenfalls dafür zu haften. Die Details des Gesetzesvorstoßes sind jedoch unklar, da er sich noch im Diskussionsstadium befindet. Fest steht, dass Unternehmen sich auf Dauer nicht mehr aus der Verantwortung werden ziehen können. Sie müssen zumindest langfristig Instrumente der Lieferantenbefragung und -verfolgung implementieren, um sicherzustellen, dass ihre Produkte und Dienstleistungen ethisch vollkommen korrekt hergestellt wurden.

---

[1]   Vgl. ausführlich Völker-Lehmkuhl: Praxisleitfaden unternehmerischer Klimaschutz.

Auch ohne gesetzliche Regelungen bergen Missstände in der Lieferkette Risiken für die Unternehmen. Kommuniziert beispielsweise ein Modeunternehmen sein nachhaltiges Engagement in Deutschland und stellt sich als vorbildliches Unternehmen dar, wird es einen erheblichen Reputationsschaden erleiden, wenn die Medien aufdecken, dass an der Herstellung von Kleidung oder Schuhen Kinder beteiligt waren. Dies ist bei ungefähr 12 Millionen in der Textilwirtschaft beschäftigten Kindern keinesfalls besonders unwahrscheinlich. Fazit: Das verstärkte Bewusstsein für Nachhaltigkeit birgt für die Unternehmen also durchaus auch Geschäftsrisiken, sodass es äußerst sinnvoll ist, diese in das Risikomanagementsystem zu integrieren.

Das Lieferantenmanagement dient nicht nur der Aufdeckung oder Vermeidung von Missständen oder der Erhebung von CO_2-Werten für die Treibhausgasbilanz, sondern kann auch eine positive Ausstrahlungswirkung entfalten: Fordern beispielsweise Unternehmen des Einzelhandels die CO_2-Bilanzen der eingekauften Waren an, sind die Lieferanten aufgefordert, diese zu erstellen, was für sich genommen schon das Bewusstsein für Treibhausgasemissionen schärft. Kommunizieren die Einzelhändler zusätzlich, dass sie die Entwicklung klimafreundlicher oder klimaneutraler Produkte unterstützen, veranlassen sie umfangreiche Klimaschutzaktivitäten bei ihren Lieferanten, die künftig versuchen werden, ihren anderen Kunden ebenfalls klimafreundliche oder klimaneutrale Produkte anzubieten, sodass ein Schneeballeffekt im positiven Sinne entstehen kann.

Bei der Erstellung von Product Carbon Footprints kann man für die Ermittlung der Emissionen aus der Lieferkette unter Umständen auf generische Daten aus Datenbanken zurückgreifen, wenn die tatsächlichen Emissionsdaten nicht mit vertretbarem Aufwand zu beschaffen sind. [2] Dies verbietet sich bei der Untersuchung von Lieferketten hinsichtlich anderer Nachhaltigkeitsaspekte wie der Einhaltung der Menschenrechte von selbst. Der Nachweis, dass die Lieferkette vollständig ethisch korrekt ist, erfordert ein umfangreiches Supply-Chain-Managementsystem, das seinerseits auf einem funktionierenden Nachhaltigkeitsmanagement beruhen muss. Um dessen Implementierung in den Unternehmen weiter voranzutreiben, enthält das kürzlich in Kraft getretene ARUG II[3] die Empfehlung, die variablen Teile der Vorstandsvergütung auch an nichtfinanzielle Leistungsindikatoren zu knüpfen.

WP StB Katharina Völker-Lehmkuhl, Heiligenhaus

---

[2] Vgl. ausführlich Völker-Lehmkuhl: Praxisleitfaden unternehmerischer Klimaschutz.
[3] Gesetz zur Umsetzung der zweiten Aktionärsrechterichtlinie vom 12.12.2019.

4.1 Green and more: Verankerung der Corporate Social Responsibility im Geschäftsmodell

Unternehmen sind heute mehr denn je gefordert, nachhaltig zu handeln und über ihre Leistungen im Bereich der Corporate Social Responsibility zu berichten. Eine auf Nachhaltigkeit ausgerichtete Unternehmensstrategie hat neben der Verankerung von ökonomischen Aspekten auch ökologische und soziale Aspekte im Geschäftsmodell zur Voraussetzung. Dazu gehört die Festlegung von Nachhaltigkeitszielen, einschließlich der Berücksichtigung nicht nur finanzieller, sondern auch ökologischer und sozialer Indikatoren bei der Bemessung von variablen Vergütungsbestandteilen der Unternehmensführung.

4.1.1 Verantwortung der Unternehmen

Derzeit vergeht kaum eine Woche, in der nicht über Themen wie die Degeneration von Ökosystemen, einen ungleichmäßig verteilten Wohlstand oder den Klimawandel öffentlich berichtet wird. So werden beispielsweise im aktuellen Risikobericht des Weltwirtschaftsforums (WEF)[1] von den weltweiten Risiken, die aufgrund ihrer potentiellen Auswirkung und/oder Eintrittswahrscheinlichkeit als besonders hoch angesehen werden, erstmalig zu 80 Prozent Risiken aus dem ökologischen Bereich aufgeführt. Das WEF warnt hier insbesondere vor den Risiken und Folgen des Klimawandels, der Extremwetterereignisse und des Biodiversitätsverlustes für die Weltwirtschaft.

Besonders in Europa hat das Thema eines CO_2-neutralen Wirtschaftens mit dem „Green Deal"[2] einen weiteren aktuellen Bezug gewonnen. So ist die EU-Kommission bestrebt, Wirtschaft und Gesellschaft zu transformieren, und sieht dabei die Bewältigung von klima- und umweltbedingten Herausforderungen als entscheidende Aufgabe der Gegenwart und nächsten drei Dekaden an. Unternehmen tragen bei der Bewältigung dieser Herausforderungen eine besondere Verantwortung, da ein wesentlicher Anteil der CO_2-Emissionen aus ihren Geschäftätigkeiten einschließlich ihrer Lieferketten resultiert.

Den freiwillig veröffentlichten Nachhaltigkeitsberichten von überwiegend großen Unternehmen zufolge erbringen diese erhebliche Leistungen, um ihrer Verantwortung nicht nur vorrangig für ihre Shareholder, sondern auch für die Umwelt und die Gesellschaft gerecht zu werden. Die Aussagen in den nichtfinanziellen (Konzern-)Erklärungen, die nach dem CSR-Richtlinie-Umsetzungsgesetz (CSR-RUG) verpflichtend für bestimmte große Unternehmen aufzustellen sind, stehen damit in Einklang.

---

[1] Siehe https://www.weforum.org/ (Abruf: 30.01.2020).
[2] Siehe https://ec.europa.eu (Abruf: 30.01.2020).

4.1.2 Nichtfinanzielle Berichterstattung

Die nichtfinanziellen Berichterstattungen – sei es in Form von Nachhaltigkeitsberichten, die nach anerkannten Rahmenwerken erstellt werden, oder in Form der nichtfinanziellen (Konzern-)Erklärungen nach HGB – lassen eine Verankerung von Nachhaltigkeitsaspekten in den Managementansätzen bzw. im Geschäftsmodell im Bereich Umwelt und Soziales weitgehend vermissen.

Viele vom CSR-RUG betroffene Unternehmen kommen der Verpflichtung zur Beschreibung des Geschäftsmodells schlicht durch einen Verweis auf die bisher bereits von DRS 20.36ff. geforderten Angaben in den (Konzern-)Lageberichten nach. Bei diesen Beschreibungen handelt es sich jedoch zum Teil um sehr generische Informationen, die kaum Einblicke in eine möglicherweise gegebene Verankerung der ökologischen und sozialen Unternehmensverantwortung im Geschäftsmodell geben[3].

Zudem erfolgen die nach CSR-RUG und DRS 20 geforderten Angaben von bedeutsamsten Leistungsindikatoren oftmals – in Ermangelung ihrer Steuerungsrelevanz – in nicht ausreichender Form.

Eine unternehmensspezifische Verankerung der Corporate Social Responsibility im Geschäftsmodell sowie die damit einhergehende Festlegung von Nachhaltigkeitszielen, einschließlich der Berücksichtigung nicht nur finanzieller, sondern auch nichtfinanzieller Leistungsindikatoren im Vergütungssystem der Unternehmensführung, sind jedoch unabdingbare Voraussetzung eines überzeugenden und funktionierenden CSR-Managements[4]. Erst dadurch kann die nichtfinanzielle Unternehmensberichterstattung – sei es in Form eines Nachhaltigkeitsberichts oder einer nichtfinanziellen (Konzern-)Erklärung – den berechtigten Informationsbedürfnissen der unterschiedlichen Anspruchsgruppen der Unternehmen gerecht werden.

4.1.3 Nichtfinanzielle Leistungskriterien für die Gewährung von Vergütungsbestandteilen

Auch mit dem ARUG II[5], das am 01.01.2020 in Kraft getreten ist, erlangt das Thema Nachhaltigkeit als Determinante zur Ausrichtung des Vergütungssystems von Vorständen börsennotierter Gesellschaften eine zunehmende Bedeutung. Aufsichtsräten kommt in diesem Zusammenhang eine besondere Verantwortung zu, da sie gemäß § 87 Abs. 1 Satz 1 AktG die Gesamtbezüge der Vorstandsmitglieder einschließlich der Vergütungsstruktur festlegen, die nach § 87 Abs. 1 Satz 2 AktG n. F. bei börsennotierten Gesellschaften an einer nachhaltigen und langfristigen Unternehmensentwicklung auszurichten ist. Ausweislich der Begründung zur Beschlussempfehlung zum Gesetzentwurf des

---

[3]   Siehe www.esma.europa.eu (Abruf: 30.01.2020).
[4]   Siehe Erben/Zülch, BB 2019, S. 2193.
[5]   Siehe BGBl. I 2019, S. 2637.

ARUG II haben Aufsichtsräte bei der Wahl der Vergütungsanreize auch ökologische und soziale Aspekte in den Blick zu nehmen[6]. Nach § 87a Abs. 1 Nr. 4 AktG n. F. haben Aufsichtsräte von börsennotierten Gesellschaften ein klares und verständliches System zur Vorstandsvergütung zu beschließen, in dem unter anderem neben finanziellen auch nichtfinanzielle Leistungskriterien für die Gewährung variabler Vergütungsbestandteile zu erläutern sind. Vor dem Hintergrund des Beschlusses über die Billigung des vom Aufsichtsrat vorgelegten Vergütungssystems für die Vorstandsmitglieder durch die Hauptversammlung von börsennotierten Gesellschaften nach § 120a AktG n. F. („Say on Pay") erlangt das Vergütungssystem künftig eine weitaus höhere öffentliche Wahrnehmung.

Vor dem Hintergrund des ARUG II hat die Regierungskommission Deutscher Corporate Governance Kodex am 23.01.2020 eine neue Fassung des DCGK dem BMJV zur Prüfung vorgelegt[7]. Damit wird explizit die gesellschaftliche Verantwortung von Unternehmen in den Vordergrund gerückt.

Eine wesentliche Neuerung des Kodex besteht in der Empfehlung, der variablen Vorstandsvergütung neben finanziellen künftig auch nichtfinanzielle Leistungsindikatoren zugrunde zu legen. Auch damit wird der steigenden gesellschaftlichen Relevanz von Umwelt- und Sozialfaktoren im unternehmerischen Kontext Rechnung getragen.

Bisher werden nichtfinanzielle Leistungsindikatoren mit Nachhaltigkeitsbezug tatsächlich nur selten in die Bemessungsgrundlage von variablen Vorstandsvergütungssystemen einbezogen[8].

Beachtlich ist dabei, dass weitere regulatorische Maßnahmen in Vorbereitung bzw. bereits ergriffen worden sind. So wird unter anderem von der European Securities and Markets Authority die Einbeziehung von nichtfinanziellen Leistungsindikatoren mit Nachhaltigkeitsbezug in die Vergütungsstrukturen als wirksamer Treiber eines funktionierenden CSR-Managements in den Unternehmen angesehen[9]. Im Kontext des Aktionsplans „Finanzierung nachhaltigen Wachstums"[10] liegt eine neue Verordnung des Europäischen Parlaments und des Rates über nachhaltigkeitsbezogene Offenlegungspflichten im Finanzdienstleistungssektor vor. Demnach haben Finanzmarktteilnehmer und Finanzberater künftig unter anderem auch Angaben zu machen, inwieweit ihre Vergütungspolitik dem Erfordernis der Berücksichtigung von Nachhaltigkeitsrisiken entspricht[11]. In Anlehnung an diese Verordnung empfiehlt auch die Bundesanstalt für Finanzdienstleistungsaufsicht (BaFin) den von ihr beaufsichtigten Unternehmen, mit

---

[6] Siehe BT-Drs. 19/15153 vom 13.11.2019.
[7] Siehe https://dcgk.de (Abruf: 30.01.2020).
[8] Siehe Müller/Needham/Mack, BB 2019, S. 939.
[9] Siehe www.esma.europa.eu (Abruf: 30.01.2020).
[10] Siehe https://eur-lex.europa.eu (Abruf: 30.01.2020).
[11] Verordnung (EU) 2019/2088 vom 27.11.2019, Abl. EU Nr. L 317/1 vom 09.12.2019. Die Verordnung gilt ab dem 10.03.2021.

gutem Beispiel voranzugehen und vorhandene Vergütungssysteme hinsichtlich eines angemessenen Nachhaltigkeitsmanagements von Nachhaltigkeitsrisiken zu hinterfragen[12].

4.1.4   Fazit und Ausblick

Unternehmen ist zu empfehlen, Aspekte der Corporate Social Responsibility in ihrem Geschäftsmodell zu verankern, damit einhergehende Nachhaltigkeitsziele festzulegen und neben finanziellen auch entsprechende nichtfinanzielle Leistungsindikatoren der Bemessung der variablen Bestandteile der Vergütung der Unternehmensführung zugrunde zu legen.

Damit wäre auch eine entscheidende Grundlage dafür gelegt, dass nichtfinanzielle Unternehmensberichterstattungen – sei es in Form eines Nachhaltigkeitsberichts oder einer nichtfinanziellen (Konzern-)Erklärung – den berechtigten Informationsbedürfnissen der unterschiedlichen Anspruchsgruppen der Unternehmen gerecht werden.

Angesichts der aktuellen Entwicklungen, die eine zunehmende Dynamik erkennen lassen, ist anzuraten, dass Unternehmen ihre aktuellen Geschäftsmodelle, Unternehmensziele und Vergütungsstrukturen einschließlich ihrer bisherigen nichtfinanziellen Berichterstattung kritisch reflektieren und entsprechende Maßnahmen in angemessener Zeit in Angriff nehmen.

WP StB Ellen Simon-Heckroth, Hamburg

WP StB Nils Borcherding, Hamburg

(Quelle: Die Wirtschaftsprüfung, Heft 4/2020, Seite 210 ff. (Reihe „Green and more"))

---

[12] Siehe www.bafin.de (Abruf: 30.01.2020).

4.2 Green and more: ESG-Risiken? In das Risikomanagementsystem!

Die Bedeutung von ESG-Risiken (Environmental, Social, Governance) für Unternehmen steigt rasant. Die damit verbundenen, teils komplexen Wirkungszusammenhänge für die Unternehmensleistung erfordern eine systematische Auseinandersetzung im Rahmen des unternehmensweiten Risikomanagements. Denkweisen in Silostrukturen sind dringend aufzuheben. Nur unter diesen Voraussetzungen können unternehmerische Sorgfaltspflichten und CSR-Berichtspflichten adäquat erfüllt werden.

4.2.1 Globale Risikolandschaft

Im Januar 2019 veröffentlichte das Weltwirtschaftsforum seinen „Global Risks Report 2019".[1] In dessen globaler Risikolandschaft dominieren Umweltrisiken die zehn Top- Risiken. Angeführt wird die Liste – hinsichtlich Schadenspotential und Eintrittswahrscheinlichkeit – von Risiken resultierend aus einem Scheitern in Bezug auf die Bekämpfung des bzw. die Anpassung an den Klimawandel sowie vom Risiko extremer Wetterereignisse.

Weltweit gibt es ein Bündel an Ansätzen, um hier gegenzusteuern. So sollen nach dem Willen der EU-Kommission bis zum Jahr 2050 die Treibhausgasemissionen in Europa auf netto Null gesenkt werden. Dazu sind dramatische Umstellungen – auch der deutschen Wirtschaft – erforderlich. Regulatorischer Druck im Rahmen des EU-Aktionsplans: „Finanzierung nachhaltiges Wachstum" vom März 2018[2] soll unter anderem die Lenkung von Kapitalflüssen in nachhaltige Investments sowie eine künftige Bewertung der Kreditwürdigkeit unter Berücksichtigung von ESGRisiken für Bankdarlehen sicherstellen. Der Maßnahmenkatalog des EU-Aktionsplans bedingt unter anderem eine „freiwillige" klimabezogene Offenlegung finanzieller Risiken von Unternehmen.

Neben klimabezogenen Risiken gibt es eine Vielzahl weiterer ESG-Risiken, die Gegenstand politischer Maßnahmen sind bzw. werden könnten (z. B. Menschenrechtsverletzungen in der Lieferkette). Die Wirkungsweise von ESGRisiken ist dabei immer zweidimensional zu betrachten.

---

[1] Siehe www.weforum.org (Abruf: 26.11.2019).
[2] Siehe https://eur-lex.europa.eu (Abruf: 26.11.2019).

Beispiel

Klimarisiken[3]

1. Risiken mit negativen finanziellen Auswirkungen auf das Unternehmen:

   - Risiken, die aufgrund des Übergangs auf eine CO_2-arme, klimaresistente Wirtschaft entstehen ("Transitionsrisiken"), und
   - Risiken aufgrund der "physischen" Wirkungen des Klimawandels:
   - chronische physische Risiken aufgrund längerfristiger Klimaveränderungen (z. B. Temperaturänderungen);

2. Risiken mit negativen ökologischen oder sozialen Auswirkungen.

In einem von der BaFin im September 2019 vorgelegten Entwurf eines Merkblatts zum Umgang mit Nachhaltigkeitsrisiken[4] werden die Wechselwirkungen zwischen den beiden Risiken erläutert:

"Im ungünstigsten Szenario zwingen extreme klimabedingte Schäden infolge einer lange hinausgezögerten Energiewende schließlich zu einer plötzlichen und radikalen Umstellung der Wirtschaft."

Zudem gehen mit ökologischen und sozialen Auswirkungen oft auch erhebliche Reputationsrisiken – verbunden mit negativen finanziellen Folgen – für die Unternehmen einher.

4.2.2   Impulse durch CSR-Berichtspflicht?

Die Aussagekraft der CSR-Berichterstattung zur ökonomischen Relevanz von ESG-Risiken hängt maßgeblich vom Bewusstsein und Verständnis der Unternehmensführung ab. Die CSR-Richtlinie (2014/95/EU) formuliert die Erwartung, dass Unternehmen durch die Pflicht zur Angabe von nichtfinanziellen Informationen Nachhaltigkeitsaspekte im Geschäftsergebnis und deren Auswirkungen auf Umwelt und Gesellschaft (besser) messen, überwachen und handhaben.

In der aktuellen Leitlinie der EU-Kommission zur klimabezogenen Berichterstattung[5] werden weitere Vorteile eines aussagekräftigen CSR-Berichts betont:

- sachkundigere Entscheidungsfindung,
- Einbeziehung der ESG-Risiken in die strategische Planung,
- breiter gefächerte Investorenbasis,

---

[3]   Leitlinien für die Berichterstattung über nichtfinanzielle Informationen: Nachtrag zur klimabezogenen Berichterstattung (2019/C 209/01).

[4]   Siehe www.bafin.de (Abruf: 26.11.2019).

[5]   ABl. EU Nr. C 209/1 vom 20.06.2019.

- bessere Bonitätseinstufungen für die Emission von Anleihen und
- bessere Kreditwürdigkeitsbewertungen für Bankdarlehen.

Fraglich ist aber, ob von der bisherigen CSR-Berichtspflicht gemäß CSR-Richtlinie-Umsetzungsgesetz (CSR-RUG) tatsächlich Impulse für ein (besseres) Risikomanagement ausgehen.

In einer nichtfinanziellen (Konzern-)Erklärung nach dem CSR-RUG ist ausgehend vom Geschäftsmodell über die von den Unternehmen bzw. Konzernen verfolgten Konzepte, über wesentliche Risiken und bedeutende Leistungsindikatoren mindestens in Bezug auf Umwelt, Arbeitnehmerund Sozialbelange, Menschenrechte und Korruption zu berichten. Eine Auswertung von 105 nichtfinanziellen (Konzern-)Erklärungen zum 31.12.2018 hat für das Berichtsjahr 2018 aber lediglich acht Fälle einer Berichterstattung über berichtspflichtige ESG-Risiken ergeben.[6]

Dieser Befund ist auf das Zusammenspiel verschiedener Vorgaben und Auslegungen des CSR-RUG zurückzuführen.

4.2.2.1 Kurzfristiges Risikoverständnis

Ein Risiko ist nach CSR-RUG i. V. mit DRS 20 i. d. F. DRÄS 8 definiert als eine mögliche Abweichung von einer Prognose oder einem Ziel der Unternehmensleitung auf Basis der internen Steuerung. Problematisch im Kontext der Berichterstattung über ESG-Risiken ist vor allem deren Zeithorizont. ESG-Risiken wirken sich typischerweise erst weit nach dem üblichen Planungshorizont finanziell aus. Damit fehlt es in der Regel an einem konkreten Bezugspunkt für Abweichungen.

4.2.2.2 Sehr hohe Berichtsschwelle

ESG-Risiken sind – neben dem grundsätzlichen Wesentlichkeitsvorbehalt – ausschließlich dann berichtspflichtig, wenn der Eintritt der Risiken „sehr wahrscheinlich" ist und zugleich „schwerwiegende Auswirkungen" auf die nichtfinanziellen Aspekte (Umwelt, Arbeitnehmerbelange etc.) hat. Sofern sich das Schadenspotential über eine längere Zeit erstreckt, steht die Praxis vor der Schwierigkeit einer zeitpunktbezogenen Bewertung der Auswirkungen auf die finanzielle Lage.

4.2.2.3 Möglichkeit zur Nettoberichterstattung

Nach DRS 20 kann die Darstellung berichtspflichtiger Risiken vor oder nach der Umsetzung von Risikobegrenzungsmaßnahmen erfolgen (Brutto- versus Nettobetrachtung). Werden Risiken identifiziert, die nach der Umsetzung von Risikobegrenzungsmaßnahmen verbleiben, sind die Maßnahmen zur Risikobegrenzung darzustellen (DRS 20.157).

----

[6] Siehe www.ey.com (Abruf: 26.11.2019).

4.2.2.4 Zwischenfazit

Allein von der CSR-Berichtspflicht geht in Deutschland kein Impuls für eine Integration von ESG-Risiken in das Risikomanagementsystem aus. Bezogen auf die Gesamtheit der nichtfinanziellen Erklärungen kann sogar eine fehlende adäquate Analyse – etwa von klimabedingten Risiken – nicht ausgeschlossen werden. Möglicherweise verfolgen Unternehmen eine Strategie des „Wait and See". Mit zunehmendem regulatorischen Druck auf Investoren und Banken werden künftig umfassendere Anforderungen an die CSR-Berichterstattung von Unternehmen gestellt. Diese werden nur auf Basis einer systematischen Auseinandersetzung mit ESG-Risiken zu erfüllen sein.

4.2.3 Silodenken beseitigen, Risikomanagement erweitern

Nach unserer Erfahrung werden ESG-Risiken in Unternehmen oft noch losgelöst von anderen Wirkungszusammenhängen identifiziert und „ad hoc" von einzelnen Fachabteilungen gesteuert. Diese schrittweise Annäherung an komplexe Sachverhalte ermöglicht zwar, Themen zügig anzugehen. Sie darf aber nur als Meilenstein und nicht als Lösung aufgefasst werden.

Nur die Beseitigung von Silodenken ermöglicht ein ganzheitliches Verständnis für die Wirkungsmechanismen von Risiken. Ohne die Integration von ESG-Risiken in das Risikomanagementsystem können Risiken oft nur qualitativ – gering, mittel, hoch – eingeschätzt werden. Für eine belastbare Einschätzung des Effekts von Risiken auf die finanzielle Entwicklung des Unternehmens sowie der negativen Auswirklungen auf Ökologie und Soziales („Quantifizierung" und „Monetarisierung") bedarf es daher zunehmend komplexerer Szenarien oder Simulationen.

Zudem zeigt sich das Schadenspotential von ESG-Risiken oft erst über einen längeren Zeitraum. Damit haben sie zwar eine große Auswirkung, aber ihre Eintrittswahrscheinlichkeit wird zeitpunktbezogen als gering bewertet. Bei nicht systematischer Betrachtung führt dies zur Vernachlässigung von Risiken mit großem Schadenspotential. Die Integration von ESG-Risiken in das Risikomanagementsystem unter Anwendung etwa von Verteilungs-, Szenarien- und Simulationslogiken kann helfen, auch längerfristig wirkende Risiken zu steuern.

Mit dem bevorstehenden Inkrafttreten des ARUG II[7] sind Aufsichtsrat und Vorstand börsennotierter Gesellschaften einer „nachhaltigen und langfristigen" Unternehmensentwicklung verpflichtet (§ 87 Abs. 1 Satz 2 AktG n. F.). Unseres Erachtens ist auch vor diesem Hintergrund eine Integration der ESG-Risiken in das Risikomanagement zur Erfüllung unternehmerischer Sorgfaltspflichten künftig unumgänglich.

---

[7] Zuletzt Beschluss des Deutschen Bundesrates vom 29.11.2019 (BR-Drucksache 605/19 (Beschluss)).

Ein weit verbreitetes Rahmenwerk zur Umsetzung einer holistischen Betrachtung von ESG-Risiken ist das „COSO Enterprise Risk Management". Im Oktober 2018 veröffentlichte COSO gemeinsam mit dem World Business Council for Sustainable Development (WBCSD) einen entsprechenden Leitfaden zur Berücksichtigung von ESG-Risiken im Risikomanagementprozess.

WP StB Nicole Richter, München

WP Yvonne C. Meyer, Eschborn

(Quelle: Die Wirtschaftsprüfung, Heft 24/2019, Seite 1340 ff. (Reihe „Green and more"))

Kapitel 5: Nichtfinanzielle Berichterstattung

Seit dem Geschäftsjahr 2017 sind große[1] kapitalmarktorientierte Unternehmen mit mehr als 500 Arbeitnehmern zur Veröffentlichung ausgewählter Nachhaltigkeitsinformationen verpflichtet. Diese sogenannte nichtfinanzielle Erklärung kann in folgender Form erfolgen:

- Integration in den (Konzern-)Lagebericht
- Besonderer Abschnitt innerhalb des (Konzern-)Lageberichts
- Gesonderter nichtfinanzieller (Nachhaltigkeits-)Bericht
    - Eigenständiger nichtfinanzieller Bericht
    - Integration in einen anderen Bericht (Nachhaltigkeitsbericht)
    - Besonderer Abschnitt in einem anderen Bericht (Nachhaltigkeitsbericht)

Mindestumfang

Der Mindestumfang der nichtfinanziellen Erklärung ist in § 289c HGB festgelegt, wobei das Unternehmen bezüglich der Reihenfolge der Themen Wahlfreiheit hat:

Anforderung	Beispiele
Kurze Beschreibung des Geschäftsmodells	./.
Umweltbelange	- Treibhausgasemissionen - Wasserverbrauch - Luftverschmutzung - Nutzung von erneuerbaren und nicht erneuerbaren Energien - Schutz der biologischen Vielfalt
Arbeitnehmerbelange	- Maßnahmen zur Gewährleistung der Geschlechtergleichstellung - Arbeitsbedingungen - Umsetzung der grundlegenden Übereinkommen der Internationalen Arbeitsorganisation - Achtung der Rechte der Arbeitnehmerinnen und Arbeitnehmer, informiert und konsultiert zu werden - sozialer Dialog - Achtung der Rechte der Gewerkschaften - Gesundheitsschutz - Sicherheit am Arbeitsplatz
Sozialbelange	- Dialog auf kommunaler oder regionaler Ebene - Maßnahmen zur Sicherstellung des Schutzes und der Entwicklung lokaler Gemeinschaften

---

[1] Groß im Sinne des § 267 Abs. 3 HGB. Ebenfalls betroffen sind Konzerne, große Personengesellschaften im Sinne des § 264a HGB, Genossenschaften, Kreditinstitute, Finanzdienstleister und Versicherungen.

Anforderung	Beispiele
Achtung der Menschenrechte	– Vermeidung von Menschenrechtsverletzungen
Bekämpfung von Korruption und Bestechung	– bestehende Instrumente zur Bekämpfung von Korruption und Bestechung

Tab. 1 Umfang der nichtfinanziellen Erklärung gem. § 289c HGB

Die Unternehmen sollen für die einzelnen Belange ihre Konzepte, angestrebten Ziele und die zur Zielerreichung geplanten und ergriffenen Maßnahmen angeben. Gibt es für einzelne Themenbereiche kein Konzept, so ist dies nach dem Comply-or-Explain-Ansatz zu begründen. Die Due-Diligence-Prozesse sind darzustellen, um aufzuzeigen, wie die Unternehmensleitung ihre Sorgfaltspflichten erfüllt, Risiken erkennt und diese managt.[2] Sofern für das Verständnis erforderlich, sind Hinweise und Erläuterungen zu den Zahlen des Jahresabschlusses einzubringen.

In Ausnahmefällen ist gemäß § 289e HGB das Weglassen nachteiliger Angaben unter Umständen erlaubt, um erheblichen Schaden von der Kapitalgesellschaft abzuwenden.

Konkretisiert werden die Anforderungen an die Nachhaltigkeitsberichterstattung im Konzernlagebericht im Deutsche Rechnungslegungsstandard Nr. 20 (DRS 20), der Ausstrahlungswirkung auf alle Unternehmen entfaltet.[3]

Die Verwendung von Rahmenwerken ist ausdrücklich erlaubt, sofern alle Anforderungen des DRS 20 erfüllt und Angaben zum verwendeten Rahmenwerk gemacht werden. Die unterbleibende Nutzung eines Rahmenwerkes ist zu begründen.

Rahmenwerke

Es haben sich zahlreiche Rahmenwerke für Berichte aus dem Bereich der Nachhaltigkeit herausgebildet.[4] Die wichtigsten Rahmenwerke sind die global angewandten GRI-Standards[5] der Global Reporting Initiative sowie der Deutsche Nachhaltigkeitskodex des Rats für Nachhaltige Entwicklung.[6] Die Leitlinien der EU-Kommission für die Berichterstattung über nichtfinanzielle Informationen[7] stellen kein eigenständiges Rahmenwerk dar, sondern geben den Anwendern hilfreiche Hinweise für die Erstellung des Berichts. In

---

[2] Vgl. IDW: Zukunft der Berichterstattung, Nachhaltigkeit, IDW Positionspapier: Pflichten und Zweifelsfragen zur nichtfinanziellen Erklärung als Bestandteil der Unternehmensführung, Stand 14.06.2017.
[3] Vgl. hierzu ausführlich Kapitel 5, Abschnitt 5.1; Völker-Lehmkuhl/Reisinger: Wegweiser Nachhaltigkeit.
[4] Völker-Lehmkuhl/Reisinger: Wegweiser Nachhaltigkeit sowie IDW: Assurance, 2. Auflage, 2021) geben einen ausführlichen Überblick über die gängigen Rahmenwerke.
[5] Die GRI-Standards sind online in deutscher Übersetzung verfügbar unter globalreporting.org, abgerufen am 14.01.2021.
[6] Der Leitfaden zum Deutschen Nachhaltigkeitskodex ist als PDF verfügbar unter https://www.deutscher-nachhaltigkeitskodex.de/, abgerufen am 14.01.2021.
[7] EU-Kommission, Leitlinien für die Berichterstattung über nichtfinanzielle Informationen, Stand 05.07.2017, online unter eur-lex.europa.eu, abgerufen am 14.01.2021.

den im Juni 2019 ebenfalls von der EU-Kommission veröffentlichten unverbindlichen Leitlinien zur Berichterstattung (Guidelines on reporting climate-related information) werden nur die klimabezogenen Informationen behandelt.[8]

GRI-Standards

Die GRI-Standards sind mit mehr als 20.000 veröffentlichten Nachhaltigkeitsberichten de facto das internationale Standard-Rahmenwerk für die Nachhaltigkeitsberichterstattung von Unternehmen. Es handelt sich um einen in sich verknüpften Satz aus sechs Einzelstandards mit gegenseitigen Verweisen, die unabhängig voneinander aktualisiert werden können, davon drei allgemeine und drei themenspezifische:

- Allgemeine Standards (General Disclosures)
  - GRI 101: Grundlagen
    - Grundbegriffe
    - Reporting-Prinzipien
  - GRI 102: Allgemeine Angaben
    - Angaben zur Organisation
    - Vorgehensweise Reporting
  - GRI 103: Management-Ansätze
    - Wesentliche Themen
    - Erläuterung Management-Ansatz
- Themenspezifische Standards (Topic-Specific Disclosures)
  - GRI 200: Ökonomische Themen
    - Wirtschaftliche Performance
    - Indirekte Auswirkungen, Korruption etc.
  - GRI 300: Ökologische Themen
    - Materialien, Produktion, Energie, Wasser
    - Emissionen, Abwasser, Compliance etc.
  - GRI 400: Soziale Themen
    - Arbeitsbedingungen, Kinderarbeit
    - Menschenrechte, Gleichstellung etc.

Im Anhang befindet sich eine Übersicht über die in den jeweiligen Einzelstandards behandelten Themen, die auch für die Erstellung eines GRI-Index, Bestandteil jedes Nachhaltigkeitsberichts nach GRI, geeignet ist.

---

[8] EU-Kommission, Mitteilung der Kommission. Leitlinien für die Berichterstattung über nichtfinanzielle Informationen: Nachtrag zur klimabezogenen Berichterstattung, 2019/C 209/01, 20.06.2019, online unter eur-lex.europa.eu, abgerufen am 14.01.2021 (im Folgenden: EU-Kommission, Mitteilung der Kommission 2019).

Klar geregelt sind nach den GRI-Standards auch die Prinzipien der Berichterstattung, die sich in inhaltsbezogene und qualitätsbezogene Aspekte aufteilen lassen (siehe Abb. 3).

Prinzipien der Berichterstattung zur Bestimmung des Berichtsinhalts	Prinzipien der Berichterstattung zur Sicherstellung der Berichtsqualität
• Einbindung von Stakeholdern • Nachhaltigkeitskontext • Wesentlichkeit • Vollständigkeit	• Genauigkeit • Ausgewogenheit • Verständlichkeit • Vergleichbarkeit • Zuverlässigkeit • Aktualität

Abb. 1 Prinzipien der Berichterstattung gemäß GRI[9]

Die Unternehmen können zwischen der komprimierten Reporting-Option „Core" (Kern) sowie der umfassenden Variante „Comprehensive" wählen. Das Comprehensive-Prinzip verlangt die Berücksichtigung aller Themen der GRI-Standards, während die mehrheitlich gewählte Core-Berichterstattung nur die wesentlichen Themenbereiche umfasst. Wichtig dabei ist, dass die potenziell wesentlichen Themen nicht auf die Kategorien des GRI begrenzt sind. Wenn Unternehmen Themenbereiche als relevant definieren, die im GRI nicht vorkommen, so sind diese ebenfalls im Nachhaltigkeitsbericht zu thematisieren.

Der Deutsche Nachhaltigkeitskodex

Der Deutsche Nachhaltigkeitskodex (DNK) wurde vom Rat für Nachhaltige Entwicklung formuliert. Er kann von Unternehmen und Organisationen aller Größen und Rechtsformen angewandt werden.

Unternehmen, die den Deutschen Nachhaltigkeitskodex anwenden, können ihre Berichte beim Rat für Nachhaltige Entwicklung einreichen. Sie werden dann auf formale Vollständigkeit geprüft und in eine öffentlich zugängliche Datenbank eingepflegt. Die Berichterstattung nach dem DNK kann auch zusätzlich zu einem Nachhaltigkeitsbericht nach GRI-Standards erfolgen.

---

[9]   Quelle: GRI-Standards, https://www.globalreporting.org/how-to-use-the-gri-standards/gri-standards-german-translations/, (abgerufen am 14.01.2021).

Abb. 2 Kriterien gemäß DNK.[10]

Das Greenhouse Gas Protocol[11] (GHG Protocol) ist das gängige Rahmenwerk zur Erstellung von Treibhausgasbilanzen, erfasst aber nicht die übrigen Nachhaltigkeitsaspekte. Es erinnert mit seinen Prinzipien der Relevanz, Vollständigkeit, Konsistenz, Transparenz und Genauigkeit an die Grundsätze ordnungsgemäßer Bilanzierung im Rechnungswesen:

- Relevanz: Das Prinzip der Relevanz schreibt vor, dass bei der Erstellung eines Carbon Footprint für ein Unternehmen alle wesentlichen Emissionsquellen berücksichtigt werden.
- Vollständigkeit: Das Prinzip der Vollständigkeit besagt, dass alle relevanten Emissionsquellen innerhalb der Systemgrenzen berücksichtigt werden müssen und Abweichungen vom Prinzip der Vollständigkeit – etwa aus Mangel an belastbaren Daten – in jedem Einzelfall zu begründen sind.
- Konsistenz: Um eine Vergleichbarkeit der Ergebnisse im Zeitverlauf zu ermöglichen, sollen die Bilanzierungsmethoden und Systemgrenzen festgehalten und in den Folgejahren beibehalten werden. Potenzielle Änderungen müssen benannt und begründet werden.
- Genauigkeit: Verzerrungen und Unsicherheiten sollen soweit möglich reduziert werden, damit die Ergebnisse eine solide Entscheidungsgrundlage bieten.
- Transparenz: Die Ergebnisse sollen transparent und eindeutig nachvollziehbar dargestellt werden.

---

[10] Quelle: Deutscher Nachhaltigkeitskodex, Maßstab für nachhaltiges Wirtschaften: https://www.deutscher-nachhaltigkeitskodex.de/Documents/PDFs/Sustainability-Code/DNK_Broschuere_2017, abgerufen am 12.02.2021.

[11] Greenhouse Gas (GHG) Protocol Standards, online unter ghgprotocol.org, abgerufen am 14.01.2021.

Das GHG Protocol schreibt einen verbindlichen Prozess für die Erstellung einer CO_2-Bilanz vor. So muss definiert werden, welche Unternehmensteile für die Erstellung der CO_2-Bilanz berücksichtigt und welche Emissionsquellen in die Betrachtung mit einbezogen werden. Besonderes Augenmerk liegt auf der Erhebung der erforderlichen Daten im Unternehmen. Berücksichtigt werden alle relevanten Treibhausgase gemäß Kyoto-Protokoll. Da sich die klimaschädliche Wirkung von Treibhausgasen je nach emittierter Menge stark unterscheidet, werden alle Treibhausgase als CO_2-Äquivalente in die Treibhausgasbilanz von Unternehmen übernommen.

Treibhausgas		Äquivalenz-Faktor	Ursachen
Kohlendioxid	CO_2	1	Verbrennung fossiler Brennstoffe (z. B. Kohle, Gas, Erdöl, Holz)
Methan	CH_4	21	z. B. aus Viehzucht, Reisanbau, Deponien
Distickstoffoxid	N_2O	296–310	Stickstoffdüngung, Deponien
Teilhalogenierte Fluor-kohlenwasserstoffe	H-FKW/HFSs	140 –11.700	Aluminium-Produktion
Perfluorierte Kohlen-wasserstoffe	FKW/PFCs	6.500–9.200	Kühlmittel, chemische Industrie
Schwefelhexafluorid	SF_6	23.900	durch Hochspannungsleitungen

Tab. 2 Treibhausgase gemäß Kyoto-Protokoll[12]

Eine Besonderheit des GHG Protocols stellen die drei Bereiche (Scopes) dar, in die die Emissionen eingeteilt werden (siehe auch **Abb. 3**):

- Scope 1: direkte Emissionen des Unternehmens
- Scope 2: indirekte Emissionen aus der Erzeugung von zugekauftem Strom, Dampf, Wärme, Kälte
- Scope 3: alle übrigen indirekten Emissionen (Herstellung und Transport von zugekauften Gütern, Nutzung der eigenen Produkte, Entsorgung von Abfällen, Geschäftsreisen etc.)

[12]   Quelle: Völker-Lehmkuhl: Praxis der Bilanzierung und Besteuerung von CO_2-Emissionsrechten, 2. Auflage 2019.

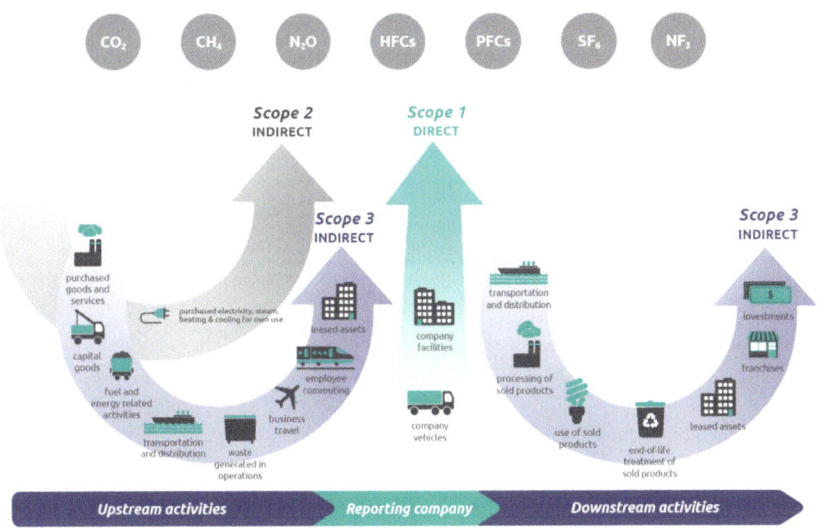

Abb. 3 Unterscheidung der drei „Scopes" des GHG Protocol[13]

Gemäß GHG Protocol ist die Berücksichtigung aller Emissionen aus Scope 1 und 2 verpflichtend. Die in der Praxis teilweise sehr schwierige Einrechnung der Scope-3-Emissionen erfolgt freiwillig, wird jedoch von immer mehr Unternehmen durchgeführt, um die CO_2-Emissionen von Produkten und Dienstleistungen vollständig auszuweisen.

WP StB Katharina Völker-Lehmkuhl, Heiligenhaus

[13] Quelle: GHG Protocol, Technical Guidance for Calculating Scope 3 Emissions, https://ghgprotocol.org/sites/default/files/ghgp/standards/Scope3_Calculation_Guidance_0.pdf (abgerufen am 12.02.2021), S. 6.

5.1   IDW Positionspapier: Pflichten und Zweifelsfragen zur nichtfinanziellen Erklärung als Bestandteil der Unternehmensführung

(Stand: 14.06.2017)

Vorwort

Durch Jahres- und Konzernabschlüsse wird die Unternehmensleistung transparent und kann zwischenbetrieblich sowie im Zeitablauf verglichen werden. Zentrale gesellschafts- und steuerrechtliche Vorgaben bauen auf dem Jahresabschluss auf, privatwirtschaftliche Vereinbarungen (z.B. zur Kapitalüberlassung oder Vorstandsvergütung) sind häufig an Kennzahlen aus dem Konzernabschluss geknüpft. Eine verlässliche und aussagekräftige Rechnungslegung ist damit ein wesentlicher Baustein der Corporate Governance.

Allerdings wird die herkömmliche Finanzberichterstattung immer häufiger mit den folgenden Kritikpunkten konfrontiert: Komplexität, Vergangenheitsorientierung und Information Overload sowie unzureichende Berücksichtigung von wesentlichen Erfolgstreibern, vor allem von Nachhaltigkeitsaspekten. Der Berufsstand der Wirtschaftsprüfer hat mit dem Core & More Konzept (*www.accountancyeurope.eu/ publications/future-corp-rep/*; Update: *www.accountancyeurope.eu/publications/pursuing- conversation-future-corporate-reporting/*) über seine europäische Dachorganisation Accountancy Europe (vormals FEE) seine Vision für die Fortentwicklung der Unternehmensberichterstattung vorgelegt.

Dem Lagebericht kommt darin die wichtige Rolle zu, den Abschluss zu ergänzen und so ein vollständiges Bild der wirtschaftlichen Lage zu zeigen. Wir begrüßen die explizite Aufnahme von Nachhaltigkeitsaspekten in den Lagebericht als einen ersten Schritt zur notwendigen Fortentwicklung der Unternehmensberichterstattung. Die Übereinstimmung der Unternehmensausrichtung mit den berechtigten Stakeholder- Erwartungen sichert die langfristige Wettbewerbsfähigkeit und minimiert insbesondere Reputationsrisiken. Die Dekarbonisierung der Weltwirtschaft infolge internationaler Klimaabkommen stellt bislang erfolgreiche Geschäftsmodelle infrage, wie beispielsweise in der Energie- und Automobilwirtschaft zu beobachten ist: Mark Carney, Governor der Bank of England und Chairman des G20 Financial Stability Board, warnte vor diesem Hintergrund vor einer Carbon Bubble, wenn infolge einer zunehmenden Regulierung treibhausgasintensive Vermögenswerte außerplanmäßig abgeschrieben werden müssen. Allerdings bietet die nachhaltige Entwicklung auch erhebliche Chancen, wenn es gelingt, Geschäftsmodelle an die sich ändernden Rahmenbedingungen anzupassen. So ist Tesla an der Börse heute wertvoller als die Konkurrenten Ford oder GM. Nachhaltigkeit betrifft die Zukunftsfähigkeit des Geschäftsmodells und ist im Kern Chancen- und Risikomanagement.

Nachhaltigkeitsthemen kommen zunehmend auch im Investment-Mainstream an: Das verdeutlicht nicht zuletzt die von der Deutschen Börse initiierte Frankfurter Erklärung zur Umsetzung einer gemeinsamen Nachhaltigkeitsinitiative am Finanzplatz Frankfurt, die von Global Playern wie Allianz, Commerzbank und Deutsche Bank unterzeichnet wurde, aber auch von aufstrebenden neuen Akteuren mit Nachhaltigkeitsfokus und dem Rat für nachhaltige Entwicklung – auch das IDW unterstützt diese Initiative.

Investoren werden die Angaben der künftig zu erstellenden nichtfinanziellen Erklärung nutzen, wenn diese glaubwürdig sind. Hierfür spielt die Konsistenz der Berichterstattung eine zentrale Rolle: Unternehmen unterstreichen die strategische Relevanz der Berichtsinhalte für die Unternehmensführung, wenn die Erklärung zeitgleich mit Abschluss und Lagebericht vorgelegt wird. Eine inhaltliche Prüfung auf dem Niveau der gesetzlichen Abschlussprüfung verdeutlicht eine gleichwertige Datenqualität und Verlässlichkeit wie dies bei Finanzdaten der Fall ist. Schließlich empfehlen wir, auf Konsistenz mit der Nachhaltigkeitsberichterstattung zu achten: So sollten die Berichtsinhalte von nichtfinanzieller Erklärung und einem Nachhaltigkeitsbericht, z.B. nach den GRI-Normen, nicht deutlich voneinander abweichen.

Es ist richtig, jedoch nicht ausreichend, wenn Nachhaltigkeitsaspekte zunehmend Eingang in die Unternehmensberichterstattung finden: Diese Themen müssen sich auch in den weiteren Corporate Governance Elementen niederschlagen. Daher werden zu Beginn dieses IDW Positionspapiers die unmittelbaren Auswirkungen der Verpflichtung zur Abgabe einer nichtfinanziellen Erklärung für Unternehmensleitung, Aufsichtsräte, Wirtschaftsprüfer und Berichtsadressaten dargestellt. In der Folge werden wichtige Zweifelsfragen zur Aufstellung der nichtfinanziellen Erklärung erörtert.

Unser Positionspapier richtet sich insbesondere an Unternehmen: Solche, die zur Aufstellung einer nichtfinanziellen Erklärung verpflichtet sind, ebenso wie solche, die das neue Berichtsinstrument im Rahmen ihrer Unternehmenskommunikation freiwillig nutzen wollen. Transparenz über Nachhaltigkeitsaspekte kann zudem ein Wettbewerbsvorteil für Zulieferer berichtspflichtiger Unternehmen sein.

Prof. Dr. Klaus-Peter Naumann, Sprecher des Vorstands des IDW

5.1.1   Auswirkungen auf die Corporate Governance

5.1.1.1 Überblick

Der Gesetzgeber hat mit dem CSR-Richtlinie Umsetzungsgesetz bestimmte große Unternehmen verpflichtet, ihre (Konzern-)Lageberichte künftig um eine nichtfinanzielle Erklärung zu erweitern. Der Umfang der Berichterstattung wird durch die Beschränkung auf wesentliche, auch mit Geschäftsverlauf und Lage verbundene Aspekte sinnvoll beschränkt. Die Befassung mit solchen wesentlichen Themen dürfte für Vorstände und

Aufsichtsräte nicht vollkommen neu sein. Durch die vom Gesetzgeber vorgesehene verpflichtende Befassung des Aufsichtsrats mit der nichtfinanziellen Erklärung erwarten wir jedoch eine im Vergleich mit der bisher praktizierten Nachhaltigkeitsberichterstattung deutlicher auf das Geschäftsmodell und damit verbundene Chancen und Risiken fokussierte Berichterstattung. Dies wäre auch aus Adressatensicht zu begrüßen.

5.1.1.2 Pflichten der Unternehmensleitung

Für die Erfüllung der gesetzlichen Rechnungslegungspflichten ist die Unternehmensleitung verantwortlich. Diese umfassen künftig auch die Aufstellung der nichtfinanziellen Erklärung in Übereinstimmung mit den handelsrechtlichen Vorgaben[1], sodass die nichtfinanzielle Erklärung diejenigen Angaben enthält, die für das Verständnis von Geschäftsverlauf, Geschäftsergebnis, Lage sowie der Auswirkungen der Tätigkeit des Unternehmens auf Umwelt und Gesellschaft erforderlich sind. Dazu gehört auch die Einrichtung der erforderlichen internen Kontrollen, damit die nichtfinanzielle Erklärung frei von wesentlichen – beabsichtigten oder unbeabsichtigten – falschen Angaben ist. Nach DRS 20 hat der Lagebericht alle wesentlichen Informationen zu enthalten. Die Angaben müssen verlässlich und ausgewogen sowie klar und übersichtlich sein. Diese Grundsätze gelten künftig auch für die nichtfinanzielle Erklärung, die Berichtsgegenstände enthalten wird, die in der traditionellen Finanzberichterstattung bislang eine eher untergeordnete Rolle spielten. Betroffene Unternehmen sind darauf häufig noch nicht entsprechend vorbereitet:

- Berichtssysteme und interne Kontrollen unterscheiden sich von den Finanzberichterstattungssystemen insbesondere hinsichtlich Prozessgeschwindigkeit, Qualität, Vollständigkeit und Genauigkeit; die entsprechend generierten Daten sind daher fehleranfälliger.
- Ferner wird das Risiko beabsichtigter falscher Angaben häufig unterschätzt, wenn die variable Vergütung auch durch nichtfinanzielle Leistungsindikatoren, wie die Zahl der Arbeitsunfälle oder den Energieverbrauch, beeinflusst wird. Standards für die Nachhaltigkeitsberichterstattung schreiben in der Regel keine Methode für die Erhebung von nichtfinanziellen Informationen vor. Die zuständigen Mitarbeiter sind ggf. nicht gleichermaßen mit Datenerhebung und Dokumentation vertraut wie im Rechnungswesen. Die Daten sind daher auch anfälliger für unbeabsichtigte Fehler.

---

[1] In diesem Positionspapier wird lediglich auf die Anforderungen aus den §§ 289b bis 289e HGB n.F. eingegangen. Die Ausführungen gelten aufgrund der Verweise auch für die nichtfinanzielle Konzernerklärung (§§ 315b f. HGB n.F.), für Kreditinstitute (§§ 340a, 340i und 340n HGB n.F.) und für Versicherungsunternehmen (§§ 341a, 341j und 341n HGB n.F.).

- Nichtfinanziellen Daten liegen oft Annahmen und Schätzungen bzw. Durchschnittswerte zugrunde: In diesem Fall sind glaubwürdige Quellen mit belastbarer Datenqualität heranzuziehen. Die Berichterstattung sollte Auskunft geben über bedeutsame Ermessensspielräume und wie mit diesen umgegangen wurde.
- Für die Berichtsinhalte müssen ausreichende Nachweise und Belege vorgehalten werden.

Der Lagebericht soll auch das Zustandekommen des Unternehmensergebnisses erläutern und Rückschlüsse auf die künftige Entwicklung erlauben. Durch die nichtfinanzielle Erklärung kann deutlich werden, inwiefern neben der finanziellen Wertschöpfung andere Werte (z.B. ökologische oder gesellschaftliche Werte) vermehrt oder reduziert wurden. Gerade die nichtfinanzielle Erklärung kann dazu genutzt werden, die Zukunftsfähigkeit des Geschäftsmodells zu vermitteln und den Adressaten so Rückschlüsse auf die künftige Entwicklung zu ermöglichen.

Die Unternehmensleitung hat dem Aufsichtsrat den Lagebericht (einschließlich nichtfinanzieller Erklärung) bzw. den gesonderten nichtfinanziellen Bericht nach Aufstellung weiterzuleiten.

5.1.1.3 Pflichten des Aufsichtsrats

Der Aufsichtsrat ist verpflichtet, die nichtfinanzielle Erklärung mit derselben Intensität zu prüfen wie den Abschluss und den Lagebericht. Im Gesetzgebungsverfahren sind die Prüfpflichten der Aufsichtsräte intensiv diskutiert worden: Der Gesetzgeber hat sich bewusst für die gleichrangige Aufnahme der nichtfinanziellen Erklärung in § 171 Abs. 1 AktG n.F. und damit gegen eine bloße Kenntnisnahme des Aufsichtsrats oder Befassung des Prüfungsausschusses entschieden.

Diese Prüfungspflicht ist im deutschen Unternehmensrecht von zentraler Bedeutung: Abschluss, Lagebericht und nichtfinanzielle Erklärung sollen nach dem Willen des Gesetzgebers als wichtige Informationsquellen für Aktionäre, Arbeitnehmer und die interessierte Öffentlichkeit über die wirtschaftliche Lage des Unternehmens sowie zur Ermittlung des Bilanzgewinns oder -verlusts besonders vertrauenswürdig sein. Die Prüfung durch den Aufsichtsrat darf nicht vollständig auf den Prüfungsausschuss übertragen werden – auch dies verdeutlicht die hohe Bedeutung der Norm. Zwar kann eine vorbereitende Prüfung durch den Prüfungsausschuss erfolgen, der Gesamtaufsichtsrat darf dessen Ergebnis aber nicht ungeprüft übernehmen. Es ist ferner nicht ausreichend, sich lediglich auf den Bericht des Prüfungsausschusses zu stützen.

Die Prüfung durch den Aufsichtsrat umfasst neben der Ordnungsmäßigkeit der Berichterstattung auch deren Zweckmäßigkeit. Die nichtfinanzielle Erklärung ist ordnungsmäßig aufgestellt, wenn die einschlägigen Anforderungen des HGB eingehalten wurden. Die berichteten Inhalte sind zweckmäßig, wenn sie den Unternehmenszielen entsprechen.

Anders als Abschluss und Lagebericht besteht für die nichtfinanzielle Erklärung keine gesetzliche inhaltliche Prüfungspflicht durch den Abschlussprüfer. Dem Aufsichtsrat fehlt damit für seine Prüfung eine wichtige Grundlage. Er kann eine inhaltliche Prüfung der nichtfinanziellen Erklärung mit einem Wirtschaftsprüfer vereinbaren. Der Aufsichtsrat ist dabei hinsichtlich Prüfungsumfang und zu erzielender Prüfungssicherheit grundsätzlich frei. Eine Prüfung, die die gleiche Prüfungssicherheit wie die gesetzliche Abschlussprüfung verkörpert, ist eine Prüfung der nichtfinanziellen Erklärung mit hinreichender Sicherheit („reasonable assurance").

5.1.1.4 Prüfung der nichtfinanziellen Erklärung durch einen Wirtschaftsprüfer

Obwohl der Inhalt der nichtfinanziellen Erklärung nicht vom Abschlussprüfer zu prüfen ist, hat er die Abgabe („Vorlage") der Erklärung zu prüfen. Dies führt insbesondere im Fall der gesonderten Berichterstattung bis zu vier Monate nach dem Abschlussstichtag (vgl. Abschn. 2.9) zu neuartigen Problemen, denn der Abschlussprüfer kann nicht das Vorhandensein einer Erklärung bestätigen, bevor diese vorgelegt wurde. Für den Fall, dass die Hauptversammlung vor Veröffentlichung der nichtfinanziellen Erklärung stattfindet, liegt gleichwohl ein wirksamer Bestätigungsvermerk vor, auf dem aufbauend rechtskräftige Beschlüsse gefasst werden können.

Für die inhaltliche Prüfung der nichtfinanziellen Erklärung ist der Abschlussprüfer prädestiniert, da er bereits über weitreichende Kenntnisse des Unternehmens und über dessen Prozesse verfügt. Wirtschaftsprüfer haben umfangreiche Kenntnisse auch auf dem Gebiet der nichtfinanziellen Berichterstattung, Nachhaltigkeitsberichterstattung und deren Prüfung. Sie unterliegen den berufsständischen Regelungen, zu denen auch besonders hohe Anforderungen an die Qualität und Unabhängigkeit gehören.

Die Prüfung durch einen Wirtschaftsprüfer trägt zur Verbesserung von Prozessen und Systemen sowie der Verlässlichkeit der Berichterstattung bei. Hierdurch vermindert die Prüfung Informationsasymmetrien. Die Prüfung betrifft die Ordnungsmäßigkeit der nichtfinanziellen Berichterstattung, d.h. die Übereinstimmung der Angaben mit den gesetzlichen Anforderungen. Sie ist kein Urteil über die Qualität der nichtfinanziellen Leistung des Unternehmens.

Prüfungsumfang und Prüfungsintensität können bei freiwilligen Prüfungen zwischen Aufsichtsrat und Wirtschaftsprüfer frei vereinbart werden. Es kann die Prüfung der gesamten nichtfinanziellen Erklärung beauftragt werden oder eine nur ausschnittsweise Prüfung. Wirtschaftsprüfer können inhaltliche Prüfungen der nichtfinanziellen Erklärung mit hinreichender oder begrenzter Sicherheit erbringen. Bei hinreichender Sicherheit wird ein positiv formuliertes Prüfungsurteil gefällt. Es sind deutlich umfangreichere Prüfungshandlungen erforderlich als bei Prüfungen mit begrenzter Sicherheit; dadurch wird aber auch eine deutlich höhere Sicherheit für (interne und externe) Adressaten der Prüfung erzielt. Die Prüfung mit begrenzter Sicherheit mündet in einem negativ formulierten Prüfungsurteil. Prüfungsaufträge dürfen nur mit begrenzter Sicherheit durchgeführt werden, wenn auch eine Prüfung mit hinreichender Sicherheit möglich wäre.

Prüfungsumfang und Prüfungsintensität sowie die Unabhängigkeit und Maßnahmen zur Qualitätssicherung des Prüfers ergeben sich aus dem Prüfungsvermerk. Dieser ist für Geschäftsjahre, die nach dem 31.12.2018 beginnen, zwingend offenzulegen.

5.1.1.5 Adressaten der nichtfinanziellen Erklärung und Rahmenwerk

Adressat des Lageberichts ist, wer ein (berechtigtes) Interesse an der Lage des Unternehmens hat. Dazu zählen u.a. Investoren (Eigen- und Fremdkapitalgeber), Arbeitnehmer, Kunden und Lieferanten.

Der Lagebericht soll auch das Zustandekommen des Unternehmensergebnisses erläutern und Rückschlüsse auf die künftige Entwicklung liefern. Durch die nichtfinanzielle Erklärung kann deutlich werden, inwiefern andere Werttreiber Einfluss auf das finanzielle Ergebnis haben.

Auch wenn der Gesetzgeber darauf verzichtet hat, ein bestimmtes Rahmenwerk für die Erstellung der nichtfinanziellen Erklärung vorzugeben, wird die Nutzung zumindest eines etablierten Rahmenwerks (§ 289d HGB n.F.) empfohlen. Wird kein Rahmenwerk genutzt, ist dies anzugeben und zu erläutern („apply-or-explain").

Einige der internationalen und nationalen Rahmenwerke sehen für die Bestimmung der zu berichtenden Inhaltselemente eine Einbeziehung wichtiger Adressatengruppen in den Prozess der sogenannten „Wesentlichkeitsanalyse" vor. Es ist daher davon auszugehen, dass sich Adressaten zukünftig stärker mit den Inhalten der nichtfinanziellen Erklärung auseinandersetzen und einen Dialog mit den Unternehmen anstreben werden. Dieser Dialog über die Erwartungshaltung von Adressaten zum Verhalten des Unternehmens bezüglich wichtiger Aspekte ist eines der bedeutendsten Elemente der Nachhaltigkeitsberichterstattung. Wir gehen davon aus, dass sich mittel- bis langfristig die Inhalte der nichtfinanziellen Erklärung als ein Ergebnis aus dem regelmäßigen Dialog des Unternehmens mit den wichtigsten Adressaten ergeben werden.

5.1.2 Nichtfinanzielle Erklärung: Umsetzung der EU-CSR-Richtlinie

5.1.2.1 Wer ist betroffen?

Große kapitalmarktorientierte Unternehmen, große Kreditinstitute und große Versicherungsunternehmen mit mehr als 500 Arbeitnehmern müssen für Geschäftsjahre, die nach dem 31.12.2016 beginnen, eine nichtfinanzielle Erklärung veröffentlichen, die Bestandteil des Lageberichts ist.

Unternehmen sind gemäß § 267 Abs. 3 HGB groß, wenn an zwei aufeinander folgenden Abschlussstichtagen zwei der folgenden Kriterien überschritten werden:

- Bilanzsumme von mehr als 20.000.000 Euro,
- Umsatzerlöse in den zwölf Monaten vor dem Abschlussstichtag von mehr als 40.000.000 Euro,
- im Jahresdurchschnitt mehr als 250 Arbeitnehmer.

Zusätzlich muss das Unternehmen für Zwecke der nichtfinanziellen Erklärung im Jahresdurchschnitt an zwei aufeinander folgenden Abschlussstichtagen mehr als 500 Arbeitnehmer (Arbeitnehmerzahl) beschäftigen. Die Kapitalmarktorientierung muss dagegen nicht an zwei aufeinander folgenden Stichtagen gegeben sein.

Die Fiktion, wonach kapitalmarktorientierte Unternehmen, Kreditinstitute und Versicherungsunternehmen stets als „groß" gelten bzw. die für große Kapitalgesellschaften geltenden Vorgaben anzuwenden haben, gilt für Zwecke der nichtfinanziellen Erklärung nicht.

5.1.2.2 Berichtspflichten auf Konzernebene

Kapitalmarktorientierte Mutterunternehmen (bzw. Kreditinstitute und Versicherungsunternehmen als Mutterunternehmen) haben eine nichtfinanzielle Konzernerklärung aufzustellen, sofern sie nicht aufgrund der größenabhängigen Erleichterungen aus § 293 Abs. 1 HGB von der Pflicht zur Konzernrechnungslegung befreit sind.

Betroffen sind Konzerne mit mehr als 500 Arbeitnehmern. Für die Bestimmung der Arbeitnehmerzahl ist der gesamte Konzern (d.h. das Mutterunternehmen, im Wege der Vollkonsolidierung einbezogene Tochterunternehmen und anteilmäßig konsolidierte Gemeinschaftsunternehmen) zu betrachten, nicht nur das Mutterunternehmen. Die Berichtspflicht kann daher nicht etwa umgangen werden, indem Verträge mit Arbeitnehmern von dem Mutterunternehmen auf ein Tochterunternehmen übertragen werden, mit dem Ziel der Unterschreitung der Arbeitnehmerzahl auf der Ebene des Mutterunternehmens.

Sofern das Mutterunternehmen verpflichtet ist, eine nichtfinanzielle Erklärung für die Gesellschaft sowie eine nichtfinanzielle Konzernerklärung abzugeben, können im Falle der Zusammenfassung von Lagebericht und Konzernlagebericht auch die nichtfinanziellen Erklärungen zusammengefasst werden (§ 315b Abs. 1 Satz 2 i.V.m. § 298 Abs. 2 HGB). Im Fall eines gesonderten nichtfinanziellen Berichts ist eine zusammengefasste Berichterstattung auch dann möglich, wenn die Lageberichte nicht zusammengefasst wurden. In beiden Fällen muss hervorgehen, welche Angaben sich auf den Konzern und welche Angaben sich auf das Mutterunternehmen beziehen.

5.1.2.3 Wie sind die Merkmale zu ermitteln?

Die Merkmale zur Bestimmung einer möglichen Verpflichtung zur Abgabe einer nichtfinanziellen Erklärung (Bilanzsumme, Umsatzerlöse und durchschnittliche Arbeitnehmerzahl) sind den Abschlussbestandteilen Bilanz, GuV und Anhang zu entnehmen.

Arbeitnehmer erbringen weisungsgebunden eine Leistung gegen eine Vergütung. Zu erfassen sind inländische und ausländische Arbeitnehmer einschließlich Heimarbeitern, wegen Mutterschaft Beurlaubten und in einem Probearbeitsverhältnis befindlichen Arbeitnehmern. Auch eine zeitliche Befristung des Arbeitsverhältnisses ist unerheblich. Teilzeitbeschäftigte und Heimarbeiter sind voll zu berücksichtigen und nicht auf Vollarbeitskräfte umzurechnen.

Nicht als Arbeitnehmer zu berücksichtigen sind z.B. Leiharbeitnehmer, Arbeitnehmer in Elternzeit, Auszubildende, Umschüler, Volontäre und Praktikanten. Auch Mitglieder der Leitungsorgane sind i.d.R. nicht als Arbeitnehmer i.S.v. § 267 HGB anzusehen.

Der Jahresdurchschnitt der Arbeitnehmerzahl ergibt sich als arithmetisches Mittel aus den jeweiligen Zahlen zum 31. März, 30. Juni, 30. September und 31. Dezember des jeweiligen Geschäftsjahres.

5.1.2.4 Was ist zu berichten?

Zunächst ist das Geschäftsmodell „kurz", d.h., „aussagekräftig" zu beschreiben.

Mindestangaben betreffen weiterhin Umwelt-, Sozial- und Arbeitnehmerbelange, die Achtung der Menschenrechte sowie die Bekämpfung von Korruption und Bestechung, wenn diese Angaben erforderlich sind für das Verständnis von Geschäftsverlauf, Geschäftsergebnis, Lage des Unternehmens sowie für das Verständnis der Auswirkungen der Tätigkeiten. Sollte einer der gesetzlich geforderten Aspekte nicht wesentlich sein, ist dies vom Unternehmen anzugeben. Weitere Aspekte, z.B. Verbraucherbelange, sind zusätzlich aufzunehmen, sofern sie wesentlich sind. Darüber hinaus können freiwillig weitere Aspekte dargestellt werden, sofern sie aus spezifischen Adressatenanforderungen resultieren.

Zu diesen Aspekten sind Konzepte einschließlich der Due-Diligence-Prozesse, Ergebnisse der Konzepte, Risiken und nichtfinanzielle Leistungsindikatoren zu beschreiben.

Eine Struktur wird durch die Reihenfolge der Anforderungen im Gesetz nicht vorgegeben. So können die Beschreibungen von Konzepten zusammengefasst werden oder die Beschreibung der Konzepte bereits vor dem Hintergrund der Risiken vorgenommen werden. Dies darf nur insoweit erfolgen, als dies den tatsächlichen Verhältnissen entspricht und Klarheit und Übersichtlichkeit nicht eingeschränkt werden.

Sofern ein Aspekt mehrere für das berichtende Unternehmen wesentliche Sachverhalte umfasst (z.B. im Rahmen des Aspekts Umweltbelange die Sachverhalte Energieverbrauch, Wasser und Abfall), die mit dem gleichen Managementansatz und -system gesteuert werden und für die damit ein gemeinsames Konzept besteht, ist es ausreichend, dieses zusammenfassend für die verschiedenen Sachverhalte zu beschreiben. Sollten aber die einzelnen Sachverhalte mit unterschiedlichen Ansätzen gesteuert werden und damit individuelle Konzepte bestehen bzw. die vorhandenen Konzepte nicht alle Sachverhalte abdecken, so ist eine Beschreibung der Konzepte auf Sachverhaltsebene sachgerecht. Analog erscheint es sachgerecht, auch die weiteren Pflichtangaben auf Ebene der relevanten Sachverhalte zu machen.

Hinsichtlich der Konzepte sind die angestrebten Ziele und die zu ihrer Erreichung geplanten oder ergriffenen Maßnahmen anzugeben. Wird zu einem der Themenbereiche kein Konzept (einschließlich der angewandten Due-Diligence-Prozesse) verfolgt, ist dies zu begründen (comply-or-explain Ansatz). Zur Darstellung der Due- Diligence-Prozesse sollten Angaben zu den angewandten Verfahren erfolgen, mit denen die Mitglieder der Unternehmensleitung ihre Sorgfaltspflichten erfüllen, insbesondere Risiken für einzelne Aspekte zu erkennen und Maßnahmen zu deren Eindämmung oder Beseitigung festzulegen.

Für das Verständnis erforderliche Hinweise und Erläuterungen zu den im Abschluss ausgewiesenen Beträgen sind in die Erklärung aufzunehmen.

5.1.2.5 Welche Belange sind wesentlich?

Im Lagebericht sind der Geschäftsverlauf einschließlich des Geschäftsergebnisses und die Lage der Gesellschaft so darzustellen, dass ein den tatsächlichen Verhältnissen entsprechendes Bild vermittelt wird.

In der nichtfinanziellen Erklärung sind diejenigen Angaben zu machen, die für das Verständnis des Geschäftsverlaufs, des Geschäftsergebnisses und der Lage sowie der Auswirkungen der Tätigkeit auf die nichtfinanziellen Aspekte erforderlich sind.

Eine lediglich auf die Auswirkungen der Tätigkeit beschränkte Berichterstattung, ohne dass diese Angaben für die Lage des Unternehmens relevant sind, erfüllt die Wesentlichkeitsdefinition nicht.

Grundsätzlich kann ein Unternehmen bei der Bestimmung wesentlicher Berichtsinhalte nationale, europäische oder internationale Rahmenwerke nutzen. Da diese Rahmenwerke, z.B. der Deutsche Nachhaltigkeitskodex oder die GRI-Standards, beim Wesentlichkeitsbegriff überwiegend auf die Auswirkungen der Geschäftstätigkeit und weniger auf die Bedeutung für die wirtschaftliche Lage des Unternehmens eingehen, werden entsprechende Wesentlichkeitsanalysen häufig mehr Themen identifizieren als dies gesetzlich erforderlich ist.

Eine Wesentlichkeitsanalyse beispielsweise nach GRI beinhaltet einerseits eine Analyse der Auswirkungen und andererseits eine Analyse der Entscheidungsrelevanz für wichtige Stakeholder. Hierfür enthält GRI auch prozessuale Vorgaben für die Ermittlung der wesentlichen Themen, die Unternehmen einzuhalten haben. Die Beurteilung der Wesentlichkeit weist also in Bezug auf die Auswirkungen der Geschäftstätigkeit auf Wirtschaft, Umwelt und Soziales große Gemeinsamkeiten mit der Wesentlichkeitsdefinition nach § 289c Abs. 3 Satz 1 HGB auf. Anstelle der Entscheidungsrelevanz für Stakeholder als ein weiteres Kriterium, welches für sich die Wesentlichkeit einer Information nach GRI begründet, wird handelsrechtlich allerdings zusätzlich das Erfordernis einer Information für das Verständnis von Geschäftsverlauf, Geschäftsergebnis und Lage des Unternehmens verlangt. Insofern sollten Unternehmen bei der Verwendung von Rahmenwerken (wie GRI) im Hinblick auf ihre Wesentlichkeitsanalyse sicherstellen, dass damit das Wesentlichkeitserfordernis des HGB mindestens erfüllt ist.

Der Gesetzgeber hat nicht ausgeschlossen, dass über den gesetzlichen Mindestumfang hinaus freiwillig über weitere Themen berichtet wird, soweit Klarheit und Übersichtlichkeit der Berichterstattung dadurch nicht beeinträchtigt werden.

5.1.2.6 Ist von einem geänderten Risikobegriff auszugehen?

Im Lagebericht ist die voraussichtliche Entwicklung der berichtenden Gesellschaft mit den wesentlichen Chancen und Risiken zu beurteilen und zu erläutern. Die zugrundeliegenden Annahmen sind anzugeben.

In der nichtfinanziellen Erklärung sind die wesentlichen Risiken anzugeben, die mit der eigenen Geschäftstätigkeit des Unternehmens verbunden sind und die sehr wahrscheinlich schwerwiegende negative Auswirkungen haben oder haben werden. Ferner sind die wesentlichen Risiken anzugeben, die mit den Geschäftsbeziehungen des Unternehmens, ihren Produkten und Dienstleistungen verknüpft sind und die sehr wahrscheinlich schwerwiegende negative Auswirkungen haben werden, soweit dies verhältnismäßig ist. Es ist jeweils auch anzugeben, wie diese Risiken im Unternehmen gehandhabt werden.

In § 289 und in § 289c HGB n.F. werden gleichermaßen „Risiken" adressiert. Für die in der nichtfinanziellen Erklärung anzugebenden Risiken ist ein adäquater Zeitraum zugrunde zu legen. Alleine negative Prognose- bzw. Zielabweichungen (wie in DRS 20 vorgesehen) sollten diesen Begriff nicht einengen.

Der Risikobegriff ist für Zwecke der nichtfinanziellen Erklärung im Vergleich zur sonstigen Finanzberichterstattung insofern eingegrenzt, als über wesentliche Risiken zu berichten ist, die „sehr wahrscheinlich schwerwiegende negative Auswirkungen" auf die im Gesetz genannten Nachhaltigkeitsaspekte haben oder haben werden.

Unternehmen haben auch über Risiken zu berichten, die zu negativen Abweichungen von den Erwartungen der wesentlichen Stakeholder des Unternehmens führen können. Sofern die Erwartungen der Stakeholder als bedeutsam anzusehen sind, ist anzunehmen, dass Ziele für das Unternehmen formuliert und diese entsprechend in der internen Steuerung verankert sind.

Beispiel 1: Risiken der eigenen Geschäftstätigkeit

Bei einem Chemieunternehmen fallen in der Produktion toxisch belastete Abfälle an. Diese entstehen im Rahmen der eigenen Geschäftstätigkeit durch chemische Prozesse. Bei einer Ausleitung der unbehandelten Abfallprodukte in einen Fluss würden sich sehr nachteilige Auswirkungen auf die Umwelt und die Gesundheit von Menschen und Tieren ergeben. Die Abfallprodukte werden in einem chemischen Prozess behandelt und gereinigt, indem sie in einer speziellen Kläranlage gefiltert werden und nur unbelastetes Restabwasser in den Fluss als Abwasser ausgeleitet wird; giftige Rückstände werden durch ein spezielles Entsorgungsunternehmen in einer entsprechend für diese Abfälle vorgesehenen Deponie gelagert. Die Kläranlage wird regelmäßig überwacht und es ist ein Störfallmanagement eingerichtet, sodass die Wahrscheinlichkeit, dass es zu einer unkontrollierten Ausleitung giftiger Substanzen kommt, sehr gering ist. Die Deponie und das Grundwasser rund um die Deponie werden regelmäßig durch den Deponiebetreiber überwacht. Sollten die Abfälle nicht ordnungsgemäß in der Deponie gelagert werden, könnte es zu schweren Verunreinigungen des Grundwassers in der Region kommen.

In dem bereits seit einigen Jahren geführten Dialog mit Anwohnern und nichtstaatlichen Umweltorganisationen wurden von der Unternehmensleitung entsprechende Sicherungsmaßnahmen zur Schadensabwehr auch dargestellt und begründet.

Die Unternehmensleitung rechnet aufgrund der ergriffenen Umweltmanagement-Maßnahmen mit einer Eintrittswahrscheinlichkeit von weniger als 3 % dafür, dass toxische Substanzen unkontrolliert ausgeleitet werden und daraus schwerwiegende Umwelt- und Gesundheitsbeeinträchtigungen resultieren können.

Die Unternehmensleitung rechnet aufgrund der durch den Betreiber der Deponie ergriffenen Umweltmanagement-Maßnahmen mit einer Eintrittswahrscheinlichkeit von weniger als 5 % dafür, dass toxische Abfälle durch unsachgemäße Lagerung schwerwiegende Grundwasserverunreinigungen auslösen können.

DRS 20 erlaubt bei der Darstellung von Risiken sowohl eine Nettobetrachtung (verbleibendes Restrisiko nach Maßnahmen) als auch eine Bruttobetrachtung (Risiko vor Maßnahmen).

Nettobetrachtung

Dass es nach den vom Unternehmen und dem Deponiebetreiber getroffenen risiko-minimierenden Maßnahmen zu einer schwerwiegenden Schädigung der Umwelt (Flusswasserverunreinigung, Grundwasserverunreinigung) bzw. der Gesundheit von Menschen und Tieren kommt (Restrisiko), ist nicht sehr wahrscheinlich. Damit ist keine Berichterstattungspflicht i.S.v. § 289c Abs. 3 Nr. 3 und 4 HGB n.F. gegeben.

Bruttobetrachtung

Dass es durch die Geschäftstätigkeit zu nachteiligen Auswirkungen auf die Umwelt käme, ist – ohne die risikomindernden Maßnahmen zu betrachten – sehr wahrschein-lich. Auch die Auswirkungen wären schwerwiegend. Damit muss gemäß § 289c Abs. 3 Nr. 3 und 4 HGB n.F. über das Risiko berichtet werden und darüber, wie das Unternehmen das Risiko handhabt. Die Handhabung besteht in dem Betreiben der Kläranlage und dem Betreiben des Störfallmanagements sowie im Betreiben der De-ponie im Rahmen eines geordneten Umweltmanagementsystems mit regelmäßigem Monitoring des Grundwassers.

Je nachdem, ob das Unternehmen für die Berichterstattung die Brutto- oder Nettobe-trachtung wählt, kann die Berichterstattung in der nichtfinanziellen Erklärung hinsicht-lich ihres Umfangs unterschiedlich ausfallen. Wir empfehlen die Bruttobetrachtung, da diese aus Adressatensicht aussagekräftiger und somit vorzugswürdig ist. Unternehmen können durch die Bruttobetrachtung vermitteln, dass sie die Relevanz des Aspekts er-kannt haben und auf die Stakeholdererwartungen reagieren.

Beispiel 2: Risiken aus Geschäftsbeziehungen

Ein Chemieunternehmen bezieht von einem Vorlieferanten chemische Substanzen, bei deren Produktion toxisch belastete Abfälle anfallen. Diese entstehen im Rahmen der Beziehungen zu einem Geschäftspartner durch von diesem betriebene chemi-sche Prozesse. Bei einer Ausleitung der unbehandelten Abfallprodukte in den Fluss würden sich sehr nachteilige Auswirkungen auf die Umwelt und die Gesundheit von Menschen und Tieren ergeben. Das Chemieunternehmen verfügt nicht über Informa-tionen zu Umweltsicherheitsmaßnahmen des Lieferanten in Bezug auf die Reinigung und Ausleitung von Abwasser bzw. die Entsorgung der giftigen Substanzen.

Die Unternehmensleitung wurde bereits von nichtstaatlichen Umweltorganisationen um eine Stellungnahme bezüglich des Umweltmanagementsystems des Lieferanten gebeten, hat diese Auskünfte jedoch verweigert.

Angaben zu den Risiken sind von Bedeutung, da es sich um ein wichtiges Vorprodukt des Chemieunternehmens handelt und das Unternehmen keine (sofortige) Substitu-tion des Lieferanten vornehmen könnte. Die Lieferbeziehung wäre auch nicht ohne

Folgen für die wirtschaftliche Lage (z.B. Lieferengpässe, eigener Anlagenstillstand, Entschädigungszahlungen bei Vertragskündigung etc.) ersetzbar.

Die Einholung von Informationen zu Umweltsicherheitsmaßnahmen des Lieferanten in Bezug auf die Reinigung und Ausleitung von Abwasser und die Entsorgung der giftigen Substanzen muss verhältnismäßig in Bezug auf die Kosten für das Unternehmen und für den Lieferanten sein. Eine Information über den Umfang bestehender Sicherheitsmaßnahmen im Vergleich zu den dabei entstehenden Kosten erscheint verhältnismäßig in Bezug auf den Informationsnutzen eines Anlegers. Ein schwerwiegender Umweltvorfall des Vorlieferanten kann die künftige Entwicklung des Unternehmens durch Lieferausfälle und Umsatzeinbußen sowie Reputationsschäden beeinflussen. Diesen stehen zunächst nur Kosten gegenüber.

Die Nettobetrachtung entspricht in diesem Beispiel der Bruttobetrachtung.

Die Erwartungen der Stakeholder bezüglich möglicher negativer Beeinträchtigungen von Umwelt und Gesundheit durch den Vorlieferanten sind gegenüber der Unternehmensleitung bereits geäußert worden; es besteht eine von der Unternehmensleitung ggf. zu widerlegende Vermutung, dass der Zulieferer keine entsprechenden Umweltmanagementmaßnahmen unterhält. Da der Unternehmensleitung keine diese Vermutung widerlegenden Erkenntnisse über den Lieferanten vorliegen, muss sie von einer sehr wahrscheinlich schwerwiegenden Umweltauswirkung ausgehen. Da die Unternehmensleitung auch keine Maßnahmen zur Risikominderung (im Falle der Bruttobetrachtung) beschreiben kann, wird durch die Risikoberichterstattung für den Adressaten deutlich, dass es sich hierbei um ein nicht „kontrolliertes" Umweltrisiko des Unternehmens in der Lieferkette handelt.

5.1.2.7 Wann sind nichtfinanzielle Belange steuerungsrelevant?

Mit der Einschränkung der Berichterstattung über nichtfinanzielle Leistungsindikatoren auf eine vorhandene Steuerungsrelevanz folgt die Lageberichterstattung dem Grundsatz der „Vermittlung der Sicht der Unternehmensleitung", dem sog. „Management Approach".

Danach ist bei der Darstellung der nichtfinanziellen Leistungsindikatoren auf die zur Unternehmensführung verwendeten Informationen aus der internen Unternehmensberichterstattung zurückzugreifen.

Von einer Steuerungsrelevanz ist dann auszugehen, wenn die Unternehmensleitung nichtfinanzielle Aspekte des Unternehmens in ihrem Geschäftsmodell verankert hat und anhand von unternehmensspezifischen Leistungsindikatoren Zielgrößen festlegt, deren Realisierung auch im Hinblick auf die Unternehmensentwicklung mit ihren Chancen und Risiken überwacht und Maßnahmen zur Erreichung der geplanten Ziele ergreift. Hinweise, dass Leistungsindikatoren steuerungsrelevant sind, können u.a. sein:

– regelmäßige Berichterstattung an die Unternehmensleitung
– Verankerung in der Managementvergütung
– Kommunikation von Zielwerten.

Damit orientiert sich die Lageberichterstattung an den internen Entscheidungsund Berichtsstrukturen des Unternehmens.

In jedem Fall ist von Steuerungsrelevanz auszugehen, wenn Leistungsindikatoren Gegenstand der Berichterstattung an die Unternehmensleitung bzw. das Überwachungsorgan sind, diesbezügliche Risiken von den Unternehmensorganen überwacht werden und ggf. risikominimierende Maßnahmen eingeleitet werden.

Dies bedeutet jedoch nicht, dass die Angaben in der Lageberichterstattung entsprechend dem Umfang und Detaillierungsgrad der internen Berichterstattung erfolgen müssen. Vielmehr wird in aller Regel der Aggregationsgrad höher sein als der der internen Berichterstattung.

Darüber hinaus ist zu beachten, dass bei Fehlen eines steuerungsrelevanten Leistungsindikators i.S.d. DRS 20 gleichwohl die Darstellung von Leistungsindikatoren hilfreich für das Verständnis des Geschäftsverlaufs, des Geschäftsergebnisses und der Lage sowie der Auswirkungen der Tätigkeit auf die nichtfinanziellen Aspekte sein kann. Hierbei würde es sich um eine über den gesetzlichen Mindestumfang hinausgehende Berichterstattung handeln.

5.1.2.8 Wie weit reicht die Berichterstattung über die Lieferkette?

In der nichtfinanziellen Erklärung sind auch Angaben zu den wesentlichen Risiken zu machen, die mit den Geschäftsbeziehungen der Gesellschaft verknüpft sind. Damit wird die Bedeutung der Lieferkette für die Wahrnehmung eines Unternehmens in der Öffentlichkeit durch die neuen Berichtpflichten weiter in den Fokus gerückt. Dabei beinhaltet das Gesetz weniger eine konkrete Beschreibung über das „Wie" der Berichterstattung hinsichtlich der Lieferkette, sondern betont vielmehr deren Rolle im Rahmen der Berichterstattung und bleibt hinsichtlich der Anforderungen eher offen. Das eröffnet die Möglichkeit, dass Unternehmen die Darstellung ihrer Lieferkette an gängige Rahmenwerke der Nachhaltigkeitsberichterstattung anlehnen können. Konkret bedeutet dies, dass sich Unternehmen auch für das Lieferkettenmanagement und entsprechende (interne) Kontrollprozesse an den Vorgaben der Rahmenwerke orientieren können.

Es soll zum einen angegeben werden, bis zu welcher Ebene der Lieferkette eine Überprüfung der Lieferanten in Bezug auf die Einhaltung der Unternehmenskonzepte erfolgt. Zum anderen ist darauf zu achten, keinen in Anbetracht der Unternehmensgröße unverhältnismäßigen Verwaltungsaufwand bei den Unternehmen der Lieferkette zu verursachen. Einer unverhältnismäßig tiefgehenden und detaillierten Prüfung der Geschäftspartner soll hiermit entgegengewirkt werden.

5.1.2.9   Welche Wege der Umsetzung bzw. Offenlegung gibt es?

Die nichtfinanzielle Erklärung ist Bestandteil des Lageberichts. Die für die nichtfinanzielle Erklärung geforderten Angaben sind

- in einen besonderen Abschnitt des Lageberichts aufzunehmen, ggf. mit Verweisen auf die an anderer Stelle im Lagebericht enthaltenen nichtfinanziellen Angaben, oder
- an geeigneten Stellen in den Lagebericht aufzunehmen, oder
- in einen gesonderten nichtfinanziellen Bericht aufzunehmen, sofern der Lagebericht auf diesen Bezug nimmt, und dieser entweder
  - zusammen mit dem Lagebericht im Bundesanzeiger offengelegt wird, oder
  - auf der Internetseite des Unternehmens spätestens vier Monate nach dem Abschlussstichtag für mindestens zehn Jahre öffentlich zugänglich gemacht wird.

Die Berichterstattung im Lagebericht hat den Vorteil, dass die Angaben gleichzeitig mit den Abschlussinformationen und mit diesen verbunden vorliegen. Um Redundanzen zu vermeiden, kann aus der nichtfinanziellen Erklärung auf die an anderer Stelle im Lagebericht enthaltenen nichtfinanziellen Angaben verwiesen werden (z.B. bei der Beschreibung des Geschäftsmodells).

Die Berichterstattung an geeigneten Stellen im Lagebericht bietet die Möglichkeit, Zusammenhänge zwischen finanzieller und nichtfinanzieller Leistung unmittelbar zu verdeutlichen. Sie empfiehlt sich vor dem Hintergrund der (unveränderten) Ausrichtung des Lageberichts als Finanzbericht. Ferner empfiehlt sie sich mit Blick auf die Beschreibung des Geschäftsmodells, die Risikoberichterstattung und die Berichterstattung über die bedeutsamsten nichtfinanziellen Leistungsindikatoren. Es ist davon auszugehen, dass die Adressaten jeweils in sich geschlossene Angaben zum Geschäftsmodell, zu nichtfinanziellen Leistungsindikatoren sowie einen geschlossenen Risikobericht gegenüber zwei gesonderten Berichtsteilen vorziehen werden.

Bei der Beschreibung von Konzepten und Due-Diligence-Prozessen kann es sich anbieten, diese in einen eigenen Abschnitt in den Lagebericht aufzunehmen. Ebenfalls möglich ist, eine nichtfinanzielle Erklärung als eigenen Teilbericht in Form eines Abschnitts in den Lagebericht aufzunehmen, aus dem dann auf die relevanten Stellen im Lagebericht verwiesen wird. Eine Darstellung der Verweise könnte wie folgt aussehen:

THEMEN	SEITENVERWEIS
Geschäftsmodell	21,22
Konzepte/Due-Diligence-Prozesse	148
Wesentliche Risiken aus Geschäftstätigkeit	72–75
Wesentliche Risiken aus Geschäftsbeziehungen	72–77
Bedeutsamste nichtfinanzielle Leistungsindikatoren	33–35, 47, 48

Eine verlässliche und zeitnahe Berichterstattung setzt entsprechende interne Berichtssysteme voraus. Diese sind in vielen Unternehmen noch nicht so ausgereift wie bei der Finanzberichterstattung; nichtfinanzielle Informationen liegen möglicherweise nicht gleichzeitig mit den finanziellen Informationen vor. Die separate Berichterstattung, insbesondere bis zu vier Monate nach dem Abschlussstichtag, erleichtert den Einstieg in die nichtfinanzielle Berichterstattung für diejenigen Unternehmen, die bislang noch nicht über diese Themen berichtet haben.

Bei der separaten Veröffentlichung im Bundesanzeiger oder auf der Internetseite des Unternehmens muss der Lagebericht einen eindeutigen Verweis enthalten. In letzterem Fall muss die Erklärung mindestens zehn Jahre lang unter dieser Adresse zugänglich sein.

Im Falle der Offenlegung zusammen mit dem Lagebericht gelten die gesetzlichen Offenlegungsfristen nach § 325 HGB auch für den gesonderten nichtfinanziellen Bericht.

5.1.2.10 Inwieweit dürfen nachteilige Angaben unterbleiben?

Angaben dürfen ausnahmsweise unterbleiben, soweit sie

1. künftige Entwicklungen oder Belange betreffen, über die Verhandlungen geführt werden,
2. die Angaben nach vernünftiger kaufmännischer Beurteilung des Vorstands bzw. der Geschäftsführung geeignet sind, dem Unternehmen einen erheblichen Nachteil zuzufügen, und
3. das Weglassen der Angaben ein den tatsächlichen Verhältnissen entsprechendes Verständnis des Geschäftsverlaufs, des Geschäftsergebnisses, der Lage des Unternehmens und der Auswirkungen ihrer Tätigkeit nicht verhindert.

Danach dürfen lediglich Angaben zu künftigen Ereignissen unterbleiben und sie sind künftig nachzuholen. Zu beachten ist, dass zukunftsbezogene Angaben dennoch nach § 289 Abs. 1 Satz 4 HGB lageberichtspflichtig sein können. Angaben zu wesentlichen vergangenen Ereignissen dürfen in keinem Fall unterbleiben, selbst wenn sie geeignet sind, dem Unternehmen einen erheblichen Nachteil (z.B. über Reputationsschäden) zuzufügen. Die Berichterstattung muss trotz der unterlassenen Angaben weiterhin ein den tatsächlichen Verhältnissen entsprechendes Bild von wirtschaftlicher Lage und Auswirkungen vermitteln.

5.1.2.11 Befreiung von Tochterunternehmen

Ein grundsätzlich verpflichtetes Unternehmen muss keine nichtfinanzielle Erklärung aufstellen, wenn es in den Konzernabschluss eines Mutterunternehmens einbezogen ist, welcher im Einklang mit der Richtlinie 2013/34/EU aufgestellt wird und eine nichtfinanzielle Konzernerklärung enthält. Dabei ist nicht erforderlich, dass das Mutterunternehmen seinen satzungsmäßigen Sitz in einem EU-Mitgliedstaat bzw. in einem

EWR-Vertragsstaat hat: Auch Mutterunternehmen aus Drittstaaten können eine befreiende Konzernerklärung abgeben. Die Konzernerklärung muss in deutscher oder englischer Sprache vorliegen.

Das Unternehmen muss in seinem Lagebericht auf die Befreiung hinweisen und eindeutig angeben, welches Mutterunternehmen den Konzernlagebericht oder den gesonderten nichtfinanziellen Konzernbericht öffentlich zugänglich gemacht hat oder machen wird. Hierdurch soll die Auffindbarkeit in mehrstufigen Konzernen ermöglicht werden.

Unternehmen, die bereits nach § 264 Abs. 3 oder § 264b HGB u.a. von der Pflicht zur Aufstellung eines Lageberichts befreit sind, sind ohnehin auch von der Pflicht zur Aufstellung einer nichtfinanziellen Erklärung befreit.

5.1.2.12 Haftungs-/Sanktionsmechanismus

Der Gesetzgeber hat bei Verstößen gegen die Vorschriften zur nichtfinanziellen Erklärung folgende Sanktionen vorgesehen:

- Eine Straftat (Freiheitsstrafe bis zu drei Jahren oder Geldstrafe) liegt nach § 331 Nr. 1 HGB n.F. vor, wenn ein Mitglied eines vertretungsberechtigten Organs oder ein Aufsichtsrat die Verhältnisse der Gesellschaft im Lagebericht einschließlich der nichtfinanziellen Erklärung oder im gesonderten nichtfinanziellen Bericht unrichtig wiedergibt oder verschleiert. Entsprechendes gilt für die nichtfinanzielle Erklärung im Konzernlagebericht bzw. für den gesonderten nichtfinanziellen Konzernbericht.
- Eine Ordnungswidrigkeit nach § 334 Abs. 1 Nr. 3 HGB n.F. begeht, wer als ein Mitglied eines vertretungsberechtigten Organs oder als Aufsichtsrat bei der Aufstellung des Lageberichts einschließlich der nichtfinanziellen Erklärung oder bei der Erstellung eines gesonderten nichtfinanziellen Berichts die Vorgaben der §§ 289 ff. HGB über den Inhalt des Lageberichts oder des gesonderten nichtfinanziellen Berichts nicht beachtet. Gleiches gilt für die Aufstellung des Konzernlageberichts bzw. die Erstellung eines gesonderten nichtfinanziellen Konzernberichts.

Für eine bei der Aufstellung des Lageberichts einschließlich der nichtfinanziellen Erklärung bzw. bei der Aufstellung des nichtfinanziellen Berichts begangene Ordnungswidrigkeit kann gegen das verantwortliche Mitglied des vertretungsberechtigten Organs oder das Aufsichtsratsmitglied eine Geldbuße bis zu zwei Millionen Euro oder bis zum Zweifachen des aus der Ordnungswidrigkeit gezogenen wirtschaftlichen Vorteils festgesetzt werden.

Wird gegen die kapitalmarktorientierte Gesellschaft in diesem Zusammenhang eine Geldbuße nach § 30 OWiG verhängt, kann der Höchstbetrag dieser Geldbuße bis zu einem der nachfolgenden Werte festgesetzt werden:

- zehn Millionen Euro,
- fünf Prozent des Jahresumsatzes, den die Kapitalgesellschaft in dem der Behördenentscheidung vorausgegangenen Geschäftsjahr erzielt hat, oder
- das Zweifache des aus der Ordnungswidrigkeit gezogenen wirtschaftlichen Vorteils.

Für nicht in der Rechtsform einer Kapitalgesellschaft betriebene Finanzdienstleistungsinstitute hat der Gesetzgeber durch Verweis auf § 331 HGB eine korrespondierende Strafvorschrift geschaffen. Entsprechendes gilt für nicht in der Rechtsform einer Kapitalgesellschaft betriebene Versicherungsunternehmen und Pensionsfonds (§ 331 Abs. 1 i.V.m. § 341m Abs. 1 Satz 1 HGB n.F.).

Die Bußgeldvorschriften wurden für Finanzdienstleistungsinstitute einerseits und Versicherungsunternehmen und Pensionsfonds andererseits entsprechend § 334 HGB umgesetzt.

5.2 Green and more: Klimaberichterstattung mit Luft nach oben

Der Ergebnisbericht „How to improve climate-related reporting" der klima-bezogenen Projektgruppe des European Lab der EFRAG vom Februar 2020 liefert eine Bestandsaufnahme über die aktuelle Klimaberichterstattung und die Verwendung von Klima-Szenarioanalysen in der Praxis. Der vorliegende Beitrag stellt ausgewählte Erkenntnisse des Berichts vor und würdigt diese unter Berücksichtigung aktueller und möglicher künftiger Berichterstattungsanforderungen.

5.2.1 Klimaberichterstattung und die Projektgruppe des European Lab

Das European Reporting Lab @ EFRAG wurde im November 2018 als Teil des EU-Aktionsplans zur Finanzierung nachhaltigen Wachstums mit dem Ziel ins Leben gerufen, die Innovation in der Unternehmensberichterstattung in Europa durch die Identifizierung und den Austausch guter Berichterstattungspraktiken zu fördern. Das erste Projekt des European Reporting Lab befasste sich mit der klimabezogenen Unternehmensberichterstattung. Dazu wurde eine Arbeitsgruppe – die Project Task Force on Climate-related Reporting (PTF-CRR) – gebildet.

Durch die Maßnahmen des Aktionsplans sollen Kapitalströme in eine kohlenstoffarme, nachhaltigere Wirtschaft gelenkt werden. Dazu wendet sich die EU-Kommission primär an Unternehmen der Finanzwirtschaft. Zugleich wird aber auch mehr Transparenz von Unternehmen der Realwirtschaft verlangt, und zwar Transparenz einerseits darüber, wie diese die Auswirkungen des Klimawandels in ihrer Strategie und Geschäftstätigkeit berücksichtigen, und andererseits Transparenz über die Auswirkungen ihres unternehmerischen Handelns auf die Umwelt. Aufgrund der möglichen gravierenden finanziellen Auswirkungen des Klimawandels kommt der Klimaberichterstattung eine entscheidende Bedeutung zu, um Investoren und anderen Stakeholdern Informationen über die Nachhaltigkeit im Sinne einer langfristigen Rentabilität des Geschäftsmodells zu geben.

Vor diesem Hintergrund hat die PTF-CRR einen umfangreichen Dialog zwischen Erstellern, Nutzern und weiteren Stakeholdern von klimabezogenen Informationen geführt und die Klimaberichterstattung von fast 150, vorwiegend europäischen Unternehmen analysiert. Das Ergebnis dieser Arbeiten enthält der Bericht der PTF-CRR „How to improve climate-related reporting – A summary of good practices from Europe and beyond" vom Februar 2020[1]. Dessen zentraler Inhalt ist eine Bestandsaufnahme guter klimabezogener Berichterstattungspraktiken und eine Untersuchung über die Nutzung von Klima-Szenarioanalysen. Als Maßstab für die Beurteilung hat sich die PTF-CRR an den

---

[1] Siehe http://efrag.org/Lab1 (Abruf: 22.04.2020).

Empfehlungen der Task Force on Climate-related Financial Disclosures (TCFD) vom Juni 2017[2] orientiert, deren Schwerpunkt auf den finanziellen Chancen und Risiken aus dem Übergang zu einer kohlenstoffärmeren Wirtschaft liegt. Ergänzt wird der Bericht um zwei Beilagen, die umfangreiche Best-Practice-Beispiele zur Klimaberichterstattung und zur Szenarioanalyse enthalten.

5.2.2 Status quo der Klimaberichterstattung

Die PTF-CRR bescheinigt den Unternehmen im Einklang mit dem Statusbericht der TCFD vom Juni 2019[3], dass die Qualität der Klimaberichterstattung im Zeitablauf sukzessive gestiegen ist. Zugleich steht die Praxis noch vergleichsweise am Anfang, den Klimawandel in ihrer Berichterstattung umfassend und transparent zu würdigen. Besonders bei der Umsetzung der TCFD-Empfehlungen besteht großes Verbesserungspotenzial.

Die aktuelle Praxis der Klimaberichterstattung weist zahlreiche positive Ansätze bei den Angaben zu den implementierten Konzepten mit Zielen und Maßnahmen auf. Gravierende Schwächen erkennt die PTF-CRR bei der Berichterstattung über die Zielerreichung und konkrete Ergebnisse, die im Vergleich mit der Beschreibung der vorhandenen Konzepte deutlich zurückfällt. Dieser Befund steht im Einklang mit den Erkenntnissen einer breit angelegten Studie der Alliance for Corporate Transparency (2019) über die nichtfinanzielle Berichterstattung nach den Vorgaben der CSR-Richtlinie.[4] Ferner bemängelt die PTF-CRR den für die Risikoberichterstattung herangezogenen Beurteilungszeitraum. Dieser orientiert sich häufig am vergleichsweise kurzen Prognosehorizont von einem Jahr und vernachlässigt damit vor allem die mittel- und langfristigen Auswirkungen des Klimawandels.

Erhebliches Verbesserungspotenzial identifiziert die PTF-CRR bei der Verknüpfung einzelner Angaben sowie bei Aussagen zur Einbettung des Klimawandels in die Unternehmensführung, die strategische Planung und das Risikomanagement. Die Erhebung der PTF-CRR deutet darauf hin, dass die Pflichtangaben bislang häufig mehr im Sinne einer Compliance-Übung abgearbeitet werden, es dabei aber an einem durchgehenden roten Faden zwischen den einzelnen klimabezogenen Angaben und dem Geschäftsmodell mangelt. So bleiben die guten Ansätze weitestgehend Stückwerk. Insoweit kann auch kein Unternehmen identifiziert werden, welches das gesamte Spektrum der Klimaberichterstattung auf hohem Niveau abzudecken vermag. Die Berichterstattung büßt damit an Aussagekraft und Glaubwürdigkeit ein, und die Unternehmen vergeben das erhebliche Potenzial einer ganzheitlichen, transparenten Berichterstattung über die Widerstandsfähigkeit ihres Geschäftsmodells gegenüber Klimaeinflüssen und dessen Auswirkungen auf die Umwelt.

---

[2] Siehe www.fsb.org (Abruf: 22.04.2020).
[3] Siehe www.fsb-tcfd.org (Abruf: 22.04.2020), S. 7ff.
[4] Siehe www.allianceforcorporatetransparency. org (Abruf: 22.04.2020), S. 42 f

5.2.3 Klima-Szenarioanalysen: Herausforderung für die Praxis

Die Auswirkungen des Klimawandels auf die Geschäftsmodelle der Unternehmen sind vielfältig:

- physische Risiken,
- transitorische Risiken,
- neue Technologien,
- regulatorische Maßnahmen,
- Veränderungen im Markt und im Wettbewerb.

Die Dynamik hinter diesen Veränderungen ist im besonderen Maße abhängig vom zeitlichen Betrachtungshorizont. Vor allem mittel- und langfristig schaffen Klima- Szenarioanalysen Transparenz über die Risiken und Chancen dieser möglichen künftigen Veränderungen; sie liefern damit sowohl für die Berichtsadressaten als auch für die Ersteller entscheidungsrelevante Informationen über die möglichen finanziellen Auswirkungen der klimabezogenen Risiken und Chancen auf das Unternehmen und dessen Widerstandsfähigkeit gegenüber dem Klimawandel im Zeitablauf.

Derzeit enthält die CSR-Richtlinie[5] keine Pflicht zur Durchführung von Klima-Szenarioanalysen. Möglicherweise richtungsweisend für künftige Berichtspflichten auf EU-bzw. deutscher Ebene sehen die unverbindlichen Leitlinien der Kommission (mit einem Nachtrag zur klimabezogenen Berichterstattung) im Einklang mit den Empfehlungen der TCFD die Nutzung von Klima-Szenarioanalysen vor.[6] Auch der Sustainable-Finance-Beirat der Bundesregierung empfiehlt in seinem Zwischenbericht vom März 2020 die regelmäßige Durchführung von Szenarioanalysen und eine Berichterstattung nach den Empfehlungen der TCFD.[7]

Eine umfassende Szenarioanalyse erfordert die Verwendung komplexer datenintensiver Modelle, um Risiken und Chancen zu modellieren und in eine finanzielle Bewertung zu überführen. In der Berichtspraxis dominiert hingegen eine rein qualitative, häufig intransparente Beschreibung der verwendeten Szenarien sowie eine Modellierung von Risiken, die sich auf den Übergang in eine klimaneutrale Wirtschaft beschränken (Transitionsrisiken) und die physischen Auswirkungen des Klimawandels vernachlässigen. Verbesserungsbedarf besteht nach Ansicht der PTF-CRR daher vor allem bei der Offenlegung quantitativer Informationen zur Beurteilung der dargestellten Transitionsrisiken und bei der Berücksichtigung physischer Risiken.

---

[5]   Bis Ende 2020 wird ein Vorschlag für die Überarbeitung der CSR-Richtlinie erwartet.
[6]   Vgl. EU-Kommission, Leitlinien für die Berichterstattung über nichtfinanzielle Informationen: Nachtrag zur klimabezogenen Berichterstattung, ABl. EU Nr. C 209/1 vom 20.06.2019, Abschnitt 3.1.
[7]   Siehe https://sustainable-finance-beirat.de (Abruf: 22.04.2020), S. 19ff.

Das zentrale Problem für die Ersteller ist der Mangel an konsistenten und zuverlässigen Daten zur Erarbeitung einer ausreichenden Datengrundlage für die Szenarioanalyse. Unternehmen treffen daher häufig individuell vereinfachende Annahmen (z. B. über regulatorische Entwicklungen oder physische Risiken), was die Vergleichbarkeit der Analysen für die Berichtsadressaten erschwert. Auch scheuen viele Unternehmen auf dieser Datengrundlage die Veröffentlichung der quantitativen Auswirkungen des Klimawandels auf ihr Risikoprofil und ihre wichtigsten Finanzkennzahlen, obwohl gerade diese Information potenziell besonders relevant für Investoren sind. Daher bedarf es entsprechender Leitlinien zur Modellierung von Szenarien und der Weiterentwicklung von Basis-Szenarien mit dem Ziel, zunächst die Effektivität und Zuverlässigkeit der Szenarioanalyse zu erhöhen und sodann die Qualität und Vergleichbarkeit der Berichterstattung der Unternehmen zu verbessern.

5.2.4   Fazit

Im Kampf gegen den Klimawandel kommt dem EU-Finanzsektor eine entscheidende Rolle zu. Im Zuge dessen sehen sich auch die Unternehmen der Realwirtschaft erhöhten Informationsbedürfnissen gegenüber, die auf Dauer in verschärften Berichtspflichten münden können.

Die Empfehlungen der TCFD verfolgen einen ganzheitlichen Ansatz für die Berichterstattung, der vor allem auf die Verknüpfung von Unternehmensführung, Strategie, Risikomanagement und Leistungsindikatoren abzielt. Derzeit ähnelt die Klimaberichterstattung aber eher einer Compliance-Übung mit in Teilen durchaus ambitionierten Ansätzen, die allerdings noch keinen ganzheitlichen Einblick erlauben. Insoweit vergeben die Unternehmen erhebliches Potenzial einer transparenten und aussagekräftigen Berichterstattung über die Widerstandsfähigkeit ihres Geschäftsmodells gegenüber dem Klimawandel und den Auswirkungen der eigenen Geschäftstätigkeit auf das Klima. Unternehmen sollten sich der steigenden Erwartung an die Unternehmensberichterstattung daher bewusst(-er) werden und die Herausforderung „Klimaberichterstattung" annehmen. Es bleibt noch viel Luft nach oben.

WP StB Nina Schäfer, Frankfurt am Main

Dr. Martin W. Schönberger, Frankfurt am Main

(Quelle: Die Wirtschaftsprüfung, Heft 10/2020, Seite 549 ff. (Reihe „Green and more"))

5.3 IDW Positionspapier: Zukunft der nichtfinanziellen Berichterstattung und deren Prüfung

(Stand: 16.10.2020)

5.3.1 Vorbemerkungen

Die externe Unternehmensberichterstattung unterliegt aktuell einem tiefgreifenden Wandel, geprägt vor allem von den deutlich stärker artikulierten Interessen der Stakeholder: Stand über Jahrzehnte die „klassische" Finanzberichterstattung mit Fokus auf die Shareholder im Vordergrund, werden nunmehr verstärkt auch (zusätzliche) nichtfinanzielle Informationen – vor allem zu ESG-Aspekten – nachgefragt, die unterschiedlichsten Adressaten dienen, neben den Investoren also vor allem solchen Personengruppen, die (als Nicht-Gesellschafter) den externen Effekten der Unternehmen hinsichtlich Umweltbelastungen, Menschenrechten etc. ausgesetzt sind. Oft wird in diesem Zusammenhang von der **„Licence to Operate"** gesprochen, die nur transparent und nachhaltig wirtschaftenden Unternehmen von ihren Stakeholdern zugestanden wird.

Die Berichterstattung über die wirtschaftliche Lage der Unternehmen soll also um die direkten und indirekten Auswirkungen solcher Effekte auf das Unternehmen und dessen Umfeld erweitert werden. Der europäische Gesetzgeber hat auf diesen eindeutigen Paradigmenwechsel in einem ersten Schritt reagiert und bestimmten kapitalmarktorientierten Unternehmen sowie großen Finanzdienstlern mit dem CSR-Reporting zusätzliche nichtfinanzielle Berichtpflichten auferlegt. Eine zwingende inhaltlich-materielle Prüfung ist bisher nicht vorgesehen.

Die notwendige Fortentwicklung der Unternehmensberichterstattung fügt sich ein in die aktuellen europäischen Bestrebungen, gewaltige Finanzvolumina in nachhaltige Investitionen zu lenken („Sustainable Finance"). Auch hier stellen erweiterte Unternehmensinformationen einen notwendigen Baustein dar. Erste Ansätze sind dazu bereits in das EU-Recht u.a. im Rahmen der Taxonomie- Verordnung aufgenommen worden: Ab 2022 müssen Nicht-Finanzunternehmen, die zur CSR-Berichterstattung verpflichtet sind, z.B. den Anteil „grüner" Umsatzerlöse und Investitionen veröffentlichen.

Auf verschiedenen Ebenen zeigt sich nach den Erfahrungen der letzten Jahre und Monate, dass die bisherigen Maßnahmen des europäischen und nationalen Gesetzgebers nicht das letzte Wort sein können. Ein weitergehender Handlungsbedarf ist auch von den internationalen Institutionen erkannt worden, was bereits zu intensiven Diskussionen führt. Die Kritik macht sich vor allem an drei Ansatzpunkten fest:

1. Bemängelt wird zunächst die **fehlende (internationale) Vergleichbarkeit** des (meist qualitativen) CSR-Reporting. Die EU-Richtlinie enthält lediglich bestimmte Rahmenvorgaben. Diese werden zwar durch unverbindliche Leitlinien der EU-Kom-

mission ergänzt, allerdings erreicht die Vergleichbarkeit des CSR-Reporting in der europäischen und internationalen Praxis keinesfalls den Grad der Vergleichbarkeit der Finanzberichterstattung. Dieses Problem wird verstärkt durch die (mögliche) Nutzung unterschiedlicher globaler Rahmenwerke der nichtfinanziellen Berichterstattung. Damit stellt sich unmittelbar die Frage einer stärkeren **Standardisierung** in diesem Bereich.

2. Auch wenn es schon seit Längerem Bestrebungen einer **integrierten Berichterstattung** gibt, muss konstatiert werden, dass nach der bisherigen europäischen Konzeption und deren praktischer Umsetzung finanzielle und nichtfinanzielle Informationen weitgehend unverbunden (zumindest ohne gemeinsames Rahmen- und Bewertungskonzept) dargestellt werden. Da die wirtschaftliche Lage der Unternehmen (erweitert um zusätzliche Stakeholder-Auswirkungen) vermittelt werden soll, kann letztlich nur eine weitergehende integrierte Berichterstattung zielführend sein. Damit wird eine erhebliche Weiterentwicklung des bisherigen konzeptionellen Rahmens notwendig.

3. Die **obligatorische Prüfung** der finanziellen Berichterstattung der Unternehmen ist ein festes und etabliertes Institut funktionierender Kapitalmärkte. Regulatoren und Adressaten erkennen an, dass ohne Vertrauen in die finanzielle Berichterstattung keine effiziente Kapital- und Güterallokation (z.B. Investments) in offenen Märkten möglich ist. Die externe Prüfung durch einen unabhängigen Wirtschaftsprüfer stellt dieses Vertrauen sicher. Die nichtfinanzielle Berichterstattung dient aber ebenfalls der Information der Stakeholder des Unternehmens, damit diese auf dieser Grundlage Entscheidungen über die Allokation von Kapital und „Gütern" treffen können (z.B. Konsumentenverhalten, Arbeitsplatzwahl etc.). Damit stellt sich unmittelbar die Frage einer Prüfungspflicht für die nichtfinanziellen Informationen mit der gleichen Reichweite und Urteilssicherheit wie bei der Finanzberichterstattung.

Im Folgenden wird die Positionierung des IDW zu den drei aufgeworfenen Ansatzpunkten dargestellt und ein kurzer Ausblick gegeben.

Das Positionspapier bezieht sich insbesondere auf die Zukunft des ESG-Reporting von kapitalmarktorientierten Unternehmen, die aktuell von der CSR-Richtlinie erfasst werden. Um dem steigenden Bedarf nach nichtfinanziellen Informationen gerecht zu werden, unterstützt das IDW grundsätzlich eine maßvolle und schrittweise Ausweitung des Kreises der berichtspflichtigen Unternehmen. Eine unmittelbare und vollständige Übertragung der weitreichenden Anforderungen für große kapitalmarktorientierte Unternehmen auf kleinere und mittlere Unternehmen scheint nicht zielführend.

5.3.2   Weitergehende Standardisierung der nichtfinanziellen Berichterstattung

Unbestritten dienen international standardisierte (und damit vergleichbare) Berichtsnormen der Effizienz internationaler Kapitalmärkte. Aus diesem Grund hat die EU auch die IFRS als Berichtsnorm für kapitalmarktorientierte Unternehmen in der Union festgelegt.

Da hinsichtlich der nichtfinanziellen Aspekte vergleichbare Informationsbedürfnisse der Adressaten bestehen, ist es naheliegend, hier ebenfalls auf einen **internationalen Berichtsstandard mit breiter Akzeptanz** zu setzen. Ein solcher existiert allerdings hinsichtlich der erforderlichen Präzisierung und eines ganzheitlichen Ansatzes noch nicht (vgl. Abschn. 3). Keines der von vielen NGO angebotenen Rahmenwerke kann bislang auf eine durchgehende internationale Akzeptanz verweisen. Auch existiert aktuell kein Gremium, welches (als Standardsetter) die notwendige breite Akzeptanz genießt. Der International Accounting Standards Board (IASB) hatte sich in der Vergangenheit zurückhaltend zu einem Standardsetting in diesem Bereich geäußert, allerdings gibt es zwischenzeitlich deutliche Zeichen einer Öffnung (dazu später mehr). **Idealerweise wäre möglichst schnell eine Standardsetting- Struktur auf internationaler Ebene zu schaffen.**

Hinweis:

Das IDW folgt hier grundsätzlich der im Cogito-Paper „Interconnected Standard Setting For Corporate Reporting" von Accountancy Europe (AcE) aufgeworfenen Position. AcE untersucht darin verschiedene Ansätze (unter denen auch eine europäische Lösung ist), präferiert zutreffend aber eine internationale Lösung unter dem Dach der bisherigen IFRS-Stiftung unter Etablierung eines Boards für Nachhaltigkeitsberichterstattung neben dem IASB. Dazu würden die vorhandenen Steuerungs- und Aufsichtsgremien bei der Stiftung mit erweitertem Know-how und erweiterten Rechten ausgestattet.

Aktuell ist eine Initiative bekannt geworden, die ggf. die Schaffung eines internationalen Standardsetters beschleunigt: Am 11. September 2020 haben fünf führende Organisationen (NGO), die bisher schon Rahmenwerke, Standards, Plattformen etc. für die Nachhaltigkeitsberichterstattung angeboten haben, eine gemeinsame Vorgehensweise zur Schaffung einer einheitlichen und umfassenden Lösung vorgeschlagen. Beteiligt sind CDP, eine Plattform zur Veröffentlichung von Umweltinformationen, das Climate Disclosure Standards Board (CDSB), die Global Reporting Initiative (GRI), deren Standards bisher die meiste Verwendung in der Nachhaltigkeitsberichterstattung finden, das International Integrated Reporting Council (IIRC) und das Sustainability Accounting Standards Board (SASB), welches Industriespezifische Standards anbietet. Der Zusammenschluss dieser Organisationen wurde u.a. vom World Economic Forum (WEF) gefördert. Von besonderer Bedeutung ist, dass diese Initiative unmittelbar die Anbindung an die Finanzberichterstattung (IFRS, US-GAAP) sucht und damit die oben präferierte Lösung aufgreift.

Die International Federation of Accountants (IFAC) als internationale Organisation der Wirtschaftsprüfer hat zeitgleich unmittelbar zur Etablierung eines neuen Standardsetters bei der IFRS-Stiftung aufgerufen, in dessen Entwicklung auch die International Organization of Securities Commissions (IOSCO) als globale Organisation der Börsenaufsichten einbezogen werden sollte. Nach den Vorstellungen der IFAC soll der neue Standardsetter mit den fünf zuvor genannten Organisationen zusammenarbeiten. Zwischenzeitlich haben die Treuhänder der IFRS-Stiftung ein Konsultationspapier veröffentlicht, um den Bedarf an globalen Nachhaltigkeitsstandards zu ermitteln und zu prüfen, welche Rolle die Stiftung bei der Entwicklung solcher Standards spielen könnte. In diesem Papier wird ebenfalls vorgeschlagen, das Standardsetting zur Nachhaltigkeitsberichterstattung in einem Sustainability Standards Board neben dem IASB unter dem eigenen Dach der Stiftung zu übernehmen.

Im Unterschied zu dem internationalen Ansatz prüft die EU als wesentlicher (supranationaler) Treiber mit Rechtssetzungskompetenz zurzeit eine mögliche Entwicklung eines **Berichtsstandards auf europäischer Ebene**. Die EU-Kommission hat hierzu die European Financial Reporting Advisory Group (EFRAG) darum gebeten, erste vorbereitende Prüfungen vorzunehmen und Empfehlungen zu erarbeiten. Die konkrete Umsetzung bedürfte europäischer Rechtsakte. Inwieweit hier die Rahmenwerke etc. der bisherigen Standardsetter (z.B. IIRC, GRI) berücksichtigt werden, scheint offen. Ebenso bleibt abzuwarten, wie die EU auf die zuvor dargestellten Initiativen, insbesondere der Treuhänder der IFRS-Stiftung, reagieren wird.

i

Hinweis:

Sofern die Etablierung weltweiter Standards unter dem Dach der IFRS-Stiftung nicht in einem vertretbaren Zeitrahmen realisiert werden kann, sieht es das IDW als gangbaren **Zwischenschritt** an, zunächst eine Lösung auf europäischer Ebene unter Nutzung existierender Berichtswerke und mit der Möglichkeit zur Übernahme einer späteren globalen Lösung zu entwickeln. Die Suche nach einem Ideal-Modell darf nicht der „Show-Stopper" für die dringend notwendige Fortentwicklung sein.

Im Idealfall könnte ein europäischer Standard auch als Startpunkt für einen internationalen Standard dienen. Analog zum heutigen Übernahmeprozess der IFRS ist dann eine Einbeziehung in den europäischen Endorsement-Prozess erforderlich.

Das IDW wird die Entwicklungen eng begleiten und sich aktiv in die Diskussionen einbringen, um soweit als möglich zu einer einheitlichen und effizienten Lösung beizutragen.

5.3.3   Fortentwicklung zur integrierten Unternehmensberichterstattung

Mit dem Ziel, die wirtschaftliche Lage von Unternehmen ganzheitlich zu vermitteln, muss die bisherige Konzeption der Rechnungslegung zu einer integrierten Berichterstattung fortentwickelt werden. Die Berichterstattung würde damit sowohl finanzielle als auch nichtfinanzielle Informationen umfassen. Der Status Quo kann also (ebenfalls) nur als Zwischenschritt akzeptiert werden. Idealerweise widmet sich die Erarbeitung eines internationalen nichtfinanziellen Berichtsstandards von Beginn an einer solchen integrierten Lösung. Da dies erhebliche Zeit erfordern würde, wäre ggf. auch eine Übergangslösung denkbar, die das bisherige CSR-Reporting fortentwickelt und konkretisiert. Hier könnte z.B. auf die ESG-Kenngrößen des World Economic Forum zurückgegriffen werden, die zusammen mit den großen Prüfungsgesellschaften entwickelt worden sind. Gleiches gilt für die Empfehlungen der TFCD. **Zeitnah sollte sichergestellt werden, dass die Berichterstattung über nichtfinanzielle Aspekte als Teil des Lageberichtes anzusehen ist und weder räumlich noch zeitlich abweichend präsentiert werden kann.** Dies entspricht auch dem Charakter der nichtfinanziellen Informationen, die zumindest zu einem späteren Zeitpunkt auch finanzielle Konsequenzen für ein Unternehmen haben können (z.B. durch Reaktionen von Konsumenten, Kapitalgebern etc.) und daher auch als sog. „Pre-Financials" bezeichnet werden.

Damit ist aber auch der Weg für eine tiefgreifende Weiterentwicklung der externen Berichterstattung vorgezeichnet: Wesentliches Ziel der externen Rechnungslegung ist – stark zusammengefasst – die vergleichbare Information über den Unternehmenserfolg und seine Zusammensetzung in einer abgelaufenen Berichtsperiode (Vergangenheitsbezug) sowie über die Möglichkeit, in künftigen Berichtsperioden Erfolge zu erzielen (Zukunftsbezug). Gerade letzteres hat in letzter Zeit an Bedeutung gewonnen. Insofern ist es naheliegend, die bisher nichtfinanziellen Aspekte ebenfalls in monetäre Größen zu überführen und damit eine **„Gesamterfolgsrechnung"** zu ermöglichen, die sowohl zur Messung der Zielerreichung als auch zur Beurteilung des Zukunftserfolges herangezogen werden kann. Eine solche Fortentwicklung scheint auf den ersten Blick schwierig, allerdings sollte bedacht werden, dass die gesamte Historie der externen Berichterstattung auf dem Erkennen neuer relevanter Sachverhalte und deren Bewertung für Zwecke der Einbeziehung in die Rechnungslegung besteht. Zudem bestehen bereits heute verschiedene Methoden und Datenquellen, die eine entsprechende Bewertung (bisher!) nichtfinanzieller Aspekte für Zwecke der Rechnungslegung erlauben.

Das IDW unterstützt daher die Maßnahmen der EU-Kommission zur Entwicklung eines neuen einheitlichen Standards zur Messung und monetären Bewertung von ESG-Auswirkungen von Unternehmen (**„Green Accounting Principles"**). Die Kommission hat dazu u.a. die Value Balancing Alliance (VBA) mandatiert, die explizit einen solchen Ansatz verfolgt. Den Ansatz in die Governance- Struktur und Prozess-Organisation der Unternehmen zu integrieren („Integrated Thinking"), ist dann natürlich zunächst die Aufgabe von Management und Aufsichtsrat.

5.3.4   Prüfung der nichtfinanziellen Berichterstattung

Berichtsadressaten müssen ihre Entscheidungen auf die veröffentlichten Unternehmensberichte stützen können. Das IDW setzt sich daher für eine obligatorische Prüfung sowohl der finanziellen also auch der nichtfinanziellen Informationen ein. Neben den schon bislang mit hinreichender Sicherheit durch Wirtschaftsprüfer zu prüfenden finanziellen Informationen sind daher nach Auffassung des IDW auch die nichtfinanziellen Informationen mit hinreichender Sicherheit zu prüfen. Lediglich in einer überschaubaren Übergangsphase sollten auch Prüfungen der nichtfinanziellen Informationen mit beschränkter Sicherheit zulässig sein. Ein sachgerecht fortentwickelter internationaler bzw. – sofern als Zwischenschritt notwendig – europäischer Berichtsstandard für nichtfinanzielle Informationen (später für eine vollumfänglich integrierte Berichterstattung) könnte dabei geeignete Kriterien für eine obligatorische externe Prüfung darstellen.

Unzweifelhaft verlangt die Prüfung nichtfinanzieller Informationen spezifisches Know-how. Dies entspricht allerdings auch der bisherigen Situation, da bestimmte Prüfungssachverhalte immer schon ein spezifisches Know-how vorausgesetzt haben (z.B. hinsichtlich Altersversorgung) und die Wirtschaftsprüfungsgesellschaften dieses aus diesem Grund auch vorhalten.

Weiterhin ist die Prüfung nichtfinanzieller Informationen (vor allem auf der Grundlage des ISAE 3000 (Rev.)) nicht neu, da die Lageberichterstattung schon heute nichtfinanzielle Informationen enthält, die sich auch nicht unmittelbar aus der konventionellen Buchführung ableiten lassen. Wirtschaftsprüfer verfügen also schon seit langem über eine entsprechende Prüfungsmethodik, die sich in Deutschland beispielsweise in der neuen Fassung von *IDW PS 350* als relevantem Prüfungsstandard zur Prüfung des Lageberichts manifestiert. Darin enthalten ist auch die Prüfung prognostischer Informationen. Zudem erfolgen bereits heute Prüfungen mit hinreichender Sicherheit von (separaten) Nachhaltigkeitsberichten durch Wirtschaftsprüfer. Auch für die Prüfung von Risikomanagementsystemen verfügen die Wirtschaftsprüfer über das geeignete Instrumentarium. Ferner unterliegen die Wirtschaftsprüfer im Unterschied zu anderen Berufsgruppen strengen Berufsgrundsätzen (etwa zur Unabhängigkeit und zur Qualitätssicherung). Insofern plädiert das IDW auch für eine einheitliche Prüfung der gesamten Berichterstattung durch einen Wirtschaftsprüfer. Bei einer fortschreitenden Integration finanzieller wie nichtfinanzieller Informationen lässt sich eine Prüfung relevanter Informationselemente durch unterschiedliche Instanzen ohnehin nicht rechtfertigen. Zudem kennen Wirtschaftsprüfer aus der Abschlussprüfung unternehmensspezifische Systeme, Prozesse und Risiken. Diese Erkenntnisse nutzen sie bei der Prüfung von nichtfinanziellen Informationen.

Selbstverständlich verlangt eine erweiterte und integrierte Berichterstattung auch die Implementierung neuer Systeme und Prozesse, inklusive interner Kontrollen, in den Unternehmen. Diese sind unmittelbar Gegenstand des geschilderten Prüfungsvorgehens. Die Schaffung dieser Voraussetzungen verlangt Know-how und Zeit. Zusammen mit Stakeholdern und Unternehmen sind Wirtschaftsprüfer aber gerüstet und bereit, diesen Weg zu gehen.

5.3.5   Fazit und Ausblick

Eine dem Informationsbedarf unterschiedlicher Stakeholder genügende, vergleichbare und vertrauenswürdige externe Berichterstattung ist notwendig und erreichbar. Eine Fortentwicklung der Rechnungslegung hin zu einer vollständig integrierten Berichterstattung ist dabei durchaus möglich. Eine entsprechende Prüfungspflicht würde ein umfassendes und verlässliches Modell im Sinne „erweiterter Marktinformationen" darstellen. Eine Ausdehnung des Kreises der Berichtspflichtigen sollte mittelfristig sorgfältig erwogen werden. Voraussetzung ist die Skalierbarkeit der Regelungen und die „Anschlussfähigkeit" auch an die EU-Bilanzrichtlinie bzw. die nationalen Vorschriften (HGB etc.).

Das IDW unterstützt diesen Weg ausdrücklich!

Kapitel 6: Prüfung nichtfinanzieller Berichte

Eine inhaltliche Prüfungspflicht der nichtfinanziellen Erklärung oder der übrigen Nachhaltigkeitsberichterstattung durch den Wirtschaftsprüfer gibt es in Deutschland bisher nicht. Durch § 171 Abs. 1 Satz 4 HGB wird vielmehr der Aufsichtsrat zur inhaltlichen Prüfung der nichtfinanziellen Erklärung bzw. des nichtfinanziellen Berichts verpflichtet. Der Aufsichtsrat muss die Prüfung selbst vornehmen und darf sie nicht vollständig auf den Prüfungsausschuss übertragen. Eine vorbereitende Prüfung durch den Prüfungsausschuss ist zwar zulässig, die ungeprüfte Verwendung ihrer Ergebnisse durch den Aufsichtsrat aber nicht. Der Aufsichtsrat muss die Ordnungsmäßigkeit und die Zweckmäßigkeit der nichtfinanziellen Berichterstattung prüfen. Dies stellt ihn vor neue Herausforderungen.

Der Abschlussprüfer muss prüfen, ob die Erklärung bzw. der Bericht fristgerecht vorgelegt wurden. Wurde die nichtfinanzielle Erklärung bzw. der nichtfinanzielle Bericht durch einen Wirtschaftsprüfer geprüft, so ist das Prüfungsurteil gemäß § 289b HGB zusammen mit der nichtfinanziellen Berichterstattung zu veröffentlichen.

In der Praxis gewinnt die freiwillige Beauftragung eines Wirtschaftsprüfers zur Prüfung der gesamten Nachhaltigkeitsberichterstattung oder von Teilen daraus an Bedeutung, ein Großteil der nichtfinanziellen Erklärungen wird bereits durch die Abschlussprüfer inhaltlich geprüft. Dies hat gute Gründe, wie beispielsweise:

- Erlangung von Prüfungssicherheit für den Aufsichtsrat, sodass er wie beim Jahresabschluss und übrigen Lagebericht das fundierte Urteil des Abschlussprüfers als Grundlage seiner Prüfungstätigkeit nutzen kann
- Wettbewerbsvorteil gegenüber Unternehmen, die keine geprüften Nachhaltigkeitsinformationen vorlegen
- Höhere Glaubwürdigkeit gegenüber Kunden, Anteilseignern, Analysten, Mitarbeitern, NGOs, Lieferanten und übrigen Stakeholdern
- Verbesserung der Kommunikation
- Stärkung der Reputation der Marke
- Akquisitionsvorteile bezüglich Bestands- und neuen Kunden
- Einbeziehung in die Lieferkette bei Bestands- und Neukunden
- Bevorzugung oder zumindest Vermeidung von Nachteilen bei Teilnahme an Ausschreibungen
- Erhöhte Attraktivität als Arbeitgeber
- Steigerung der Marktkapitalisierung
- Fundierte Unterstützung der Unternehmensführung bei Selbstvergewisserung über die Ordnungsmäßigkeit des nachhaltigen Engagements
- Vorschläge zur Verbesserung der internen Prozesse
- Anregungen zur Verankerung von Nachhaltigkeit in der Corporate Governance

Die Prüfungen erfolgen in der Regel als Aufträge mit begrenzter Prüfungssicherheit, denn solange die Prüfung nichtfinanzieller Erklärungen und von Berichten im Bereich der Nachhaltigkeit auf Basis freiwilliger Beauftragungen erfolgt, können Prüfungsumfang und die zugrunde liegenden Prüfungsstandards frei vereinbart werden.

Das IDW unterstützt die Arbeiten des Berufsstands durch den im Herbst 2020 herausgegebenen IDW Prüfungshinweis (PH) 9.350.2, der sowohl die Verantwortlichkeiten der gesetzlichen Vertreter und des Abschlussprüfers voneinander abgrenzt als auch die Auswirkungen auf den Bestätigungsvermerk beleuchtet. Formulierungsvorschläge für den Bestätigungsvermerk runden den Prüfungshinweis ab. Hilfestellungen zur Prüfung und Herstellung der Prüfungsbereitschaft im Unternehmen aus Sicht von Praktikern gibt der Wegweiser Nachhaltigkeit.[1]

Wird die nichtfinanzielle Erklärung nicht inhaltlich geprüft, so ist sie als sonstige Information im Sinne von ISA [DE] 720 (Rev.) einzustufen. Der Abschlussprüfer ist verpflichtet, die sonstigen Informationen zu lesen und zu würdigen sowie im Prüfungsvermerk über sie zu berichten. Die Anwendung des ISA [DE] 720 (Rev.) auf die nichtfinanzielle Erklärung wird im IDW PH 9.350.2 erläutert. Die in diesem Band enthaltene Visualisierung des ISA [DE] 720 (Rev.) zeigt die Verantwortlichkeiten des Abschlussprüfers im Zusammenhang mit der inhaltlich nicht geprüften nichtfinanziellen Erklärung auf.

Eine besondere Herausforderung bei der Prüfung von Nachhaltigkeitsinformationen stellen die unterschiedlichen Wesentlichkeitsdefinitionen des Wirtschaftsprüfer-Berufsstands einerseits und der „Nachhaltigkeits-Fachwelt" auf der anderen Seite dar. Dies bezeichnet man auch als doppelte Wesentlichkeit.

Während für nichtfinanzielle Erklärungen als Teil des Lageberichts die Wesentlichkeitsdefinition der Abschlussprüfung greift, ist bei der inhaltlichen Prüfung die Definition der ökologischen und sozialen Wesentlichkeit anzuwenden. Der Hauptunterschied besteht darin, dass die finanzielle Wesentlichkeit die Auswirkungen auf das Unternehmen betrachtet, während für die ökologische und soziale Wesentlichkeit die Auswirkungen der Unternehmenstätigkeit auf Umwelt und Gesellschaft relevant sind. Die EU-Leitlinien zur klimabezogenen Berichterstattung[2] stellen dies in der folgenden Abbildung sehr anschaulich dar.

---

[1]   Vgl. Völker-Lehmkuhl/Reisinger: Wegweiser Nachhaltigkeit.
[2]   Vgl. EU-Kommission, Mitteilung der Kommission 2019.

FINANZIELLE WESENTLICHKEIT

In dem für das Verständnis des Geschäftsverlaufs, des Geschäftsergebnisses und der Lage des Unternehmens erforderlichen Umfang...

Auswirkungen des Klimawandels auf das Unternehmen

UNTERNEHMEN   KLIMA

Die klimatischen Auswirkungen des Unternehmens können finanziell wesentlich sein

Primäre Zielgruppe:
ANLEGER

ÖKOLOGISCHE UND SOZIALE WESENTLICHKEIT

... und Auswirkungen der Tätigkeiten

Auswirkungen des Unternehmens auf das Klima

UNTERNEHMEN   KLIMA

Primäre Zielgruppe:
VERBRAUCHERINNEN UND VERBRAUCHER, ZIVILGESELLSCHAFT, BESCHÄFTIGTE, ANLEGER

EMPFEHLUNGEN DER TASK FORCE „KLIMABEZOGENE FINANZINFORMATIONEN"

RICHTLINIE ÜBER DIE OFFENLEGUNG NICHTFINANZIELLER INFORMATIONEN

* Der Begriff der finanziellen Wesentlichkeit wird hier im allgemeinen Sinne einer Beeinflussung des Unternehmenswerts und nicht nur im Sinne einer Beeinflussung der im Jahresabschluss angesetzten finanziellen Messgrößen verwendet.

Abb. 1 Perspektiven der Wesentlichkeit (Quelle: EU).[3]

WP StB Katharina Völker-Lehmkuhl, Heiligenhaus

[3] Quelle: EU-Kommission, Mitteilung der Kommission 2019.

6.1 Green and more: CSR-Sachverstand im Aufsichtsrat

Müssen Unternehmen eine nichtfinanzielle (Konzern-)Erklärung bzw. einen gesonderten nichtfinanziellen (Konzern-) Bericht nach §§ 289b bis 289e HGB und §§ 315b und 315c HGB aufstellen, hat der Aufsichtsrat nach § 171 Abs. 1 Satz 1 und Satz 4 AktG die nichtfinanzielle (Konzern-)Erklärung bzw. den gesonderten nichtfinanziellen (Konzern-)Bericht inhaltlich zu prüfen. Die Erfüllung dieser Aufgabe setzt eine Expertise des Aufsichtsrats über ökologische und soziale Zusammenhänge sowie deren unternehmensindividuellen Auswirkungen voraus.

6.1.1 Einleitung

Die persönlichen Voraussetzungen für Mitglieder des Aufsichtsrats kapitalmarktorientierter Unternehmen i. S. von § 264d HGB sowie bestimmter Kreditinstitute und Versicherungsunternehmen werden vom Gesetzgeber in § 100 AktG geregelt. Nach § 100 Abs. 5 AktG muss der Aufsichtsrat mindestens mit einem Mitglied besetzt sein, das über Sachverstand auf dem Gebiet der Rechnungslegung oder Abschlussprüfung verfügt. Sofern nach § 107 Abs. 3 Satz 2 AktG ein Prüfungsausschuss eingerichtet wurde, muss für diesen nach § 107 Abs. 4 AktG diese Voraussetzung entsprechend erfüllt sein.

Die persönliche Voraussetzung für Aufsichtsratsmitglieder wurde durch das BilMoG (2009), das die Abschlussprüferrichtline 2006/43/EG[1] in nationales Recht umsetzte, kodifiziert. Die Abschlussprüferrichtlinie verweist dabei auf eine Empfehlung der EU-Kommission vom Februar 2005 zu den Aufgaben von Aufsichtsratsmitgliedern börsennotierter Gesellschaften[2], die u. a. den notwendigen Sachverstand des Aufsichtsrats betont.[3] Ein Erwägungsgrund dieser Empfehlung führt die Wiederherstellung des Vertrauens in die Finanzmärkte nach mehreren Bilanzskandalen an und betont die besondere Wichtigkeit der Aufsicht über Vorstandsmitglieder.[4] Ein gründlicher Sachverstand von Aufsichtsräten wird dabei als unabdingbare Voraussetzung angesehen.[5]

6.1.2 Aufgaben des Aufsichtsrats

Eine zentrale Aufgabe des Aufsichtsrats besteht nach § 111 Abs. 1 AktG in der Überwachung des Vorstands, nach dem DCGK zusätzlich in dessen Beratung.[6]

---

[1] Richtlinie 2006/43/EG vom 17.05.2006, ABl. EU Nr. L 157/87 vom 09.06.2006.
[2] EU-Kommission, Empfehlung vom 15.02. 2005, ABl. EU Nr. L 52/51 vom 25.02.2005.
[3] EU-Kommission, a.a.O. (Fn. 3), Rn. 11.1 f.
[4] EU-Kommission, a.a.O. (Fn. 3), Erwägungsgrund (3).
[5] EU-Kommission, a.a.O. (Fn. 3), Erwägungsgrund (15) f.
[6] DCGK i. d. F. vom 16.12.2019, BAnz vom 20.03.2020, Grundsatz 6.

Ein wesentlicher Teil der Aufgabe ist gemäß § 171 Abs. 1 Satz 1 AktG die inhaltliche Prüfung der Rechnungslegung des Unternehmens (Jahres- und Konzernabschluss sowie (Konzern-)Lagebericht), wozu nach § 171 Abs. 1 Satz 1 und Satz 4 AktG auch die nichtfinanzielle (Konzern-)Erklärung im (Konzern-)Lagebericht oder der gesonderte nichtfinanzielle (Konzern-)Bericht[7] zählt.

Getreu dem Motto „Ignorantia non excusat" kann eine wirksame Prüfung der Finanzberichterstattung – ungeachtet gesetzlicher Vorgaben – stets nur mit vorhandenem Sachverstand erfolgen. Nichts anderes kann für die Prüfung nichtfinanzieller Erklärungen gelten.

Dieses Erfordernis besteht umso mehr, da im Gegensatz zur Finanzberichterstattung, bei deren Prüfung der Aufsichtsrat vom Abschlussprüfer unterstützt wird, das HGB keine Pflicht zur inhaltlichen Prüfung der nichtfinanziellen Erklärung durch den Abschlussprüfer vorsieht. Eine derartige Pflicht obliegt allein dem Aufsichtsrat.

Der Aufsichtsrat kann sich z. B. durch eine freiwillige Beauftragung zur Prüfung der nichtfinanziellen Erklärung auf das Prüfungsergebnis eines externen Dienstleisters stützen. Wenn aber de lege lata für die Prüfung der Finanzberichterstattung das Erfordernis eines sachkundigen Aufsichtsrats besteht, obwohl sich dieser regelmäßig auf das Ergebnis einer gesetzlich vorgeschriebenen externen Prüfung stützen kann, muss dieses Erfordernis umso mehr für Fälle gelten, in denen der Aufsichtsrat – vorbehaltlich einer Beauftragung zur Prüfung durch einen externen Dienstleister – auf sich allein gestellt ist. Zudem ist beachtlich, dass etwaige freiwillig beauftragte Prüfungen der nichtfinanziellen Erklärung in der Praxis durch externe Dienstleister – i.d.R. durch Wirtschaftsprüfer – in weit überwiegendem Ausmaß nicht mit hinreichender Sicherheit für das Prüfungsurteil (wie bei der Prüfung der Finanzberichterstattung), sondern mit begrenzter Sicherheit für das Prüfungsurteil erfolgen.

6.1.3 Vielfältige Herausforderungen für den Aufsichtsrat

Die damit zusammenhängenden Herausforderungen können beträchtlich sein. Für viele Aufsichtsräte bestehen bei der Prüfung des breiten Spektrums von Berichtsanforderungen zu Umwelt-, Arbeitnehmer- und Sozialbelangen, zur Achtung der Menschenrechte und zur Bekämpfung von Korruption und Bestechung[8] in nichtfinanziellen Erklärungen erhebliche Hürden u. a. durch die Art der geforderten Informationen, die Vielzahl und Komplexität von Rahmenwerken zur nichtfinanziellen Unternehmensberichterstattung und die rasanten Entwicklungen im CSRBereich. Eine Änderung der dem CSR-Richtline-Umsetzungsgesetz (CSR-RL-UmsG) zugrunde liegenden Richtlinie 2014/95/EU soll bereits Ende 2020 erfolgen. Zudem wurde z. B. die Taxonomie-Verordnung mit weite-

---

[7]   Nachfolgend: „nichtfinanzielle Erklärung".
[8]   Auch als „nichtfinanzielle Aspekte" bezeichnet.

ren nichtfinanziellen Berichtserfordernissen bereits am 18.06.2020 auf EU-Ebene verabschiedet.[9]

So unterscheiden sich die zur Aufstellung einer nichtfinanziellen Erklärung erforderlichen Informationen erheblich von denen der Finanzberichterstattung. Neben einem grundsätzlich anderen inhaltlichen Schwerpunkt auf ökologischen und sozialen Themen liegt der Fokus bei der nichtfinanziellen Erklärung auf den Auswirkungen des unternehmerischen Handelns auf die nichtfinanziellen Aspekte. Dieser Unterschied wird besonders bei der Betrachtung der Risiken deutlich. Die Beschreibung von Risiken im (Konzern-)Lagebericht gemäß § 289 Abs. 1 Satz 4 HGB und § 315 Abs. 1 Satz 4 HGB stellt auf die wirtschaftlichen Auswirkungen auf das Unternehmen ab, wohingegen in der nichtfinanziellen Erklärung solche Risiken darzustellen sind, die sich aus der Geschäftstätigkeit des Unternehmens sowie aus dessen Geschäftsbeziehungen oder Produkten/Dienstleistungen ergeben und die sich auch auf die nichtfinanziellen Aspekte – etwa Umwelt- und Arbeitnehmerbelange – auswirken.

Bei der Beschreibung der Risiken fällt auch die Unterscheidung des Zeithorizonts ins Gewicht. Während sich in der Finanzberichterstattung Risiken auf einen eher kurzfristigen Zeitraum von grundsätzlich nur einem Jahr[10] beziehen, können berichtpflichtige Risiken in Bezug auf nichtfinanzielle Aspekte auf sehr viel längere Zeiträume, u.U. von mehreren Jahrzehnten, wirken, etwa im Falle des Klimawandels oder des unumkehrbaren Verlusts an Biodiversität.

Neben der Darstellung unterschiedlichster Leistungskennzahlen – z. B. für (in-)direkte CO_2-Emissionen oder Verletzungsraten – ist die nichtfinanzielle Erklärung auch stark von qualitativen Inhalten geprägt. Teils fehlende oder mangelhafte IKS zur Erhebung von Leistungskennzahlen mit Nachhaltigkeitsbezug machen Kennzahlen etwa zum Abfallaufkommen oder zur Zahl an menschenrechtlichen Vorfällen unter Einbeziehung der Lieferkette einerseits fehleranfällig. Andererseits benötigen Aufsichtsräte ein breites Fachwissen, wenn es darum geht, quantitative und qualitative Sachverhalte zu den verschiedenen nichtfinanziellen Aspekten inhaltlich zu prüfen. Ein fundiertes Fachwissen ist ferner nötig, um die unternehmensindividuelle Festlegung wesentlicher und damit berichtspflichtiger Sachverhalte abschätzen zu können. Gleiches gilt, um die Angemessenheit von Zielen sowie die Effektivität von Maßnahmen (samt Ausmaß bzw. Inhalt und Zeitbezug), die im Rahmen der nichtfinanziellen Erklärung in Bezug auf jeden wesentlichen nichtfinanziellen Aspekt darzustellen sind[11], verlässlich beurteilen zu können.

---

[9]   Verordnung (EU) 2020/852 vom 18.06.2020, ABl. EU Nr. L 198/13 vom 22.06.2020.

[10]   DRS 20.156; Grottel, in: Beck Bil-Komm., 12. Aufl., München 2020, § 315 HGB, Tz. 144.

[11]   DRS 20.265ff.

Für die Aufstellung der nichtfinanziellen Erklärung sieht § 289d HGB die Möglichkeit zur Nutzung eines Rahmenwerks vor. Entsprechend häufig werden Rahmenwerke – teils auch mehrere – zur Aufstellung der nichtfinanziellen Erklärung genutzt[12]. Die Vielzahl und mitunter Komplexität solcher Rahmenwerke, die ihrerseits aber nicht vollständig den Anforderungen in §§ 289b bis 289e HGB und §§ 315b und 315c HGB entsprechen – z. B. das Rahmenwerk der GRI, die Prinzipien des UN Global Compact, die Prinzipien von AccountAbility oder der Kodex des Rats für nachhaltige Entwicklung –, stellen Aufsichtsräte vor große Herausforderungen bei der Würdigung von Auswahl und Anwendung.

Darüber hinaus sind die sich rasant entwickelnden politischen und gesellschaftlichen Rahmenbedingungen im CSR-Bereich für den Aufsichtsrat beachtlich. Mit der Verabschiedung großer Meilensteine – z.B. der Millennium Development Goals im September 2000[13], der darauf aufbauenden Sustainable Development Goals im Jahr 2015[14] sowie des Pariser Klimaschutzabkommens im Dezember 2015[15] – haben sich die UN auf das Ziel einer nachhaltigen Entwicklung verständigt. Diverse Leitlinien der UN (z.B. Leitprinzipien für Wirtschaft und Menschenrechte[16]) unterstreichen diese Entwicklung. Auch auf EU-Ebene wird das Thema Nachhaltigkeit – vor allem mit dem Aktionsplan zur Finanzierung nachhaltigen Wachstums[17] und dem European Green Deal[18] – vorangetrieben. Für Deutschland ist neben dem CSR-RLUmsG beispielhaft der Nationale Aktionsplan „Wirtschaft und Menschenrechte"[19] zu nennen, auf dessen Grundlage in naher Zukunft ggf. weitere regulatorische Maßnahmen im Hinblick auf die unternehmerischen Sorgfaltspflichten in der Wertschöpfungskette umgesetzt werden.

6.1.4 Fazit

Sachverstand in Bezug auf CSR wird zur unabdingbaren Voraussetzung für Aufsichtsräte mit Blick auf die Erfüllung der ihnen obliegenden inhaltlichen Prüfungspflichten. Dieses Sachverstands bedarf es nicht nur für die Prüfung, sondern auch für eine wirksame Beratung des Vorstands im Kontext der nichtfinanziellen Erklärung.

Unternehmen bzw. ihren Anteilseignern ist – analog zur gebotenen Expertise von Aufsichtsratsmitgliedern in Bezug auf Fragen der Rechnungslegung und Abschlussprüfung – zu empfehlen, auch für CSR-Expertise bei mindestens einem Aufsichtsratsmitglied zu

---

[12] BDO/Kirchhoff, Das CSR-Richtlinie-Umsetzungsgesetz im DAX 30, S. 5 (www.kirchhoff.de; Abruf: 31.08.2020).
[13] Siehe www.un.org (Abruf: 31.08.2020).
[14] UN, Resolution der Generalversammlung A/RES/70/1, 25.09.2015 (www.un.org; Abruf: 31.08.2020).
[15] Siehe https://ec.europa.eu (Abruf: 31.08.2020).
[16] Siehe etwa www.bmwi.de (Abruf: 31.08. 2020).
[17] EU-Kommission, Mitteilung „Aktionsplan: Finanzierung nachhaltigen Wachstums", 08.03.2018, COM(2018) 97 final (https://eur-lex.europa.eu; Abruf: 31.08.2020).
[18] EU-Kommission, Mitteilung „Der europäische Grüne Deal", 11.12.2019, COM(2019) 640 final (https://eur-lex. europa.eu; Abruf: 31.08.2020).
[19] Siehe www.bundesregierung.de (Abruf: 31.08.2020).

sorgen. Darüber hinaus können Aufsichtsräte (neben dem Prüfungsausschuss) auch die Einrichtung eines CSR-Ausschusses erwägen. Nur auf diese Weise kann eine wirksame Überwachung der unternehmerischen Nachhaltigkeitsleistung und eine Beratung durch den Aufsichtsrat in CSR-Fragen sichergestellt werden.

WP StB Ellen Simon-Heckroth, Hamburg

WP StB Nils Borcherding, Hamburg

(Quelle: Die Wirtschaftsprüfung, Heft 18/2020, Seite 1104 ff. (Reihe „Green and more"))

6.2 ISA [DE] 720 (Revised) Verantwortlichkeiten des Abschlussprüfers im Zusammenhang mit sonstigen Informationen

6.2.1 Zusammenfassung:

ISA [DE] 720 (Revised) ist die um spezifische Modifikationen zu Einzelaspekten (sog. „D-Textziffern") ergänzte autorisierte deutsche Übersetzung von ISA 720 (Revised). Der Standard definiert „sonstige Informationen" als die im Geschäftsbericht einer Einheit enthaltene Finanzinformationen oder nichtfinanzielle Informationen (außer dem Abschluss selbst und dem dazugehörigen Vermerk des Abschlussprüfers). Im Umkehrschluss wird der Begriff des „Geschäftsberichts" als ein Dokument oder eine Kombination von Dokumenten definiert, welche den Abschluss und den dazugehörigen Vermerk des Abschlussprüfers beinhalten müssen.

Der Standard enthält zunächst die Anforderung, dass der Abschlussprüfer Vorkehrungen zur Erlangung von sonstigen Informationen zu treffen hat. Auch wenn diese keine Prüfungspflicht unterliegen, hat der Abschlussprüfer die sonstigen Informationen zu lesen und dabei zu würdigen, ob eine wesentliche Unstimmigkeit zum Abschluss oder zu den bei der Abschlussprüfung erlangten Informationen des Abschlussprüfers vorliegt. Wenn der Abschlussprüfer dabei den Schluss zieht, dass eine wesentliche falsche Darstellung der sonstigen Informationen vorliegt hat er das Management zur Vornahme einer Korrektur aufzufordern. Der Standard enthält weitere Anforderungen, falls das Management die Vornahme einer Korrektur verweigert.

Weiterhin enthält der Standard die Anforderung, dass der Vermerk des Abschlussprüfers einen gesonderten Abschnitt mit der Überschrift „Sonstige Informationen" zu enthalten hat, wenn der Abschlussprüfer zum Datum des Vermerks sonstige Informationen erlangt hat (oder bei PIEs: deren Erlangung erwartet).

Hinsichtlich der Prüfungsdokumentation wird vorgegeben, dass die nach ISA [DE] 720 (Revised) durchgeführten Handlungen zu dokumentieren sind und die endgültige Version der sonstigen Informationen in die Prüfungsdokumentation aufzunehmen ist.

6.2.2 Verweise:

– ISA [DE] 210: Vereinbarung der Auftragsbedingungen für Prüfungsaufträge
– IDW PS 400 n.F.: Bildung eines Prüfungsurteils und Erteilung eines Bestätigungsvermerks

(Quelle: GoA visuell. Strukturierte grafische Darstellung aller vom IDW veröffentlichten Grundsätze ordnungsmäßiger Abschlussprüfung, Düsseldorf 2020, S. 205 ff.)

ISA [DE] 720 (Revised): Verantwortlichkeiten des APr im Zusammenhang mit sonstigen Informationen

Anwendungsbereich und Zielsetzung (1-9, 11)

ISA [DE] 720 (Revised) behandelt die Verantwortlichkeit des APr im Zusammenhang mit anderen – als dem Abschluss und dem dazugehörigen Vermerk des APr – im **Geschäftsbericht** einer Einheit **enthaltenen Informationen.**

D.1.1 » In ISA [DE] 720 (Revised) ist auch die deutsche Besonderheit, dass der LB mit hinreichender Sicherheit durch den APr zu prüfen ist, berücksichtigt.

» Ein Prüfungsurteil zum Abschluss erstreckt sich nicht auf die sonstigen Informationen.

» ISA [DE] 720 (Revised) verlangt nicht die Erlangung von Prüfungsnachweisen, die über die zur Bildung eines Prüfungsurteils zum Abschluss erforderlichen hinausgehen.

ABER

ISA [DE] 720 (Revised) verlangt, dass der APr die sonstigen Informationen **liest und würdigt.**

Die Verantwortlichkeiten des APr im Zusammenhang mit sonstigen Informationen gelten unabhängig davon, ob er die sonstigen Informationen **vor oder nach dem Datum des Vermerks** erlangt.

Das Ziel des APr besteht darin,

» zu würdigen, ob eine wesentliche Unstimmigkeit zwischen den sonstigen Informationen und **dem Abschluss** vorliegt,

» zu würdigen, ob eine wesentliche Unstimmigkeit zwischen den sonstigen Informationen und den bei der Abschlussprüfung **erlangten Kenntnissen** des APr vorliegt,

» **angemessen zu reagieren,** wenn er identifiziert, dass solche wesentlichen Unstimmigkeiten vorzuliegen scheinen, oder wenn er anderweitig erkennt, dass sonstige Informationen wesentlich falsch dargestellt erscheinen,

» einen **Vermerk in Übereinstimmung mit diesem ISA [DE]** sowie den IDW PS zu erteilen

Definitionen (12)

Sonstige Informationen	**Im Geschäftsbericht** einer Einheit enthaltene Finanzinformationen oder nichtfinanzielle Informationen (außer dem Abschluss und dem dazugehörigen Vermerk des Abschlussprüfers). **Nicht im Geschäftsbericht** enthaltene andere finanzielle oder nichtfinanzielle Informationen sind keine sonstigen Informationen im Sinne von ISA [DE] 720 (Revised). Ein Geschäftsbericht umfasst den **Abschluss** <u>und</u> den dazugehörigen **Vermerk des APr** oder ist diesen beigefügt. Veröffentlichungen der Einheit, die den Vermerk des APr nicht umfassen, sind kein Geschäftsbericht im Sinne von ISA [DE] 720 (Revised).
Geschäftsbericht	Ein Geschäftsbericht ist ein Dokument oder eine Kombination von Dokumenten, » das/die typischerweise jährlich vom Management oder den für die Überwachung Verantwortlichen in Übereinstimmung mit Gesetzen, anderen Rechtsvorschriften oder dem Handelsbrauch aufgestellt wird, » dessen/deren Zweck darin besteht, den Eigentümern (oder ähnlichen Interessengruppen) Informationen über die im Abschluss dargestellte(n) Geschäftstätigkeiten, Ergebnisse sowie Vermögens- und Finanzlage der Einheit zur Verfügung zu stellen. Ein Geschäftsbericht enthält normalerweise Informationen über die Entwicklung der Einheit, deren Zukunftsaussichten und Risiken sowie Unsicherheiten, eine Erklärung des Überwachungsgremiums der Einheit und Berichte zu Überwachungssachverhalten.
Falsche Darstellung der sonstigen Informationen	Die sonstigen Informationen sind unrichtig angegeben oder anderweitig irreführend (einschließlich, weil sie für ein angemessenes Verständnis eines in den sonstigen Informationen angegebenen Sachverhalts notwendige Informationen unterlassen oder verschleiern).

Erlangung der sonstigen Informationen (13)

Zur Erlangung der sonstigen Informationen hat der APr …

… durch Erörterung mit dem Management **festzustellen,**
» aus welchen Dokumenten der Geschäftsbericht besteht
» die geplante Vorgehensweise und zeitliche Einteilung der Einheit zur Herausgabe dieser Dokumente.

… mit dem Management geeignete Vorkehrungen zu treffen, um in angemessener Zeit und – wenn möglich – vor dem Datum des Vermerks die **endgültige Version der Dokumente zu erlangen**, aus denen der Geschäftsbericht besteht.

… wenn einige oder alle der festgestellten Dokumente nicht vor dem Datum des Vermerks zur Verfügung stehen werden, das Management zur **Abgabe einer schriftlichen Erklärung** aufzufordern, dass die endgültige Version der Dokumente sobald verfügbar und vor deren Herausgabe durch die Einheit dem APr zur Verfügung gestellt wird, sodass er die nach diesem ISA erforderlichen Handlungen abschließen kann.

Lesen und Würdigung der sonstigen Informationen (14-15)

Der APr hat die sonstigen Informationen zu lesen und dabei zu würdigen, ob …

… eine **wesentliche Unstimmigkeit** zwischen den sonstigen Informationen **und dem Abschluss** vorliegt.

Als Grundlage für diese Würdigung sind ausgewählte Angaben in den sonstigen Informationen mit diesen Angaben im Abschluss zu vergleichen.

… im Zusammenhang mit den bei der Abschlussprüfung erlangten Prüfungsnachweisen und gezogenen Schlussfolgerungen eine **wesentliche Unstimmigkeit** zwischen den sonstigen Informationen **und den** bei der Abschlussprüfung **erlangten Kenntnissen** des APr vorliegt.

Beim Lesen der sonstigen Informationen hat der APr für Anzeichen aufmerksam zu bleiben, ob die nicht mit dem Abschluss oder den bei der Abschlussprüfung erlangten Kenntnissen zusammenhängenden sonstigen Informationen wesentlich falsch dargestellt erscheinen.

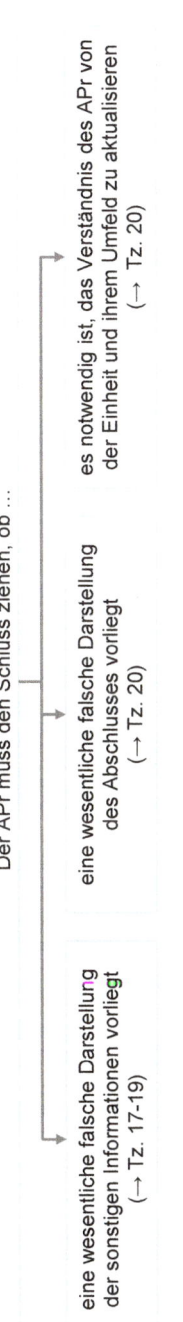

Reaktion, wenn eine wesentliche Unstimmigkeit vorzuliegen scheint oder sonstige Informationen wesentlich falsch dargestellt erscheinen (16)

Wenn der APr beim Lesen und Würdigen von sonstigen Informationen feststellt, dass eine wesentliche Unstimmigkeit vorzuliegen scheint oder sonstige Informationen wesentlich falsch dargestellt erscheinen hat der APr den Sachverhalt **mit dem Management zu erörtern** und, falls notwendig, **andere Handlungen durchzuführen.**

Der APr muss den Schluss ziehen, ob ...

eine wesentliche falsche Darstellung der sonstigen Informationen vorliegt (→ Tz. 17-19)

eine wesentliche falsche Darstellung des Abschlusses vorliegt (→ Tz. 20)

es notwendig ist, das Verständnis des APr von der Einheit und ihrem Umfeld zu aktualisieren (→ Tz. 20)

Reaktion, wenn der APr den Schluss zieht, dass eine wesentliche falsche Darstellung der sonstigen Informationen vorliegt (17-19)

Wenn eine wesentliche falsche Darstellung der sonstigen Informationen vorliegt, hat der APr **das Management zur Korrektur** der sonstigen Informationen **aufzufordern.**

Management ist mit Vornahme der Korrektur einverstanden.

Management verweigert die Korrektur.

Der APr hat festzustellen, ob die Korrektur vorgenommen wurde

Der APr hat mit **den für die Überwachung Verantwortlichen** über den Sachverhalt **zu kommunizieren** und zur Vornahme der **Korrektur aufzufordern.**

Keine wesentliche falsche Darstellung

Der APr hat weitere geeignete Maßnahmen zu ergreifen (→ Tz. 18-19)

Reaktion, wenn der APr den Schluss zieht, dass eine wesentliche falsche Darstellung in **vor dem Datum des Vermerks** erlangten sonstigen Informationen der sonstigen Informationen vorliegt (17-19)

Vorliegen einer wesentlichen nicht korrigierten falschen Darstellung in **vor dem Datum des Vermerks** erlangten sonstigen Informationen	
Reaktion des APr (18)	» Würdigung der Auswirkungen auf den Vermerk des APr und Kommunikation mit den für die Überwachung Verantwortlichen darüber, wie der APr plant, die wesentliche falsche Darstellung im Vermerk des APr zu behandeln, » Niederlegung des Auftrags, sofern dies nach den maßgebenden Gesetzen oder anderen Rechtsvorschriften möglich ist.
D.18.1	» Der APr hat festzustellen, ob die wesentliche falsche Darstellung einen schwerwiegenden Verstoß gegen gesetzliche Berichterstattungspflichten der gesetzlichen Vertreter darstellt, über den nach § 321 Abs. 1 Satz 3 HGB zu berichten ist. » Auch in anderen Fällen kann eine Berichterstattung im Prüfungsbericht in Betracht kommen. » Je nach Art und Gewichtigkeit der wesentlichen falschen Darstellungen in den sonstigen Informationen kann es sachgerecht sein, den Vermerk nicht herauszugeben, bis die Unstimmigkeiten geklärt sind.
D.A46.1	Eine Niederlegung des Mandats ist nur bei freiwilligen Abschlussprüfungen zulässig. Bei gesetzlichen Abschlussprüfungen ist die Kündigungsmöglichkeit des Abschlussprüfers gemäß § 318 Abs. 6 HGB eingeschränkt.
Vorliegen einer wesentlichen nicht korrigierten falschen Darstellung in **nach dem Datum des Vermerks** erlangten sonstigen Informationen	
Reaktion des APr (19)	Unter Berücksichtigung der gesetzlichen Rechte und Pflichten hat der APr geeignete Maßnahmen zu ergreifen, um darauf hinzuwirken, dass die Nutzer, für die der Vermerk bestimmt ist, in angemessener Weise auf die nicht korrigierte wesentliche falsche Darstellung aufmerksam gemacht werden..
D.19.1	Der APr hat nach Erteilung seines Vermerks grundsätzlich keine Verpflichtung den Vermerk aufgrund von nach dessen Erteilung in den sonstigen Informationen identifizierten wesentlichen falschen Darstellungen zu widerrufen oder eine Nachtragsprüfung vorzunehmen, da die sonstigen Informationen keiner inhaltlichen Prüfung unterliegen.
D.A50.1	Der Anforderung nach Tz. 19 kann nur entsprochen werden, wenn der APr wirksam von seiner Verschwiegenheitspflicht entbunden wurde.

Reaktion, wenn eine wesentliche falsche Darstellung im Abschluss vorliegt oder eine Aktualisierung des Verständnisses von der Einheit und ihrem Umfeld durch den Abschlussprüfer notwendig ist (20, A51)

Der APr hat in Übereinstimmung mit anderen ISA [DE] angemessen zu reagieren:

Mögliche Auswirkungen auf das Verständnis des APr von der Einheit und ihrem Umfeld, und dementsprechend auf die Notwendigkeit der Berichtigung seiner Risikobeurteilung (→ ISA [DE] 315 (Revised))	Beurteilung der Auswirkungen festgestellter falscher Darstellungen auf die Abschlussprüfung und etwaiger nicht korrigierter falscher Darstellungen auf den Abschluss (→ ISA [DE] 450)	Mögliche Verantwortlichkeiten des APr im Zusammenhang mit nachträglichen Ereignissen (→ ISA [DE] 560)

Vermerk (21-24)

Der Vermerk des APr hat **einen gesonderten Abschnitt** mit der Überschrift „Sonstige Informationen" zu enthalten, wenn der APr zum Datum des Vermerks sonstige Informationen erlangt hat (oder bei kapitalmarktnotierten Unternehmen: deren Erlangung erwartet).

Eingeschränktes Prüfungsurteil	Würdigung ob die sonstigen Informationen zu demselben Sachverhalt oder einem zusammenhängenden Sachverhalt we der das eingeschränkte Prüfungsurteil zum Abschluss begründende Sachverhalt auch wesentlich falsch dargestellt sind.
Versagtes Prüfungsurteil	Ein versagtes Prüfungsurteil zum Abschluss in Bezug auf einen oder mehrere bestimmte im Abschnitt „Grundlage für das versagte Prüfungsurteil" beschriebene Sachverhalte rechtfertigt nicht das Unterlassen der Angabe identifizierter wesentlicher falscher Darstellungen der sonstigen Informationen im Vermerk
Nichtabgabe eines Prüfungsurteils	Wenn der APr die Nichtabgabe eines Prüfungsurteils zum Abschluss erklärt, enthält der Vermerk keinen Abschnitt „Sonstige Informationen"

Vermerk (21-24)

Gesonderten Abschnitt mit der Überschrift „Sonstige Informationen" (22, Anlage D.2 – Beispiele)

Verantwortlichkeit des Managements	Die gesetzlichen Vertreter sind für die sonstigen Informationen verantwortlich.
Bezeichnung der sonstigen Informationen	Die sonstigen Informationen umfassen [genaue Bezeichnung des Lageberichts', „die Erklärung zur Unternehmensführung nach § 289f Abs. 4 HGB (Angaben zur Frauenquote)" oder „den Corporate Governance Bericht nach Nr. 3.10 des Deutschen Corporate Governance Kodex'], aber nicht den Jahresabschluss, nicht die in die Prüfung einbezogenen Lageberichtsangaben und nicht unseren dazugehörigen Bestätigungsvermerk.
Abgrenzung zum Prüfungsurteil	Unsere Prüfungsurteile zum Jahresabschluss und Lagebericht erstrecken sich nicht auf die oben genannten Informationen, und dementsprechend geben wir weder ein Prüfungsurteil noch irgendeine andere Form von Prüfungsschlussfolgerung hierzu ab.
Beschreibung der Verantwortlichkeit des APr	Im Zusammenhang mit unserer Prüfung haben wir die Verantwortung, die oben genannten sonstigen Informationen zu lesen und dabei zu würdigen, ob die sonstigen Informationen » wesentliche Unstimmigkeiten zum Jahresabschluss, zu den inhaltlich geprüften Lageberichtsangaben oder unseren bei der Prüfung erlangten Kenntnissen aufweisen oder » anderweitig wesentlich falsch dargestellt erscheinen.
Erklärung des APr zu den sonstigen Informationen	Falls wir auf Grundlage der von uns durchgeführten Arbeiten den Schluss ziehen, dass eine wesentliche falsche Darstellung dieser sonstigen Informationen vorliegt, sind wir verpflichtet, über diese Tatsache zu berichten. Wir haben in diesem Zusammenhang nichts zu berichten.
D.22.2	Dieser Absatz ist nur einschlägig, wenn der APr von seiner Verschwiegenheitspflicht (§ 43 Abs. 1 WPO, § 323 Abs. 1 Satz 1 HGB, § 203 Abs. 1 Nr. 3 StGB) wirksam entbunden wurde.

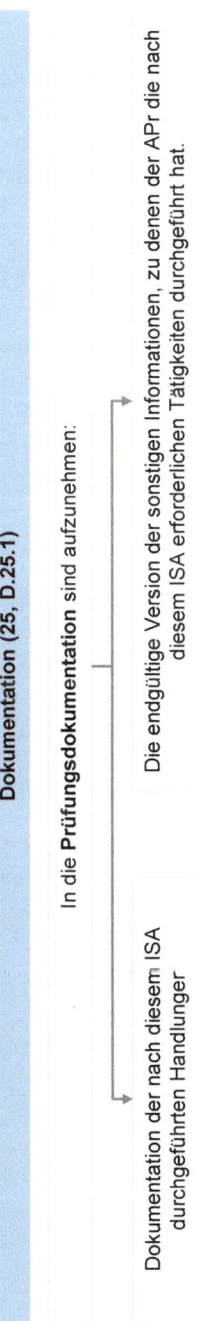

Dokumentation (25, D.25.1)

In die **Prüfungsdokumentation** sind aufzunehmen:

Dokumentation der nach diesem ISA durchgeführten Handlungen

Die endgültige Version der sonstigen Informationen, zu denen der APr die nach diesem ISA erforderlichen Tätigkeiten durchgeführt hat.

6.3 Herausforderung Nachhaltigkeit

Die geltende, rein formelle Prüfungspflicht der nichtfinanziellen Erklärung wirkt relativ harmlos, entwickelt aber eine Ausstrahlungswirkung, der man sich kaum mehr entziehen kann. Eine besondere Herausforderung ergibt sich aus der anderen Perspektive, aus der Nachhaltigkeitsthemen im Vergleich zu den übrigen Abschlussbestandteilen zu betrachten sind und die auch zu einer abweichenden Wesentlichkeitsdefinition führt.

6.3.1 Wandel der Berichterstattung zu ESG-Themen

Die seit 2017 geltende CSR-Richtlinie verpflichtet große, kapitalmarktorientierte Kapitalgesellschaften mit mehr als 500 Arbeitsnehmern sowie Finanzunternehmen zur Erweiterung des Lageberichts um eine nichtfinanzielle Erklärung oder Erstellung eines Nachhaltigkeitsberichts. Eine inhaltliche Prüfungspflicht obliegt nur dem Aufsichtsrat, die Prüfungspflicht des Wirtschaftsprüfers ist rein formeller Natur.

Diese bisher geltende Rechtslage ist nicht als finaler Rechtsstand, sondern als erster Schritt zur verpflichtenden Ausweitung von Unternehmensberichterstattung und Prüfungspflichten auf sogenannte ESG-Themen (Environment, Social, Governance) zu sehen. Die Treiber zur Fortentwicklung der Berichts- und Prüfungspflichten sind vielfältig. Green Finance oder Sustainable Finance sind längst keine Nischenthemen mehr. Unternehmen, die die - bisher rechtlich noch nicht allgemeinen verbindlichen – Kriterienkataloge grüner Investoren erfüllen, eröffnen sich den Zugang zu neuen Investorenkreisen. Arbeitgeber, die die Arbeitnehmerrechte groß schreiben, verschaffen sich Vorteile auf der Suche nach qualifizierten Fachkräften. Lieferanten, die die Treibhausgasemissionen ihrer Produkte ausweisen können, verschaffen sich bei zunehmend mehr Abnehmern Vorteile gegenüber den Wettbewerbern. Auch seitens Gesetzgeber und Standardsetter stehen die Zeichen auf zunehmende ESG-Aspekte, den Bestrebungen der EU-Kommission haben sich zahlreiche Akteure angeschlossen. Die Relevanz der ESG-Themen wird künftig auch für Wirtschaftsprüfer zunehmen.

6.3.2 Berichterstattung

Die Berichterstattung über ESG-Themen erfolgt in der Praxis in verschiedenen Formaten. Die nichtfinanzielle Erklärung kann innerhalb des Lageberichts integriert, als gesonderter Teil in eigenständigen Berichten oder integriert in Nachhaltigkeitsberichte erfolgen. Aufzunehmen sind die Themen Umweltbelange, Arbeitnehmerbelange, Sozialbelange, Achtung der Menschenrechte sowie Bekämpfung von Korruption und Bestechung.

Neben vollständigen Nachhaltigkeitsberichten werden in der Praxis auf freiwilliger Basis auch Berichte über einzelne Aspekte wie beispielsweise Treibhausgasemissionen (CO_2-Bilanzen) erstellt.

Zu beachten sind die unterschiedlichen Perspektiven der Berichterstattung. Finanzielle Berichterstattungen betrachten die Auswirkungen auf das Unternehmen, Nachhaltigkeitsberichte die Auswirkungen der Unternehmensaktivitäten auf die Umwelt und andere externe Faktoren.

Die nichtfinanzielle Erklärung innerhalb des Lageberichts unterliegt dem DRS 20. Für Nachhaltigkeitsberichte gibt es bisher noch keinen einheitlichen Standard, sehr verbreitet sind die international üblichen GRI-Richtlinien, in Deutschland werden zusätzlich Berichte nach dem Deutschen Nachhaltigkeitskodex (DNK) erstellt. Treibhausgasbilanzen folgen den Grundsätzen des Greenhouse Gas Protocols.

Eine neue internationale Kooperation führender Organisationen soll international einheitliche Standards für die finanzielle und nichtfinanzielle Berichterstattung entwickeln.

6.3.3   Wesentlichkeit

Bei der Bestimmung der Wesentlichkeit ist zwischen nichtfinanziellen Erklärungen und Nachhaltigkeitsberichten zu unterscheiden. Auch unter Nachhaltigkeitsgesichtspunkten ist die Wesentlichkeit das zentrale Instrument zur Auswahl von Prüfungs- und Berichtsbestandteilen.

Für die nichtfinanzielle Erklärung gilt die dem Berufsstand bekannte Wesentlichkeitsdefinition der Lageberichterstattung, so dass die Angaben zu machen sind, die für das Verständnis von Geschäftsverlauf, Geschäftsergebnis, Lage und Auswirkungen der Tätigkeiten auf die nichtfinanziellen Aspekte erforderlich sind.

Für Nachhaltigkeitsberichte sind die jeweiligen Wesentlichkeitsdefinitionen maßgeblich. Gemäß GRI sind die Themen zu behandeln, die erhebliche ökonomische, ökologische oder soziale Auswirkungen der berichtenden Organisation aufzeigen oder die Beurteilungen und Entscheidungen der Stakeholder erheblich beeinflussen. Gemäß DNK legt das Unternehmen offen, welche Aspekte der eigenen Geschäftstätigkeit wesentlich auf Aspekte der Nachhaltigkeit einwirken und welchen wesentlichen Einfluss die Aspekte der Nachhaltigkeit auf die Geschäftstätigkeit haben. Themen sind wesentlich, die für die Entscheidungen der Stakeholder eine besondere Bedeutung haben oder deren Verhältnis zum Unternehmen prägen.

Die dem Berufsstand bekannte finanzielle Wesentlichkeit richtet sich an die Kapitalgeber und betrachtet die Auswirkungen (beispielsweise des Klimawandels) auf das Unternehmen. Die ökologische und soziale Wesentlichkeit richtet sich an diverse Stakeholder wie

Konsumenten, Gesellschaft, Arbeitnehmer und Kapitalgeber und betrachtet die Auswirkungen des Unternehmens auf den Klimawandel.

6.3.4   Wirtschaftsprüfer als „Green Auditor"

Wirtschaftsprüfer mit umfassender Erfahrung in Prozessanalysten sind für Aufträge aus dem Bereich der Nachhaltigkeit prädestiniert. Die Prüfung nichtfinanzieller Informationen ist den Wirtschaftsprüfern durch die Prüfung von Lageberichtsbestandteile vertraut. Dennoch ergeben sich aus den ESG-Themen auch neue Herausforderungen.

Prozessanalysen unter Nachhaltigkeitsaspekten erfordern neben den üblichen Überlegungen einen Fokus auf spezielle Nachhaltigkeitsrisiken. Hierfür ist ein entsprechendes Fachwissen unerlässlich. Wird beispielsweise die Ermittlung der Treibhausgasbilanz nachvollzogen, so sind nicht nur die Verbrennungsprozesse fossiler Brennstoffe zu betrachten, sondern auch kleinere Emissionsquellen dürfen unter Umständen nicht vernachlässigt werden, da sie aufgrund der hohen Äquivalenzfaktoren gewisser Treibhausgase wesentliche Emissionsquellen darstellen können. Zu nennen wären beispielsweise Deponiegase, Emissionen der Aluminiumherstellung oder Kühlmittelleckagen. Insbesondere in Betriebsstätten außerhalb der hochentwickelten Industrienationen können diese Emissionsquellen aufgrund geringer technischer Standards wesentlich sein.

Während der Berufsstand damit vertraut ist, die Auswirkungen externer Faktoren auf das geprüfte Unternehmen zu beurteilen, ist bei der Prüfung von Nachhaltigkeitsbericht ein Perspektivenwechsel erforderlich, es sind die Auswirkungen der Unternehmenstätigkeit auf externe Faktoren zu würdigen. Herausfordernd kann so beispielsweise die Beurteilung von Missständen am Ende komplexer internationaler Lieferketten sein, wenn die betroffenen Produktionsmengen gering, die Missstände aber eklatant sind.

WP StB Katharina Völker-Lehmkuhl, Heiligenhaus

(Quelle: IDW Life, Heft 01/2021, Seite 5 ff.)

Kapitel 7: Neuere Entwicklungen zum ESG-Management

Es gibt aktuell – neben der Pandemie – wohl kein Thema, das so heftig diskutiert wird und so viele neue Perspektiven aufzeigt wie das Thema Nachhaltigkeit. Daher gibt es zahlreiche neue Ansätze, auf Basis derer sich die zukünftige Entwicklung unterschiedlich gut prognostizieren lässt. In diesem Abschnitt stellen wir die nach unserer Einschätzung wichtigsten neueren Entwicklungen vor.

Value Balancing Alliance

Die Einbeziehung von Nachhaltigkeitsaspekten in die finanzielle Berichterstattung ist von großer Tragweite. Man kommt immer mehr zu der Auffassung, dass die bisherigen Rechnungslegungsstandards nicht weit genug greifen, da ein großer Teil der unternehmerischen Aktivitäten darin unberücksichtigt bleibt. Soziale und ökologische Auswirkungen der Unternehmenstätigkeit mit ihren Risiken und Chancen entlang der gesamten Wertschöpfungskette sind für vorhandene und potenzielle Investoren entscheidungsrelevant und gelten als Werttreiber. Vor diesem Hintergrund haben neun große, international aufgestellte Unternehmen die Value Balancing Alliance gegründet, die sich zum Ziel gesetzt hat, die finanzielle Berichterstattung um die Themen Umwelt und Gesellschaft zu erweitern, indem auch jene Beiträge, die ein Uhternehmen diesbezüglich leistet, monetär abgebildet werden.

Green Bonds

Die Bedeutung von Nachhaltigkeit auf den Kapitalmärkten wird künftig noch weiter zunehmen. Die Emissionen von so genannten „Green Bonds" nimmt stetig zu, es handelt sich dabei um Finanzmittel, die Aktivitäten oder Investitionen zur Vermeidung oder Reduktion von Klima- bzw. Umweltschäden fördern.

Um das Vertrauen in grüne Anleihen zu stärken, wird ein EU-Standard für Green Bonds entwickelt, der neben einem Green-Bond-Rahmenwerk und Verpflichtungen zur Berichterstattung und Prüfung Klassifizierungskriterien für grüne Projekte umfassen soll.

Das IDW hat ein Knowledge Papier zum Thema Green Bonds herausgegeben, das neben umfassenden Erläuterungen zu diesen neuen Finanzinstrumenten auch das Thema der externen Prüfungen im Zusammenhang mit Green Bonds aufgreift. Ein Ausblick auf die weiteren Entwicklungen rundet die Ausführungen ab.

SASB-Standards

Die Kapitalmärkte können auch auf die Berichterstattung zu nichtfinanziellen Belangen Einfluss nehmen. Beispielsweise fordert BlackRock, die weltweit größte international tätige Investmentgesellschaft, von den Unternehmen, deren Anteile sie hält, künftig eine Berichterstattung nach den US-amerikanischen Standards des Sustainability Accounting Standard Boards (SASB). Die SASB-Standards spielten in Deutschland bislang nur eine untergeordnete Rolle. Das könnte sich durch die Initiative von BlackRock künftig ändern.

Ausweitung der Prüfungspflichten

Das Vertrauen in die Zuverlässigkeit nichtfinanzieller Informationen ließe sich durch eine entsprechende Prüfungspflicht erhöhen, erfolgen inhaltliche Prüfungen von Nachhaltigkeitsinformationen doch bisher ausschließlich auf freiwilliger Basis. Der Anstoß zur Ausweitung der Prüfungspflichten ist auf europäischer Ebene zu erwarten.

Sorgfaltspflichtengesetz

Ein künftiges Sorgfaltspflichtengesetz soll dazu führen, dass zumindest große Unternehmen ihrer Verantwortung entlang der gesamten Wertschöpfungskette, insbesondere bezüglich der Einhaltung von Menschenrechten, besser nachkommen.

WP StB Katharina Völker-Lehmkuhl, Heiligenhaus

7.1 Green and more: Impact-orientierter Standard für eine Wertbilanz

Nachhaltigkeit bilanzieren – die Frage ist nicht mehr ob, sondern wie. Angesichts von regionalen und globalen Klimazielen, zunehmender Regulierung, veränderten Anforderungen von Investoren und steigendem Marktdruck sind heute sowohl die Verantwortlichen global agierender Unternehmen als auch mittelständische Unternehmer auf der Suche nach einem geeigneten Standard für die Nachhaltigkeits-Berichterstattung. Ihr Ziel: Die Chancen von Nachhaltigkeit nutzen und sich langfristig erfolgreich am Markt positionieren.

7.1.1 Einleitung

Bestehende Governance-Prinzipien, die sich rein auf den finanziellen Aspekt des wirtschaftlichen Handelns beziehen, greifen zu kurz, um den Erfolg von Geschäftsmodellen angesichts der langfristig wirksamen, stark vernetzten Nachhaltigkeitsanforderungen entlang der Wertschöpfungskette eines Unternehmens sicherzustellen. Immer mehr Unternehmen legen deshalb einen Nachhaltigkeitsbericht oder sogar ein integriertes Reporting vor. Orientierungsrahmen für die Beschäftigung mit Nachhaltigkeit sind dabei häufig die Sustainable Development Goals (SDG). Was jedoch fehlt, ist ein einheitlicher, international gültiger Standard, der die Gesamtheit der unternehmerischen Aktivitäten – positive wie auch negative – erfasst, bewertet und bilanzierbar macht.

Die bisherigen Ansätze für die Berichterstattung zur Nachhaltigkeit sind ebenso vielfältig wie unvergleichbar. Zudem liegt der Fokus dieser Standards eher auf dem Reporting (Disclosure) als auf der Datenerhebung. Aktuelle Standards zur Rechnungslegung berücksichtigen wesentliche, nichtfinanzielle Werttreiber nur unzureichend. Sie werden somit der Bedeutung der damit verbundenen Themen und Anforderungen nicht gerecht und liefern Unternehmen zudem keine Grundlage, um die nachhaltige Wirkung ihres Handelns gezielt zu steuern und zu kommunizieren. Um soziale und umweltbezogene Wirkungen des Wirtschaftens messen, überprüfen und vergleichen zu können, bedarf es eines Standards, der Transparenz herstellt und Vergleichbarkeit ermöglicht. Diese Anforderungen beziehen sich auf die Kerntätigkeit von Unternehmen und auf deren gesamte Wertschöpfungskette. Eine wesentliche Voraussetzung für die Darstellung sozialer und ökologischer Leistungen in einer Bilanz ist die monetäre Bewertung der Wirkungen. Erst auf Basis einer finanziellen Entscheidungsgrundlage können Unternehmer ihre Geschäftsstrategie und ihr Risikomanagement nachhaltig ausrichten und nicht nur unternehmerische Ziele, sondern auch die Leistungen des Unternehmens im Hinblick auf Gesellschaft und Umwelt steuern.

7.1.2   Value Balancing Alliance zur Entwicklung einer Impact-Bilanz

Mit der Value Balancing Alliance (VBA) hat sich im August 2019 eine Non-Profit-Organisation mit dem Ziel gebildet, einen neuen globalen Accounting-Standard zu entwickeln, der die Auswirkungen (Impact) unternehmerischer Aktivitäten auf Wirtschaft, Gesellschaft, Umwelt und den Menschen messbar und bilanzierbar macht. Positive und negative Auswirkungen von Unternehmensaktivitäten sollen mithilfe dieses Bilanzierungsstandards offenzulegen sein. Darüber hinaus will die VBA eine Anleitung für die Integration dieser Auswirkungen in die Unternehmenssteuerung veröffentlichen. Gründungsmitglieder der gemeinnützigen VBA sind u. a. die Unternehmen BASF, Bosch, Deutsche Bank, Lafarge Holcim, Novartis, Philip Morris International, SAP und SK Group. Die OECD, führende Universitäten wie die University of Oxford und die Harvard Business School sowie andere Interessenvertreter aus Politik, Zivilgesellschaft und normgebenden Organisationen unterstützen die VBA, die von großen Prüfungsgesellschaften beraten wird. Auch das IDW unterstützt das Vorhaben der VBA.[1]

7.1.3   Umfassende Impact-Bewertung fördert nachhaltige Ausrichtung

Werden alle diesem Standard zugrunde liegenden Aspekte gemeinsam berücksichtigt und für eine Impact-Bewertung herangezogen, gelingt ein wichtiger Schritt zur Bewältigung der drängendsten Herausforderungen unserer Zeit – so die Grundüberlegung der VBA. Die Konsequenz für eine Lösung der Frage, wie die multidimensionalen Aspekte Ökonomie, Ökologie, Mensch und Gesellschaft zusammenzubringen sind, ist die generelle Orientierung der Wirtschaft weg von einer Profitmaximierung und hin zu einer Wertmaximierung.

Dabei besteht eine der wesentlichen Herausforderungen darin, auch jene Wirkungen zu bewerten, deren Kosten sehr langfristig anfallen und die bislang in keine Unternehmensbilanz einfließen, sondern gesamtgesellschaftlich getragen werden. Dazu gehören z. B. die Wirkungen des CO_2-Ausstoßes: Anstatt darüber zu berichten, wieviel CO_2 ein Unternehmen verursacht hat, sind in der VBA-Wertebilanz auch die langfristigen Folgeschäden, die die CO_2-Produktion entlang der gesamten Wertschöpfungskette bereits ausgelöst hat, auszuweisen.

Ein weiteres Beispiel: Während sich die Kosten für Aus- und Fortbildung heute negativ in einer Bilanz niederschlagen, sind sie in einer integrierten Wertebilanz als positiver humaner und gesellschaftlichen Wertbeitrag zu berücksichtigen, da zusätzliche Bildung die Stabilisierung einer Gesellschaft unterstützt.

---

[1]   IDW zum Zwischenbericht des Sustainable Finance-Beirats der Bundesregierung, 30.04.2020 (www.idw.de; Abruf: 22.06.2020).

Der Impact eines Unternehmens ist nach dem Wertbeitragsansatz sowohl zeitlich als auch für den gesamten Wirkungsraum des Unternehmens und über das finanzielle Ergebnis hinaus zu bewerten – und in der Bilanz eines Unternehmens widerzuspiegeln. Wichtig ist die Betrachtung aller Wirkungsdimensionen unternehmerischen Handelns (Ökonomie, Umwelt, Mensch und Gesellschaft), deren Monetarisierung und das Ziel, die zusammenhängenden Wirkungen in eine Balance zu bringen.

Um den Impact aller Bereiche in einer Bilanz auszuweisen, sind die Wertbeiträge so zu ermitteln, dass sie von unabhängigen Wirtschaftsprüfern geprüft und testiert werden können. Erst durch die Bewertung aller Impact- Faktoren und deren Bilanzierung und Veröffentlichung nach einem einheitlichen Standard können alle Stakeholder eines Unternehmens Sicherheit darüber erlangen, wo ein einzelnes Unternehmens in puncto Nachhaltigkeit im Marktvergleich steht und auf welchen Handlungsgebieten Steuerungsbedarf besteht, um die Wirkungen seines Handelns in den Dimensionen Gesellschaft, Umwelt und Wirtschaft auszubalancieren.

7.1.4 Green Deal Accounting – Zwischenschritt auf dem Weg zu neuem, globalem Standard

Die VBA setzt bei der Entwicklung von Bewertungsstandards auf bereits vorhandenen Methoden auf. Ein wichtiger Schritt ist hier der Auftrag der EU-Kommission an die VBA, einen einheitlichen Standard zur Messung und monetären Bewertung von Umweltauswirkungen von Unternehmen zu erarbeiten.[2] Damit trägt die VBA zu den Zielen des EU-Aktionsplans zur Finanzierung von nachhaltigem Wachstum bei und unterstützt die Implementierung des Green Deal. Die Entwicklungsschritte für das EU-Projekt entsprechen denen einer global einsetzbaren nachhaltigen Wertbilanz. Dazu gehört die Entwicklung einer standardisierten Methode (samt Pilotphase mit Unternehmen aller Größen und sektorspezifischer Anleitung zur Einführung der Accounting-Prinzipien), die umfangreiche Einbindung von Stakeholdern, deren Input schon für die Entwicklung der Methode entscheidend ist, und anschließend die Ausarbeitung klarer Empfehlungen, wie Unternehmen die zuvor entwickelten Green-Accounting- Prinzipien auf globaler Ebene implementieren können.[3]

Nach Möglichkeit greift die VBA im Rahmen ihrer Arbeit auf etablierte Erhebungsmethoden und Berechnungsvorschriften zurück. Diese werden zielgerichtet um weitere Berechnungsmethoden ergänzt, die die relevanten Wirkungsketten berücksichtigen. Insoweit gehört auch die Beschreibung von Wirkungsketten für die Indikatoren, die zur Ermittlung von Impact auf die wesentlichen Nachhaltigkeitsdimensionen herangezogen

[2] VBA, Der Beitrag der Value Balancing Alliance e.V. zum EU Green Deal, 28.02.2020 (www.value-balancing.com; Abruf: 22.06.2020).
[3] Heller (CEO der VBA), 05.06.2020 (www.value-balancing.com; Abruf: 22.06.2020).

werden, und deren Einbeziehung in die Preisbildung zu den Aufgaben der VBA. Mithilfe zu definierender Bewertungskoeffizienten lässt sich Impact in Geldbeträge umrechnen.

7.1.5   Nächste Schritte im Hinblick auf ein großes Ziel

Im Sommer 2020 plant die VBA, eine erste Version ihres Methodensets vorzulegen.[4] Die beteiligten Unternehmen sollen diese in einer Pilotphase einsetzen und verproben.

Eine wesentliche Voraussetzung für die Entwicklung und Implementierung eines Impact-orientierten globalen Bilanzierungsstandards sind die strategischen Partnerschaften, die die VBA seit ihrer Gründung eingegangen ist. Neben der direkten Zusammenarbeit mit Wissenschaft und Politik ist die Orientierung an gängigen Rechnungslegungs- und Bilanzierungsrichtlinien wie IFRS und GRI ein wichtiger Schritt hin zu einem neuen globalen Standard.

Die VBA ist angetreten, die Wirtschaft zu befähigen, zu einer langfristig nachhaltigeren Welt beizutragen. Dazu reicht ein neuer Berichtsstandard allein nicht aus. Vielmehr soll die Wertbilanz, die den Impact von Unternehmen transparent und vergleichbar bewertet und abbildet, eine Grundlage für Managemententscheidungen liefern und in den Entscheidungsstrukturen von Investoren und Regulierungsbehörden implementiert werden. Die marktgetriebenen Anreize führen in der Folge zu einer Transformation der Wirtschaft. Für die Unternehmen gilt es, gemeinsam mit ihren Stakeholdern Antworten auf die Herausforderungen zu finden, die aus den Wechselwirkungen von Wirtschaft, Gesellschaft und Umwelt resultieren.

Kai Michael Beckmann, Hamburg

(Quelle: Die Wirtschaftsprüfung, Heft 14/2020, Seite 808 ff. (Reihe „Green and more"))

---

[4]   Heller, a.a.O. (Fn. 3).

7.2 Hin zur Wertoptimierung: Value Balancing Alliance

Die Value Balancing Alliance wurde 2019 als gemeinnützige Organisation gegründet. Sie erarbeitet einen neuen Ansatz zur Messung und Bewertung von positiven und negativen Auswirkungen von Geschäftstätigkeiten auf Umwelt und Gesellschaft. IDW Life befragt Christian Heller, CEO der Value Balancing Alliance e.V., zum Ansatz und der Ausrichtung der Initiative.

Herr Heller, das Thema Nachhaltigkeit ist in aller Munde. Da überrascht auch die Vielstimmigkeit nicht, mit der von diversen Organisationen Rahmenwerke etc. zum Reporting über Nachhaltigkeitsaspekte propagiert werden. Was unterscheidet das Angebot der VBA von diesen Initiativen?

Sie haben Recht, der Begriff Nachhaltigkeit taucht heute in unterschiedlichen Facetten nahezu überall auf. Dies verdeutlicht mit Nachdruck die Bedeutung und den Zeitdruck zum Handeln – auch und gerade innerhalb der Wirtschaft. Der VBA geht es weniger um einen Standard zur Berichterstattung. Hierfür gibt es andere Organisationen, die deutlich besser geeignet sind wie IASB oder SASB. Die aktuelle Entwicklung der internationalen Harmonisierung der Berichterstattung zu nichtfinanziellen Aspekten bzw. ESG befürworten wir, denn sie gibt unseren Bemühungen einen Rahmen. Bei uns steht im Vordergrund, wie wir Unternehmen bessere Informationen zur Verfügung stellen können, um nachhaltige Entscheidungen zu treffen. Hierfür standardisieren wir Methoden und Metriken: Zur Erhebung von Daten, um Unternehmen besser steuern zu können. Zentral für uns ist, dass unsere Mitgliedsunternehmen diese Methoden direkt in der Praxis testen und sich über die Erfahrungen austauschen – dieser direkte Praxisbezug ist sicherlich ein Unterscheidungsmerkmal.

Welches Verständnis hat die VBA von nachhaltigem Wachstum im Vergleich zum herkömmlichen Verständnis?

Wir gehen davon aus, dass sich der Erfolg von Unternehmen an zwei Komponenten ausrichtet: Zum einen am Wertbeitrag der Unternehmen für uns als Menschen, dem Value to Society. Hier wird die Frage beantwortet, welchen positiven und negativen Wirkungen ein Geschäftsmodell auf die Gesellschaft, Umwelt und Wirtschaft hat. Zum zweiten am Wert des Unternehmens selbst, dem Value to Busines. Hier geht es um die Darstellung des Wertes von Unternehmen über die rein finanzielle Leistung hinaus. Erst wenn wir beide Komponenten zusammen erfassen und die Aspekte Ökonomie, Soziales und Ökologie gemeinsam betrachten, verstehen wir den wahren Beitrag von Unternehmen zu einem nachhaltigen Wachstum. Es geht es um die Balance: Von der Profitmaximierung hin zur Wertoptimierung.

Ein solches Vorhaben braucht einen langen Atem und bedarf der Unterstützung vieler. Wie ist die VBA vor diesem Hintergrund organisiert und finanziert? Welche Parteien sind bereits an Bord? Wer soll ggf. noch gewonnen werden, etwa aus dem Bereich der mittelständischen Wirtschaft, die ja für einen signifikanten Teil der Wirtschaftsleistung steht?

Wir haben aktuell über ein Dutzend internationaler Konzerne als Mitglieder. Sie tragen den größten Anteil unserer Ressourcen: Budget und Mitarbeiter. Wir arbeiten eng mit Organisationen wie OECD und EU zusammen. Z.B. sind wir von der EU beauftragt, Natural Capital Accounting Standards zu entwickeln und werden dafür finanziell unterstützt. Wir arbeiten zudem mit einer Vielzahl von Wirtschaftsinitiativen, Verbänden, Standardsetzern und Universitäten zusammen, um unser Vorhaben umzusetzen. Hier suchen wir stetig nach neuen Mitgliedern, um möglichst viele Regionen und Sektoren abbilden zu können. Dabei spielen auch KMU eine wesentliche Rolle. Denn ohne den Mittelstand wird gerade in Deutschland keine Transformation der Wirtschaft gelingen.

Welchen Input geben bisher die beteiligten Wirtschaftsprüfungsgesellschaften?

Aktuell unterstützen uns die vier großen Wirtschaftsprüfungsgesellschaften auf einer probono Basis. Sie leisten einen wesentlichen Beitrag bei der Entwicklung der Methoden, der Pilotierung und der Prüfbarkeit der Daten und Ergebnisse.

Gehen wir nun etwas in die Details. Der Ansatz der VBA basiert auf zwei zentralen Arbeitssträngen. Da ist zunächst der „Impact on Society" der Unternehmen, der in einem „Impact Statement" dargestellt wird. Wie muss man sich das im Einzelnen vorstellen? Welche Informationen nimmt das Impact Statement auf?

Mit dem Impact Statement berechnen wir den Value to Society, die externen Effekte eines Geschäftsmodells entlang der Wertschöpfungskette, und werten die Wirkungen auf den Menschen monetär. Weniger technisch: Wir messen die corporate responsibility in Euro. Dabei werden die positiven und negativen Wirkungen dargestellt mit dem Ziel, transparent die Effekte auf Umwelt, Gesellschaft und Wirtschaft darzustellen. Es geht wesentlich um die social license to operate. Der erste Draft der Methode wurde bereits pilotiert. Aktuell teilen wir in der VBA die Ergebnisse und Erfahrungen in der Anwendung auf der Unternehmensebene und bei Entscheidungen oder der Strategieentwicklung.

Der zweite Strang zielt auf den „Enterprise Value" und ein zugehöriges „Integrated Accounting Statement". Welche Informationen werden hier wiedergegeben? Inwieweit basiert dieses Statement auf den Methoden des „Impact Statement"?

Hier stehen wir bei der Entwicklung noch am Anfang. Unser Ziel ist, den Wert eines Unternehmens möglichst umfassend darzustellen. Es geht uns um die konsistente Darstellung der ESG-Faktoren eines Unternehmens. Während es dem Impact Statement um die externen Wirkungen geht, beschäftigt sich das Integrated Account mit dem Wert des

Unternehmens an sich – dem Enterprise Value. Es werden hier zwei unterschiedliche Aussagen getroffen und damit unterschiedliche Methoden verwendet.

Wie wird das „Integrated Accounting Statement" an die bisherige Finanzberichterstattung angebunden?

Denken Sie am besten an eine Erweiterung der Finanzdaten in weiteren Kapiteln oder Abschnitten: Natur-, Human- und Sozialkapital. Wichtig dabei ist, dass Entscheidungsträgern die wesentlichen Informationen konsistent und transparent zur Verfügung gestellt werden, um nachhaltige, wertoptimierende Entscheidungen zu treffen.

Letzte Frage dazu: Das Konzept der VBA soll in der Praxis die Entscheidungsfindung bei ökonomischen Fragestellungen, z.B. bei Investitionskalkülen, unter Berücksichtigung von Nachhaltigkeitsaspekten ermöglichen. Können Sie das mit einem Beispiel verdeutlichen?

Stellen Sie sich vor, ein Unternehmen steht vor der Entscheidung, wo ein neuer Produktionsstandort errichtet werden soll. Um langfristig den Wertbeitrag für das Unternehmen und die Gesellschaft zu optimieren, ist eine reine Betrachtung der finanziellen Aspekte unzureichend. Es müssen z.B. Fragen beantwortet werden, wie viel Luftemissionen entstehen oder wird in 20 Jahren noch genug Wasser zur Kühlung zur Verfügung stehen? Wie viel Beschäftigung und Steuern werden generiert? Und diese Wirkungen sind sehr stark davon abhängig, wo sie den Standort aufbauen: In einem deutschen Industriegebiet, einem brasilianischen Naturschutzgebiet oder einer chinesischen Sonderwirtschaftszone. Über unsere Methode inklusive der Monetarisierung lässt sich der gesamtheitliche Effekt eines neuen Standortes für den Wert des Unternehmens als auch die lokale Gesellschaft sehr gut modellieren.

Mit welchen erweiterten Anforderungen an Messbarkeit, Datenqualität oder Reportingsysteme müssen sich Unternehmen und Wirtschaftsprüfer im Hinblick auf spätere Aspekte der Prüfbarkeit auseinandersetzen?

Unser erklärtes Ziel ist, die Umsetzung der Methode so pragmatisch wie möglich zu gestalten. Damit verbunden ist, dass wir auf bestehenden Systemen zur Datenerhebung aufbauen: Stichwort Anschlussfähigkeit an die aktuelle Berichterstattung. Klar ist aber auch, dass der Anspruch, bei nichtfinanziellen Aspekten gleichwertige Daten wie in der Finanzberichterstattung zu erheben, einen erhöhten Aufwand mit sich bringen wird.

Sie wollen die Ergebnisse der VBA auch der Öffentlichkeit zur Verfügung stellen und zu einer breiten Diskussion einladen. Wann können wir hier mit ersten Arbeitsergebnissen rechnen? Und wann rechnen Sie mit einem finalen Arbeitsergebnis?

Wir planen aktuell, in der ersten Jahreshälfte 2021 den Draft der Methode zum Impact Statement sowohl zu publizieren als auch über eine öffentliche Konsultation Feedback einzuholen. Insgesamt ist unser Arbeitsplan, der iterative Schleifen von Pilotierung und Weiterentwicklung der Methode umfasst, bis Ende 2023 abzuschließen.

Wird das Berichtsmodell auch eine Anwendung in mittelständischen Unternehmen ermöglichen?

Unser Ziel ist, dass unsere Methode auch im Mittelstand breite Anwendung findet. Erste Gespräche führen wir hier bereits. Wie bereits erwähnt, steht für uns die Entscheidungs-findung in Unternehmen im Vordergrund. Wenn die dafür erhobenen Daten zusätzlich in der Berichterstattung nutzbar sind, umso besser.

Die Nachhaltigkeitsdebatte und die Frage des Reporting gelangt zunehmend in das politische Fahrwasser. Die EU ist im Rahmen des „Green Deal" sehr weit vorgeprescht. Jüngst wurde zudem eine gemeinsame Initiative von fünf inter-nationalen Organisationen angekündigt, erste Institutionen schließen sich zusammen. Auch die IFRS Foundation plant bei der nichtfinanziellen Berichterstat-tung aktiv zu werden – parallel zum IASB für die Finanzberichterstattung. Wie muss oder kann die VBA sich in dieser politischen Gemengelage positionieren?

Ohne Frage unterstützen wir diese Entwicklung, da sie gerade für international tätige Unternehmen Klarheiten bringt, zu welchen Themen berichtet werden soll. Als VBA greifen wir den inhaltlichen Rahmen bzw. die Themen auf, die dort gesetzt werden. Als VBA zielen wir darauf ab, die Methoden und Metriken zu entwickeln und zu testen, die eine einheitliche Berichterstattung ermöglichen. Wie muss ich meine Klimaemissionen messen und bewerten? Wie messe und stelle ich den Wert meiner Weiterbildung dar? Unternehmen und externe Stakeholder wollen und benötigen hier Vergleichbarkeit.

Die großen Wirtschaftsprüfungsgesellschaften haben Sie ja bereits an Bord. Auch das IDW hat seine Unterstützung zugesagt. Was erwarten Sie hier spezifisch von unserem Institut?

Die VBA ist eine Unternehmensinitiative und entwickelt die Methoden zunächst aus dieser Sicht. Für die Glaubwürdigkeit und die möglichst internationale Anerkennung ist es von zentraler Bedeutung, die Unterstützung gerade von den Wirtschaftsprüfern zu er-halten. Am Schluss müssen die Daten und Ergebnisse, die wir erheben, prüfbar und kon-sistent berichtbar sein. Die Expertise und die kritische Begleitung durch Institutionen wie dem IDW wird hier ausschlaggebend sein. Zudem erhoffen wir uns, dass das IDW Plattform ist, um unsere Methoden und Fortschritte weiteren Experten zu vermitteln.

Zum Schluss: Was motiviert Sie persönlich, dieses Anliegen so engagiert voranzu-treiben?

Ich bin fest davon überzeugt, dass Unternehmen ein zentraler Bestandteil der Lösung sind, um eine nachhaltige Zukunft zu ermöglichen: Für uns, unsere Kinder und Kindeskinder. Um das schöpferische Potenzial der Unternehmen voll zu nutzen, müssen wir die Anreizsysteme für und die Steuerung in Unternehmen verändern. Meine Erfahrung sagt, dass eine Nachhaltigkeitsberichterstattung hierfür nicht hinreichend ist. Nachhaltigkeit oder Wertoptimierung muss Bestandteil der DNA von Unternehmen werden. Ein erweitertes Accounting-Verständnis ist die Voraussetzung.

Christian Heller *ist Vice President bei BASF und entsandt als CEO in die Value Balancing Alliance e.V. Er ist Mitglied in der EU Sustainable Finance Platform, der International Advisory Group des Shift's Valuing Respect Project, des Natural Capital Coalitions Advisory Panel und des Practitioner Council der Harvard Business School's Impact Weighted Accounts Initiative. Vor seiner jetzigen Position leitete Christian Heller das Value-to-Society-Programm der BASF und hatte verschiedene Funktionen in den Bereichen Kommunikation, Nachhaltigkeit und Personalwesen inne.*

(Quelle: IDW Life, Heft 01/2021, Seite 11 ff.)

7.3 Green and more: Zur Relevanz der SASB-Standards für deutsche Unternehmen

Durch Larry Finks jährlichen Brief haben die SASB-Standards erheblich an Aufmerksamkeit gewonnen. Die Relevanz für deutsche Unternehmen wird u.a. durch die Berichtspraxis der Wettbewerber, die Investorenbasis und die EU-Entwicklungen geprägt.

7.3.1 Blackrock fordert Berichterstattung nach SASB-Standards

Larry Fink ist Gründer und CEO von Blackrock, des größten unabhängigen Vermögensverwalters der Welt, der für viele deutsche Unternehmen ein wichtiger, wenn nicht sogar der größte Anteilseigner ist. In seinen jährlichen Briefen an die Vorstandsvorsitzenden der größten börsennotierten Unternehmen der Welt formuliert Fink die Erwartungen seiner Fondsgesellschaft. Unternehmerische Nachhaltigkeit und die Erfüllung von Stakeholder-Erwartungen stehen dabei regelmäßig im Mittelpunkt. Die Briefe erzeugen ein erhebliches mediales Echo und gehören zur Pflichtlektüre von Vorständen und Aufsichtsräten sowie Vertretern aus Investor-Relations- und Nachhaltigkeitsabteilungen. Im Jahr 2019 wurden die Vorwürfe lauter, dass Larry Finks Briefe Lippenbekenntnisse seien, in der Nähe zum Greenwashing:[1] Angesichts von Blackrocks überwiegend passivem Investment-Ansatz habe die (Nicht-)Erfüllung seiner öffentlichkeitswirksam geäußerten Erwartungen durch die angesprochenen Unternehmen keinen Einfluss auf die Anlageentscheidungen seines Hauses. Blackrocks große Einflussmöglichkeiten würden sich zumindest nicht öffentlichkeitswirksam in Mitwirkung, vor allem durch Redebeiträge und Abstimmverhalten auf Hauptversammlungen, niederschlagen: Als Grund wird vermutet, dass die geringen Margen im ETF-Fondsgeschäft nicht durch große Governance-Teams verringert werden sollen.

Auf diese Kritik scheint Larry Fink in seinem diesjährigen Schreiben reagiert zu haben:[2] Nicht nur hat er angekündigt, Nachhaltigkeit künftig in Blackrocks Mainstream-Investment-Ansatz als maßgeblichen Faktor zu implementieren. Zusätzlich hat er angekündigt, von „seinen" Anlagezielen – also den Unternehmen – künftig eine Berichterstattung nach den Empfehlungen der Task Force on Climate-related Financial Disclosures (TCFD) und den Standards des Sustainable Accounting Standards Board (SASB) einzufordern. Auch Blackrock selbst werde nach diesen Vorgaben berichten.

7.3.2 Überblick: SASB-Standards

Während die TCFD-Empfehlungen mittlerweile durchaus bekannt sind und in der Praxis angewendet werden,[3] sind die SASB-Standards in Deutschland vergleichsweise unbekannt. Der SASB (eine US-Organisation) wurde im Jahr 2011 gegründet und seine ursprüngliche Zielsetzung war, dass US-börsennotierte Unternehmen zur Berichterstattung nach SASB-Standards verpflichtet werden sollen. Seine Ausrichtung war also vor allem auf den US-Kapitalmarkt fokussiert, eine globale Ausrichtung – wie bei IASB, IIRC, TCFD oder GRI – wurde grundsätzlich nicht verfolgt. Dennoch war die Arbeit des SASB von Beginn an auch für deutsche Unternehmen relevant, sei es wegen der Vergleichbarkeit ihrer integrierten Nachhaltigkeitsberichterstattung mit der von US-Wettbewerbern, wegen entsprechender Erwartungen einflussreicher US-Investoren (die ihren Niederschlag in den Erhebungen US-basierter Datenbanken für Unternehmensinformationen finden) oder aufgrund eigener Börsennotierung in USA.

Mittlerweile liegen SASB-Standards für 77 Branchen aus elf übergeordneten Sektoren vor, die in einem robusten Due Process entwickelt wurden. Sie decken je nach Branchenrelevanz grundsätzlich die Themen Umwelt, Governance, Geschäftsmodell und Innovation sowie Humankapital ab, die wiederum in weitere Aspekte gegliedert werden. Der Standard für die Chemiebranche umfasst beispielsweise die folgenden Aspekte, zu denen konkrete Berichtsvorgaben genannt werden: Treibhausgasemissionen, Luftqualität, Energie, Wasser und Abwasser, Abfall, Produktlebenszyklus, Arbeitnehmersicherheit, Menschenrechte, Compliance und Risikomanagement. Die jeweiligen Standards umfassen durchschnittlich Anforderungen zu 13 (ganz überwiegend quantitativen) Berichtselementen aus sechs Aspekten. Die sich daraus ergebende Berichterstattung soll den von Investoren gewünschten Branchenvergleich ermöglichen.

Die aus der Branchenfokussierung resultierende vergleichsweise einfache Umsetzbarkeit der SASB-Standards ist grundsätzlich ein Vorteil gegenüber branchenunabhängigen Standards, etwa denen der GRI: Während die SASB-Vorgaben pro Branche zunächst auf ein bis zwei Seiten tabellarisch zusammengefasst und mit rund 40 Seiten Hintergrund-Informationen aufbereitet werden, müssen bei den GRI-Standards mehrere hundert Seiten von Vorgaben durchgearbeitet werden, um im Rahmen einer Wesentlichkeitsanalyse die relevanten Themen und Einzel-Standards zu identifizieren.

Demgegenüber können branchenspezifische Standards dazu verleiten, wie eine Checkliste durchgearbeitet zu werden. Vollständigkeit und Wesentlichkeit der Berichterstattung wären dann gefährdet. Ferner sind Unternehmen häufig in mehreren Branchen tätig, sodass segmentspezifisch unterschiedliche SASB-Standards einschlägig sind: Probleme ergeben sich dann, wenn die aggregierte Konzernsicht vermittelt werden soll. Hier liegt möglicherweise ein Vorteil branchenunabhängiger Vorgaben, etwa der GRI-Standards.

Zur ursprünglich beabsichtigen Berichtspflicht für US-börsennotierte Unternehmen nach den SASB-Standards ist es (bislang) nicht gekommen. Laut SASB-Website wenden weltweit derzeit 175 Unternehmen die Standards freiwillig in ihrer Berichterstattung an. Aus Deutschland ist die Deutsche Post vertreten,[4] der überwiegende Teil kommt aber aus den USA.

7.3.3   Relevanz für deutsche Unternehmen

Dies bedeutet jedoch nicht, dass die SASB-Standards für deutsche Unternehmen irrelevant sind. Die Standards geben einen guten Überblick, welche Belange für ein Unternehmen relevant sein können: Vorstände, Aufsichtsräte und Vertreter von Finance-Abteilungen können regelmäßig mit dem generischen Drei-Säulen-Modell der Nachhaltigkeit (Ökologie, Soziales, Ökonomie) wenig anfangen, die branchenbezogene SASB-Perspektive erscheint ihnen nachvollziehbarer. Deutsche Unternehmen werden sich vor allem vor dem Hintergrund der nichtfinanziellen Berichterstattung nach §§ 289bff. und §§ 315bf. HGB mit verschiedenen Rahmenkonzepten für die nichtfinanzielle Berichterstattung auseinandersetzen. Es kann davon ausgegangen werden, dass die SASB-Standards angemessene Kriterien für die Aufstellung und Prüfung von nichtfinanziellen Berichten enthalten und insofern als Rahmenwerk i.S. von § 289d Abs. 1 Satz 1 HGB verwendet werden können. Es wäre nicht zwingend, einen SASB-Standard vollumfänglich anzuwenden, sondern nur soweit dies aufgrund der handelsrechtlichen Vorgaben erforderlich ist (DRS 20.296 und .B92). Allerdings wäre dann anzugeben, wieweit den SASB-Vorgaben gefolgt wurde (DRS 20.298). Zu beachten ist auch, dass die SASB-Standards ganz überwiegend auf wirtschaftlich („financial") relevante nachhaltigkeitsbezogene Sachverhalte zur Berichterstattung an Investoren abstellen, während in der nichtfinanziellen Erklärung auch die Wesentlichkeit der Auswirkungen zu beachten ist und von einem weiter gefassten Adressatenkreis ausgegangen werden kann (§ 289c Abs. 3 Satz 1 HGB). Die Erfüllung der SASB-Vorgaben führt also nicht „automatisch" zur Erfüllung der handelsrechtlichen Berichtspflichten, ggf. wären ergänzende Angaben erforderlich.

Die SASB-Standards sind geeignet, einen guten Überblick über aus Investorensicht potenziell wesentliche Nachhaltigkeitsthemen zu liefern. Sie eignen sich so als Grundlage für das Nachhaltigkeitsmanagement und als Orientierung für die Aufstellung der nichtfinanziellen Erklärung. Für die Frage, ob eine Berichterstattung „in Übereinstimmung" mit den Vorgaben des SASB angestrebt werden sollte, empfiehlt sich ein Abgleich mit der Berichterstattung vergleichbarer Unternehmen unter Berücksichtigung der eigenen Investorenbasis. Die Entscheidung ist im Zeitablauf zu hinterfragen, da von einer zunehmenden Bedeutung der SASB-Standards auszugehen ist: Im Rahmen der Befassung mit European non-financial reporting standards werden grundlegende Fragestellungen (branchenspezifische versus branchenübergreifende Vorgaben; Adressaten: Investoren oder weiter gefasster Stakeholder-Kreis) eine Rolle spielen. Die etwaige Ausarbeitung konkreter Standards wird auf den Vorgaben von GRI, TCFD, IIRC und der Sustainable-Finance-Taxonomy-Berichterstattung und den SASB-Standards aufbauen. Denkbar ist aber auch, dass konkrete European non-financial reporting standards mittelfristig zu einem Bedeutungsverlust der genannten Vorgaben führen. Aus Larry Finks Brief sollte vor allem mitgenommen werden, dass institutionelle Investoren Nachhaltigkeit zunehmend in ihren Mainstream-Ansatz aufnehmen und eigene diesbezügliche Berichtspflichten erfüllen müssen: Hierfür sind sie auf hochwertige Informationen „ihrer" Unternehmen angewiesen und werden solche zunehmend einfordern!

StB Dr. Matthias Schmidt, Düsseldorf

(Quelle: Die Wirtschaftsprüfung, Heft 12/2020, Seite 685 ff. (Reihe „Green and more"))

7.4 Green and more: EU-Standard für Green Bonds – aktuelle Entwicklungen

Anfang 2020 wurde der „EU Green Deal Investment Plan" veröffentlicht, der erhebliche Investitionsanstrengungen in allen Sektoren fordert. „Green Bonds" stellen eine unmittelbare Verknüpfung zwischen der Finanzierung „grüner" Projekte und dem Kapitalmarkt her. Mit einem EU-Standard für Green Bonds soll das Marktvertrauen in „grüne" Anleihen gestärkt werden. Der von der Technischen Expertengruppe der EU-Kommission für nachhaltige Finanzen erarbeitete Bericht über einen solchen Standard enthält verpflichtende externe Prüfungsleistungen.

7.4.1 Besonderheiten eines Green Bond

„Green Bonds" sind verzinsliche Wertpapiere, deren Emissionserlöse zur (Re-)Finanzierung von Klima- und Umweltschutzprojekten verwendet werden. Green Bonds werden von öffentlichen Institutionen, Förderbanken, Geschäftsbanken und Unternehmen emittiert. Auch die deutsche Finanzagentur hat für September[1] 2020 die erstmalige Emission einer grünen Bundesanleihe angekündigt.

Die Basis eines Green Bond kann ein einzelnes Projekt oder ein Portfolio an Projekten sein. Von Relevanz für das Attribut „grün" sind ausschließlich die jeweiligen Projekt(e). Nicht von Relevanz ist hingegen, in welchem Sektor oder in welcher Industrie das das Projekt initiierende Unternehmen tätig ist bzw. das Unternehmen an sich.

„Grüne" Projekte dienen beispielsweise der Förderung von erneuerbaren Energien, etwa die Errichtung eines Windkraftparks (Beispiel für „physical green assets") oder ein Hypothekendarlehen für die energieeffiziente Sanierung von Immobilien (Beispiel für „financial green assets"). Die Wirkung dieser Projekte ist in jährlich eingesparten Tonnen an CO_2-Äquivalenten messbar. „Grüne" Projekte sind oft, aber nicht ausschließlich klimafokussiert. Beispielsweise refinanziert eine Förderbank mit einem Green Bond die Renaturierung des Ruhrgebietsflusses Emscher (Beispiel für „green expenditures").

7.4.2 Transparenz und Offenlegung

Für die Emission eines Green Bond haben sich im Markt mehrere Standards etabliert. Zu nennen sind beispielsweise die „Green Bond Principles" (GPB), die unter dem Dach der International Capital Market Association (ICMA) entwickelt wurden. Auch die Standards der Climate Bonds Initiative (CBI), die auf Basis der GBP entwickelt wurden, finden eine breite Anwendung. Verpflichtend ist die Anwendung eines Standards bei der Emission eines Green Bond aber nicht.

---

[1] Vgl. www.deutsche-finanzagentur.de (Abruf: 17.07.2020).

Im Jahr 2018 wurde die Technische Expertengruppe der EU-Kommission für nachhaltige Finanzen (TEG) mit der Ausarbeitung eines Berichts über einen EU-Standard für Green Bonds („Bericht GBS – Green Bond Standard") beauftragt. Die TEG setzte ihre Arbeit auf etablierten Standards auf. Im Juni 2019 veröffentlichte sie ihren ersten Bericht mit zehn Empfehlungen zur Schaffung eines EU-Standards für Green Bonds.[2] Im März 2020 legte die TEG einen Anwendungsleitfaden „Usability Guide for the EU-Green Bond Standard"[3] vor.

Die TEG definiert in ihrem „Bericht GBS" vier zentrale Regelungsinhalte:

- Klassifizierungskriterien für „grüne" Projekte,
- Green-Bond-Rahmenwerk,
- verpflichtende Berichte über die Erlösverwendung („Allocation Reporting") und den ökologischen Nutzen („Impact Reporting"),
- verpflichtende Prüfung durch akkreditierte externe Prüfer.

Die Klassifizierungskriterien für „grüne" Projekte sollen auf der „grünen" Liste nachhaltiger Wirtschaftstätigkeiten beruhen („EU-Taxonomie").

Der Anwendungsleitfaden enthält vor allem Orientierungshilfen für das vom Emittenten zu erstellende Green- Bond-Rahmenwerk (Anhang 2), die Berichterstattung (Anhang 3) sowie die Darstellung der Verknüpfung der Klassifizierung mit der EU-Taxonomie (Anhang 4).

Als Teil des Green Deal bekräftigte die EU-Kommission Anfang 2020 die Standardisierung für grüne Anleihen. Die im Juni 2020 von der EU-Kommission gestartete Konsultation baut auf dem „Bericht GBS" mit dem Anwendungsleitfaden und der EU-Taxonomie auf und endet Anfang Oktober 2020.[4] Ein Konsultationsaspekt ist die Einschätzung des zusätzlichen Berichterstattungs- und Prüfungsaufwands gegenüber herkömmlichen Anleihen.

Neben der Standardisierung werden im „Bericht GBS" auch verschiedene Anreize empfohlen, um das Marktwachstum für grüne Anleihen zu fördern. Ein potenzieller Anreiz, der mit Inkrafttreten des EU-Standards für Green Bonds gelten könnte, ist eine Pflicht zur Offenlegung des Anteils des Investments in Green Bonds für alle institutionellen Anleger in Europa.

....

[2]   Vgl. https://ec.europa.eu (Abruf: 17.07.2020).
[3]   Vgl. https://ec.europa.eu (Abruf: 17.07.2020).
[4]   Vgl. https://ec.europa.eu (Abruf: 17.07.2020).

Eine Entscheidung der EU-Kommission zur Umsetzung des EU-Standards für Green Bonds wurde für das vierte Quartal 2020 im Rahmen der überarbeiteten nachhaltigen Finanzstrategie angekündigt.

7.4.3   Klassifizierungskriterien für „grüne" Projekte

Für das Marktvertrauen in „grüne" Anlageprodukte ist elementar, dass das Attribut „grün" überprüfbar ist. Hier setzt die EU-Taxonomie-Verordnung an, die nach langen Verhandlungen im Dezember 2019 veröffentlicht und im Juni 2020 vom Europäischen Parlament angenommen worden ist.[5] Die Taxonomie-Verordnung bildet den Rahmen eines Klassifikationssystems, um eine wirtschaftliche Tätigkeit mit einem EU-Label als „nachhaltig" zu kennzeichnen. Demnach gelten kumulativ vier Voraussetzungen:

1. Die Tätigkeit leistet einen wesentlichen Beitrag zu mindestens einem der sechs definierten Umweltziele (siehe unten).
2. Die Tätigkeit verursacht keine erhebliche Beeinträchtigung eines der Umweltziele.
3. Der ökologische Nutzen erfüllt solide, wissenschaftlich fundierte Evaluierungskriterien.
4. Bei Ausübung der Tätigkeit werden bestimmte Mindeststandards in Bezug auf Sozial- und Governance-Aspekte eingehalten.

Vor allem das sogenannte „Do No Significant Harm"-Kriterium zur Vermeidung negativer Umweltauswirkungen und das sogenannte „Minimum Safeguard"-Kriterium zum Schutz sozialer Belange finden in bisherigen Projektbeurteilungen oft noch keine explizite Anwendung.

Die konkrete „grüne Liste" nachhaltiger Wirtschaftstätigkeiten („EU-Taxonomie") wird die EU-Kommission durch den Erlass delegierter Rechtsakte verabschieden. Bis Ende 2020 soll jeweils eine „grüne Liste" für die Umweltziele (1) Klimaschutz und (2) Anpassung an den Klimawandel verabschiedet werden. Bis Ende 2021 soll je eine „grüne Liste" verabschiedet werden für (3) Nachhaltige Nutzung und Schutz von Wasser- und Meeresressourcen, (4) Übergang zur Kreislaufwirtschaft, (5) Vermeidung und Verminderung der Umweltverschmutzung und (6) Schutz und Wiederherstellung der Biodiversität und der Ökosysteme. Diese künftigen Klassifizierungen können Anleger dann verwenden, um zu prüfen, ob die einem Green Bond unterlegten Projekte „grün" sind.

---

[5]   Vgl. https://ec.europa.eu (Abruf: 17.07.2020).

Ein Kritikpunkt an der Taxonomie-Verordnung ist, dass Anleger künftig nicht-„grünen" Projekten automatisch eine umweltschädliche Auswirkung unterstellen könnten. Dies könnte – bei breiter Anwendung der EU-Taxonomie im Kapitalmarkt – für „neutrale" Projekte zu ungünstigen Finanzierungskonditionen führen. Die TEG empfiehlt daher, auch umweltschädliche Aktivitäten aufzulisten („braune" Taxonomie).

7.4.4 Externe Prüfungsinhalte

Im „Bericht GBS" spricht die TEG die Empfehlung für folgende verpflichtende Prüfungsleistungen aus:

1. eine Prüfung vor oder zum Zeitpunkt der Emission („Pre-Issuance"-Prüfung) darauf hin, ob
   a. die Projekte „grün" im Sinne der EU-Taxonomie sind und
   b. das der Emission zugrunde liegende Rahmenwerk den Anforderungen des EU-Standards für Green Bondss entspricht;
2. eine Prüfung nach der vollständigen Verwendung der Erlöse („Post-Issuance"-Prüfung), d. h. die tatsächliche Erlösverwendung, wie sie im „Allocation Reporting" des Emittenten aufgeführt ist.

Für Investoren ist neben der Erlösverwendung auch die Berichterstattung über den tatsächlichen ökologischen Nutzen („Impact Reporting") von Relevanz. Emittenten ist auch die Prüfung dieser Berichterstattung zu empfehlen.

Nach dem „Bericht GBS" ist die jeweilige Berichterstattung über die Prüfung öffentlich zugänglich zu machen (z. B. auf der Website des Emittenten).

Diese Prüfungen sind ein weiteres Tätigkeitsfeld für Wirtschaftsprüfer im Kontext der Nachhaltigkeit. Grundlage für die Prüfungen ist derzeit der prinzipienorientierte allgemeine Standard ISAE 3000 (Revised) „Assurance Engagements Other than Audits or Reviews of Historical Financial Information". Bislang wurden bzw. werden Prüfungen im Kontext eines Green Bond in der Regel mit begrenzter Sicherheit – „Limited Assurance" – durchgeführt.

7.4.5 Fazit

Europäische Green Bonds sollen eine wichtige Rolle bei der Umsetzung des „EU-Green Deal Investment Plan" einnehmen. Mit einem EU-Standard für Green Bonds wäre Europa Vorreiter bei der Standardisierung für grüne Anleihen.

Die mit dem Standard eng verknüpfte EU-Taxonomie ist als ein großer Fortschritt zu würdigen, um künftig Zweifeln von Anlegern am ökologischen Nutzen eines Projekts zu begegnen.

Das Marktvertrauen wird auch mit einer Prüfung gestärkt. Die Prüfung durch Wirtschaftsprüfer sollen zumindest in Deutschland eine einheitlich hohe Qualität der jeweiligen Prüfung sicherstellen.

WP StB Nicole Richter, München

WP Yvonne C. Meyer, Eschborn

(Quelle: Die Wirtschaftsprüfung, Heft 16/2020, Seite 970 ff. (Reihe „Green and more“))

7.5 IDW Knowledge Paper: Green Bonds – Auf dem Weg zu einem verlässlichen Markt für grüne Anleihen

(Stand: 16.02.2021)

7.5.1 Vorbemerkungen

Das Thema der nachhaltigen Transformation der Wirtschaft und deren Finanzierung hat eine breite Öffentlichkeit erreicht. In großem Umfang werden mittlerweile Finanzinstrumente emittiert, die für sich das Label „Green Bond" in Anspruch nehmen. Hierunter wird die Aufnahme von Mitteln verstanden, die für Aktivitäten bzw. Investitionen zur Verringerung bzw. Verhinderung von Umwelt- bzw. Klimaschäden dienen sollen. In der Praxis haben sich einige von den emittierenden Unternehmen unabhängige Regelwerke etabliert, sog. Green Bond Standards, deren Anforderungen zu zahlreichen praktischen Auslegungsfragen führen. Solche Unklarheiten verstärken die Sorge einer verlässlichen Klassifizierung von Finanzprodukten als „grün" und erhöhen das Risiko, dass Emittenten „Greenwashing" betreiben könnten, also Investments als nachhaltig ausweisen, obwohl diese klima- oder umweltschädliche Elemente enthalten oder finanzieren.[1] Schließlich werden die unternehmensindividuellen Rahmenwerke (Frameworks) zur Emission von Green Bonds aus den freiwillig anzuwendenden Green Bond Standards abgeleitet.

Auch die im Zusammenhang mit der Emission von Green Bonds durchgeführten externen Verifizierungen weisen eine hohe Heterogenität auf. Dies betrifft vor allem die angewandten (Prüfungs-) Standards einschließlich des Umfangs der durchzuführenden Validierungshandlungen. Dabei wird die Aussagekraft „grüner" Zertifikate von Institutionen außerhalb des Berufsstands der Wirtschaftsprüfer zunehmend kritisch hinterfragt, z.B. wenn die genutzte Untersuchungsmethodik lediglich auf der Auswertung von Fragebögen basiert.

Diese Heterogenität auf Emittenten- und Prüferseite erschwert den Marktteilnehmern gegenwärtig eine Vergleichbarkeit der emittierten grünen Anleihen. Der europäische Gesetzgeber hat diese Probleme erkannt und arbeitet zurzeit an der Entwicklung eines unverbindlichen EU Green Bond Standards.[2] Die Veröffentlichung eines Legislativvorschlags durch die EU-Kommission ist für Juni 2021 angekündigt.

---

[1] Vgl. Antwort der Bundesregierung auf die Anfrage von Abgeordneten "Greenwashing – von Finanzprodukten in Deutschland und in Europa" vom 17.01.2020, Drs. 19/16590.

[2] Am 18. Juni 2019 veröffentlichte hierzu die TEG ihren finalen Bericht, https://ec.europa.eu/info/files/190618-sustainable-finance-teg-report-green-bond-standard_en, und am 9. März 2020 einen "Usability Guide", https://ec.europa. eu/info/files/200309-sustainable-finance-teg-green-bond-standard-usability-guide_en.

Das vorliegende IDW Knowledge Paper stellt Beobachtungen und Entwicklungen rund um die Emission von Green Bonds dar. Hierzu wird zunächst die dynamische Entwicklung des Marktes für Green Bonds beschrieben. Darauf aufbauend werden die idealtypischen Prozesse im Rahmen einer Emission von Green Bonds dargelegt. Es folgt ein Überblick über die aktuell am Markt etablierten wesentlichen Green Bond Standards sowie eine Erläuterung von absehbaren Neuerungen durch den EU Green Bond Standard. Abschließend werden mögliche Prüfungsleistungen bei der Emission von Green Bonds dargelegt, die das Vertrauen des Kapitalmarkts in die emittierten Produkte stärken können.

Aus Sicht des Berufsstands der Wirtschaftsprüfer stellen Green Bonds ein zentrales Element der nachhaltigen Transformation der Wirtschaft dar. Regulatorische Maßnahmen sind daher sorgfältig und unter Berücksichtigung marktwirtschaftlicher Hebel zu entwickeln. Mit diesem Papier möchte das IDW einen Beitrag zur notwendigen, laufenden Debatte über die Zukunft der Emission von Green Bonds leisten. Es richtet sich an die interessierte Öffentlichkeit, insbesondere an Emittenten, Investoren und die Politik.

7.5.2 Bedeutung von Green Bonds: Dynamische Steigerung des Emissionsvolumens

Seitdem die European Investment Bank den ersten Climate Awareness Bond im Jahr 2007 und die Weltbank den ersten gekennzeichneten Green Bond für institutionelle Investoren 2008 emittiert haben, hat sich der Markt für Green Bonds, aber auch der für Sustainability sowie Social Bonds[3], dynamisch weiterentwickelt. Die Möglichkeit, die Kapitalbeschaffung an grüne Projekte zu knüpfen, hat sich weltweit durchgesetzt. Der konkrete Gegenstand der Finanzierungen sowie die Transparenz darüber werden damit immer relevanter.

G20, OECD und der IMF (International Monetary Fund) haben das Potenzial der Green Bond- Märkte schon vor längerer Zeit erkannt und ab 2016 deren Rolle aktiv in der G20 Green Finance Study Group diskutiert.[4] Nachdem die internationalen Organisationen und Banken die ersten Green Bonds emittierten, wurde im Jahr 2013 der erste Green Bond eines Industrieunternehmens sowie der erste Green Bond einer Stadtgemeinde (Green Muni Bond) aufgelegt.

Mit den verschiedenen Arten eines Green Bonds hat sich die Emittentenbasis stark diversifiziert, was in der folgenden Abbildung 1 veranschaulicht wird.

---

[3] Vgl. dazu ausführlich Abschnitt 7.5.6.
[4] World Bank Treasury (2019), 10 Years of Green Bonds: Creating the Blueprint for Sustainability Across Capital Markets, https://www.worldbank.org/en/news/immersive-story/2019/03/18/10-years-of-green-bonds-creating-the-blueprintfor-sustainability-across-capital-markets.

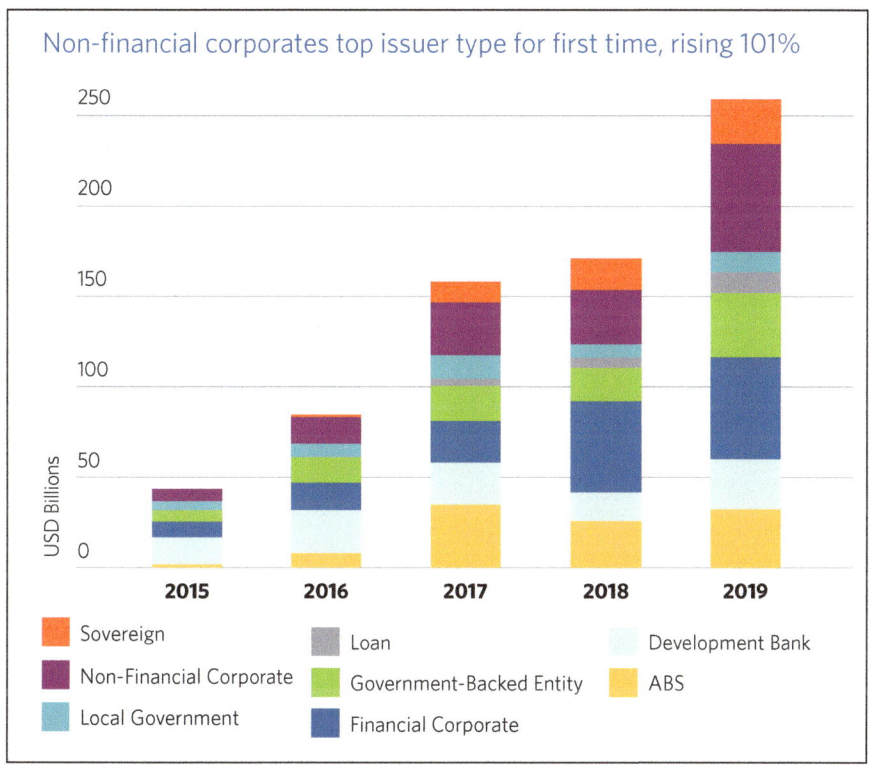

Abb. 1: Emittenten von Green Bonds, 2015-2019; Quelle: CBI, Global Green Bonds 2019 Report

2015 waren es noch mehrheitlich die Entwicklungsbanken und -agenturen, die per se einen starken Fokus auf Nachhaltigkeit richten. Im Laufe der Zeit sind mehr und mehr die Akteure des allgemeinen Finanzsektors und der Realwirtschaft hinzugekommen und haben die Emittentenlandschaft um einen starken Anteil der Privatwirtschaft erweitert. Immer mehr Banken emittieren Green Bonds, deren Mittel sie dann in der Form von Green Loans an ihre Kunden weitergeben.[5] Die KfW finanziert beispielsweise seit 2014 Kredite für den Ausbau erneuerbarer Energien und seit 2019 auch Kredite für den Bau energieeffizienter Gebäude durch Green Bond-Emissionen.[6] Auch immer mehr Regierungen emittieren Green Bonds als Staatsanleihen, wie z.B. Frankreich, Belgien, Irland und zuletzt auch Deutschland.

---

[5]   Ein etablierter Standard für Green Loans wird in den „Green Loans Principles" festgehalten, die von der Loan Market Association verwaltet werden.

[6]   KfW (2019), "Green Bonds – Made by KfW", Allocation Report: Use of proceeds of 2019 Green Bond issuances, https://www.kfw.de/PDF/Investor-Relations/PFD-Dokumente-Green-Bonds/KfW-Green-Bond-Allocation-Report- 2019-2.pdf.

i

Hinweis:

Im Jahr 2019 wurde erstmalig ein Emissionsvolumen für Green Bonds von über USD 250 Mrd. weltweit erreicht.[7] Damit hat sich das jährliche Emissionsvolumen von 2010 (USD 2,5 Mrd.) bis 2019 verhundertfacht. Die Emissionen konnten nach ersten Berechnungen im Jahr 2020 weiter gesteigert werden. Damit hat das gesamte Emissionsvolumen von Green Bonds seit 2007 eine Höhe von USD 1 Billion erreicht.[8] Für 2021 werden sogar Neuemissionen von Green Bonds in Höhe von über USD 500 Mrd. prognostiziert.[9]

Abbildung 2 zeigt die Verteilung der Green Bond- Emissionen auf die Weltregionen sowie supranationale Emittenten. Die drei emissionsstärksten Weltregionen sind Europa, Nordamerika und Asien. Bis Juni 2020 entfielen auf Europa (ohne Skandinavien) 42,1% des globalen Marktes. Die anteilsmäßig stärksten Länder weltweit sind die USA, gefolgt von China und Frankreich.

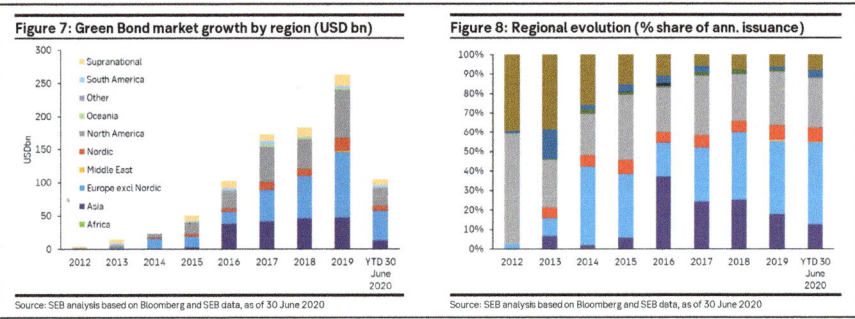

Abb. 2: Kumulative Emissionsvolumina von Green Bonds in den Weltregionen sowie die prozentuale Verteilung, 2012-2019; Quelle: SEB (2020), The Green Bond, July 2020

Die häufigsten Verwendungszwecke für Green Bonds sind Erneuerbare Energien, grüne Gebäude sowie nachhaltiger Transport und Verkehr. (s. Abb. 3) Mit dem Green Bond von Teekay Shuttle Tankers 2019[10], dessen Mittel für die Entwicklung von E-Booten für den

---

[7]   CBI, Green Bonds: Global State of the Market 2019, https://www.climatebonds.net/files/reports/cbi_sotm_2019_vol1_04d.pdf.

[8]   Nach USD 754 Mrd. in 2019. Vgl. Climate Bonds Initiative (2019) Green bonds global state of the market 2019, https://www.climatebonds.net/files/reports/cbi_sotm_2019_vol1_04c_0.pdf; https://seb.de/uber-die-seb/presse/pressemitteilungen/seb-green-bond-report-dezember-2020.

[9]   SEB (2020), The Green Bond: Your insight into sustainable finance, S. 16, https://sebgroup.com/siteassets/cision/ documents/2020/20201210-sebs-the-green-bond-report-2021-to-be-record-year-for-sustainable-financeen- 0-2831617.pdf.

[10]   Christian Fjell (2019), Teekay E-Shuttle Tanker – Groundbreaking Environmental Performance in "The Green Bond December 2019", Seite 24 f., https://sebgroup.com/siteassets/large_corporates_and_institutions/our_services/markets/fixed_income/green_bonds/thegreenbond_december2019.pdf.

Transport von Öl verwendet werden sollen, hat sich die Debatte um den Verwendungs-
zweck am Markt intensiviert. Eine Diskussion zur Emission von Transition Bonds wurde
eröffnet. Diese unterstützen zwar die nachhaltige Transformation der Wirtschaft, stellen
aber noch nicht die technologische Zielvorstellung einer kohlenstoffarmen Wirtschaft
dar. „Grün" hätte dann verschiedene „Shades of Green".

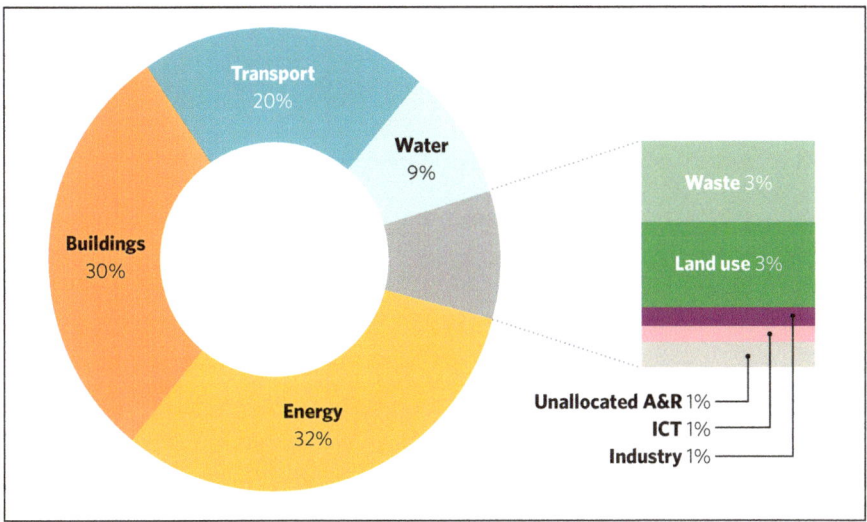

Abb. 3: Verwendungszwecke der Mittel aus Green Bond Emissionen 2019; Quelle: Climate Bonds Initiative, (2019)
Green Bonds Global State of the Market 2019

Deutsche Emittenten zählen zu den Pionieren am Green Bond-Markt. Sowohl die KfW
als auch die Landwirtschaftliche Rentenbank emittieren seit 2013 Green Bonds, die
NRW.Bank und das Land Nordrhein-Westfalen seit 2014.[11] Bis Mai 2019 ist das kumulative Emissionsvolumen in Deutschland auf EUR 33,6 Mrd. angestiegen, so dass Deutschland den viertgrößten Markt weltweit darstellt.[12]

Abbildung 4 zeigt die Emissionsvolumina von 2013 bis Mai 2019 in Deutschland und die
Aufteilung auf die verschiedenen Marktteilnehmer. Die Emissionen werden hauptsäch-
lich von Entwicklungsbanken und Akteuren des Finanzsektors (z.B. Berlin Hyp, Deut-
sche Hypo, LBBW, Commerzbank und DZ Bank) begeben. Aber auch realwirtschaftliche
Unternehmen nehmen vermehrt am Green Bond-Markt teil, z.B. VW, EnBW, enercity,
MEP Werke und BayWa. Die Bundesrepublik Deutschland hat im September 2020 einen

[11]　Climate Bonds Initiative (2017), Deutsche Green Bonds Update und Chancen, https://www.climatebonds.net/
　　files/ files/Auf-Deutsch-Deutsche-Green-Bonds-Update-und-Chancen-Mai2017.pdf.
[12]　Climate Bonds Initiative (2019), Grüner Finanzmarkt – Lagebericht 2019, Juli 2019, https://www.climatebonds.
　　net/files/files/Germany_GBSOTM_201907_update_de.pdf.

ersten und bereits im November 2020 einen zweiten Green Bond begeben. Es kann davon ausgegangen werden, dass die Signalwirkung einer grünen Bundesanleihe den deutschen Green Bond-Markt weiter ankurbeln wird.

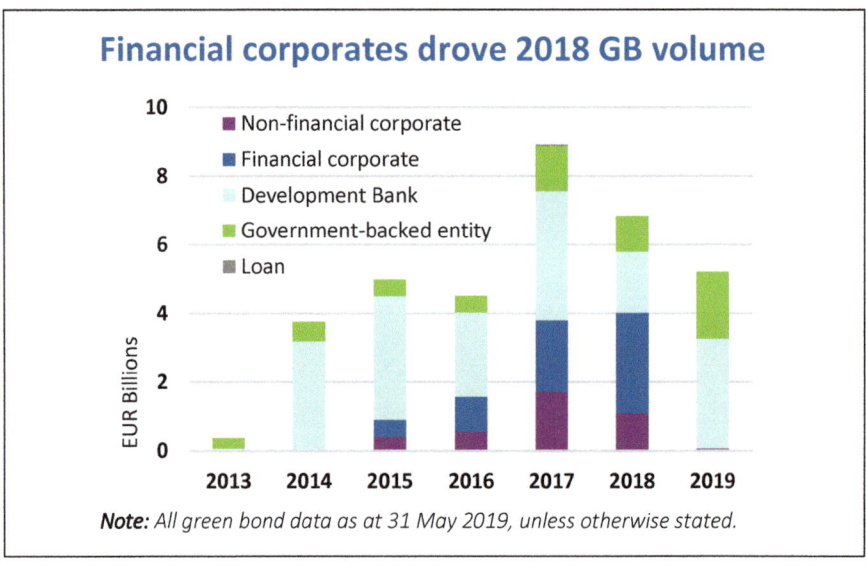

Abb. 4: Green Bond Emissionsvolumina in Deutschland 2013-2019 (Mai 2019); Quelle: Climate Bonds Initiative (2019), Germany Green Finance State of the Market - 2019 update

7.5.3　Phasen der Emission von Green Bonds

Green Bonds sind Wertpapiere (Finanzinstrumente) zur Kapitalbeschaffung über den Kapitalmarkt. Die Phasen der Emission eines Green Bonds verlaufen analog zur Ausgabe klassischer Anleihen. Dabei sind grob drei Phasen zu unterscheiden:

- – Phase 1: Zeit vor Ausgabe des Green Bonds,
- – Phase 2: Ausgabe des Green Bonds,
- – Phase 3: Zeit nach Ausgabe des Green Bonds.

Je Phase hat der Emittent unterschiedliche Anforderungen zu beachten. Diese ergeben sich zum einen aus gesetzlichen Vorgaben, z.B. Regeln zur Erstellung von Prospekten sowie Mitteilungsund Vorlagepflichten an die Finanzaufsicht nach WpHG, KAGB, VermAnlG und WpPG.

Zum anderen müssen Emittenten entscheiden, ob und falls ja, welchen Green Bond Standard sie der Emission eines Green Bonds zugrunde legen. In der Praxis hat sich eine auf einem etablierten Green Bond Standard aufbauende Entwicklung eines unternehmensindividuellen Rahmenwerks (Frameworks) etabliert, angepasst an die zu (re-)finanzierenden Projekte. Im Green Bond Standard sowie im daraus abgeleiteten Framework werden (Mindest-) Voraussetzungen für das „Label" Green Bond dargelegt. Diese betreffen unter anderem notwendige Abgrenzungen zu finanzierender „grüner" Projekte sowie Analysen und Vorgaben zur Überwachung und Berichterstattung nach der Emission. Hierzu sind von den Emittenten angemessene und wirksame Systeme, Prozesse und Verfahren einzurichten und zu überwachen. Die Abbildung 5 veranschaulicht exemplarisch die einzelnen Prozessschritte und wesentliche Eckpfeiler der Emission von Green Bonds.

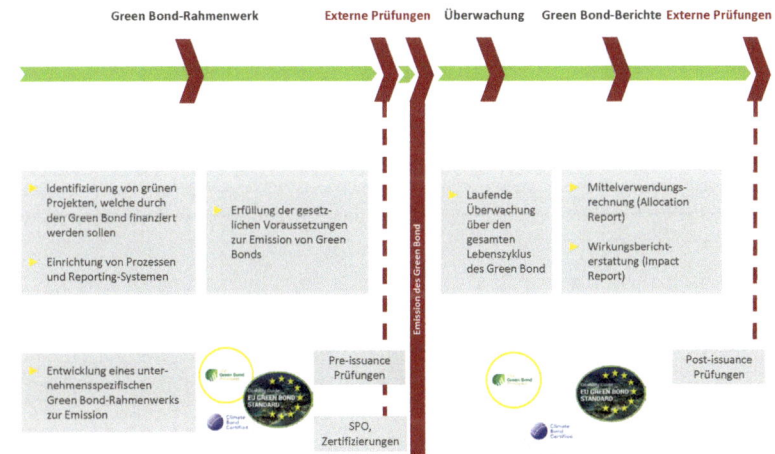

Abb. 5: Phasen der Emission von Green Bonds

7.5.4 Green Bond Standards und Ausblick auf den EU Green Bond Standard

Für die Emission eines Green Bond haben sich am Markt mehrere Standards etabliert. Zu nennen sind beispielsweise die „Green Bond Principles" (GBP)[13], die unter dem Dach der International Capital Market Association (ICMA) entwickelt wurden, sowie der Climate Bonds Standard[14] der Climate Bonds Initiative (CBI), der auf Basis der GBP entwickelt wurde. Verpflichtend ist die Anwendung eines Standards bei der Emission eines Green Bond bislang nicht. Dennoch haben diese Standards die Vereinheitlichung der Emission von Green Bonds maßgeblich geprägt.

---

[13] Vgl. https://www.icmagroup.org/green-social-and-sustainability-bonds/green-bond-principles-gbp/.
[14] Vgl. https://www.climatebonds.net/files/files/climate-bonds-standard-v3-20191210.pdf.

Die GBP werden im Wesentlichen in vier Bausteine gegliedert:

- **Verwendung der Emissionserlöse (Use of Proceeds):** Die GBP beschreiben Mindestanforderungen an grüne Projekte, die mittels der Green Bonds finanziert werden sollen. Dabei geben sie Hinweise auf mögliche Abgrenzungskriterien, u.a. durch die Beschreibung von Kategorien „geeigneter" grüner Projekte.
- **Prozess der Projektbewertung und -auswahl (Process for Project Evaluation & Selection):** Emittenten sollen transparente Angaben zur ökologischen Zielsetzung, zur Vorgehensweise bei der Bestimmung grüner Projekte sowie zu den jeweiligen Eignungsund Ausschlusskriterien machen. Darüber hinaus sind Angaben zu Maßnahmen zur Identifikation und Steuerung potenzieller ökologischer und sozialer Risiken im Zusammenhang mit den Projekten zu machen. Den Emittenten wird zudem eine externe Prüfung des Prozesses empfohlen.
- **Management der Erlöse (Management of Proceeds):** Es ist durch interne Prozesse sicherzustellen, dass das aus der Emission des Green Bonds erhaltene Kapital ausschließlich für die Kredit- und Investitionstätigkeiten der grünen Projekte verwendet wird. Die GBP verlangen ein hohes Maß an Transparenz und empfehlen die Prüfung der Mittelverwendung durch einen Wirtschaftsprüfer oder einen sonstigen Dritten.
- **Berichterstattung (Reporting):** Die Emittenten sollen aktuelle Informationen über die Verwendung der Emissionserlöse bereitstellen. In einer jährlichen Berichterstattung sollten nach den GBP als Mindestbestandteile enthalten sein: Eine Übersicht über die dem Green Bond zugeordneten Projekte, eine kurze Projektbeschreibung und die entsprechend zugeflossenen Beträge. Darüber hinaus werden Hinweise zur Wirkungsberichterstattung (erwartete Umweltauswirkungen) verlangt. Hierbei wird die Verwendung qualitativer Leistungsindikatoren und, sofern möglich, quantitativer Kennzahlen empfohlen.

Der CBI Climate Bonds Standard greift diese vier Kernkomponenten der GBP auf und unterscheidet deutlicher zwischen den Anforderungen für die Zeit vor (pre-issuance requirements) und nach der Emission des Green Bonds (postissuance requirements). Der Standard konkretisiert die Anforderungen in vielen Teilen und gibt damit insgesamt striktere Leitlinien vor.

Im Jahr 2018 wurde die Technische Expertengruppe der EU-Kommission für nachhaltige Finanzen (TEG) mit der Erarbeitung eines Berichts zur Entwicklung eines EU-Standard für Green Bonds beauftragt. Die TEG setzte ihre Arbeit auf den etablierten Standards auf. Dabei sollten vor allem die Klassifizierungskriterien präzisiert werden. Im Juni 2019 veröffentlichte die TEG ihren ersten Bericht mit zehn Empfehlungen zur Schaffung eines EU-Standards für Green Bonds. Im März 2020 legte die TEG einen Anwendungsleitfaden „Usability Guide for the EU Green Bond Standard" (EU GBS) vor. Nach Ansicht der TEG soll die Anwendung des EU GBS für solche Emittenten relevant sein, die eine Emission auf hohem Qualitätsniveau anstreben.

i

Hinweis:
Die TEG definiert vier zentrale Regelungsinhalte:

1. Klassifizierungskriterien für grüne Projekte im Einklang mit der „grünen Liste" nachhaltiger Wirtschaftstätigkeiten entsprechend der EU-Taxonomie[15],
2. Erstellung eines Green Bond-Rahmenwerks durch den Emittenten,
3. Aufstellung verpflichtender Berichte über die Erlösverwendung („Allocation Reporting") und den ökologischen Nutzen („Impact Reporting"),
4. verpflichtende Prüfung durch akkreditierte externe Prüfer.

Der Anwendungsleitfaden enthält vor allem Orientierungshilfen für das vom Emittenten zu erstellende Green Bond-Rahmenwerk (Anhang 2), die Berichterstattung (Anhang 3) sowie die Darstellung der Verknüpfung der Klassifizierung mit der EU-Taxonomie (Anhang 4).

Nach diesem Entwurf eines EU Green Bond Standards wird vom Emittenten eines EU Green Bonds die Veröffentlichung folgender Dokumente verlangt:

- Green Bond Framework,
- Allocation Reporting,
- Impact Reporting.

In seinem unternehmensspezifischen Green Bond Framework bestätigt der Emittent die freiwillige Anwendung des EU GBS und veröffentlicht Einzelheiten zu allen wesentlichen Aspekten der vorgesehenen Mittelverwendung sowie zu seinen grünen Projekten und den ihnen zugrunde liegenden Green Bond-Strategien und -Prozessen.[16] Das Framework muss vor oder spätestens zur Emission veröffentlicht werden (Pre-Issuance-Reporting) und bis zur Fälligkeit des EU Green Bonds öffentlich zugänglich sein. Bei späteren Änderungen oder Ergänzungen der Taxonomie einschließlich der Technical Screening Criteria (TSC) sollen ausstehende Emissionen rechtlichen Bestandsschutz genießen.

Der EU GBS sieht als Post-Issuance-Reporting ein Allocation Reporting und ein Impact Reporting vor.

Ein öffentliches Allocation Reporting hat bis zur vollständigen Mittelverwendung mindestens jährlich zu erfolgen, bei wesentlichen Veränderungen der Mittelallokation sind anlassbezogene Aktualisierungen notwendig. Besondere Bedeutung kommt dabei dem Allocation Report zur vollständigen Mittelverwendung zu (Final Allocation Report).[17]

---

[15] Verordnung (EU) 2020/852 des Europäischen Parlaments und des Rates vom 18. Juni 2020 über die Einrichtung eines Rahmens zur Erleichterung nachhaltiger Investitionen und zur Änderung der Verordnung (EU) 2019/2088.
[16] EU GBS Kap. 4.2; Kernelemente des unternehmensspezifischen Green Bond Framework.
[17] Vgl. dazu EU GBS, Kapitel 7(b).

Ein Allocation Report beinhaltet eine Bestätigung der Anwendung des EU GBS, eine Aufgliederung der den grünen Projekten (bereits) zugewiesenen Beträge zumindest bis auf Sektorenebene disaggregiert und die geographische Verteilung der Projekte.

Für die Organisation einer EU Green Bond- Emission ist bedeutsam, dass das Allocation Reporting bereits im Framework zu beschreiben ist. Insoweit sind die Anforderungen an das Allocation Reporting durch den Emittenten bereits auf Ebene des Frameworks zu antizipieren. In der Folge richtet sich das konkrete Allocation Reporting nach den im jeweiligen Framework festgelegten Bedingungen.

Ein Impact Reporting ist zwingend mindestens einmal während der Laufzeit der Emission nach vollständiger Mittelverwendung zu veröffentlichen, sowie zusätzlich anlassbezogen bei wesentlichen Veränderungen der Mittelallokation. Auch für das Impact Reporting ist vorgeschrieben, dass es bereits im Framework darzustellen ist. In der Folge richtet sich das konkrete Impact Reporting nach den im jeweiligen Framework festgelegten Anforderungen. Lediglich die Methoden und Annahmen, mit denen die Auswirkungen „beurteilt" (laut Kap. 4.3 des EU GBS) bzw. „berechnet" (laut Kap. 4.2 des EU GBS) werden sollen, dürfen im Impact Reporting selbst „nachgereicht" werden.

Die folgende Abbildung 6 veranschaulicht die Kernelemente nach dem EU GBS:

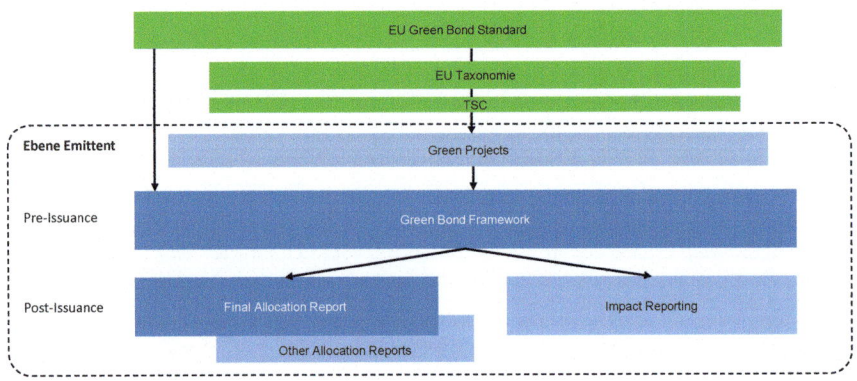

Abb. 6: Kernelemente des EU Green Bond Standard

Die TEG empfiehlt eine freiwillige Anwendung des EU GBS für alle Marktteilnehmer. Dabei kann der EU GBS zur Finanzierung von Projekten innerhalb aber auch außerhalb der EU angewendet werden. Ferner kann er für alle Arten von notierten und nicht-notierten Schuldinstrumenten zur Anwendung kommen.

Als Teil des Green Deal bekräftigte die EUKommission Anfang 2020 ihre Bestrebungen zur Standardisierung des Marktes für grüne Anleihen. Die im Oktober 2020 abgeschlossene Konsultation der EU-Kommission („Establishment of an EU Green Bond Standard") basierte auf dem EU GBS-Bericht der TEG einschließlich des Anwendungsleitfadens und der EUTaxonomie.[18] Die Vorlage eines Vorschlags für einen EU Green Bond Standard durch die EU Kommission wird derzeit im Juni 2021 erwartet.[19]

7.5.5 Externe Prüfungen im Zusammenhang mit Green Bonds

7.5.5.1 Bestandsaufnahme

Prüfungen unterstützen Emittenten bei ihrer Überwachung der hohen Anforderungen an die Governance und Kontrollen während des Lebenszyklus des Green Bonds. Eine unabhängige externe Prüfung ist darauf ausgerichtet, den Sicherheitsbedarf von Investoren zu adressieren. Schließlich benötigen diese Gewissheit darüber, dass ein Green Bond über seinen Lebenszyklus den spezifischen und veröffentlichten Kriterien entspricht, um ihrerseits Reputationsschäden zu vermeiden und die Anforderungen an die eigene Governance und das Risikomanagement zu erfüllen. Darüber hinaus stiften Prüfungen gesellschaftlichen Nutzen durch die Sicherstellung von Transparenz und Glaubwürdigkeit als Gegenpol zu möglichen Greenwashing-Gefahren. Prüfungen durch unabhängige Dritte stärken also das Vertrauen in den Green Bond-Markt insgesamt.

Um Informationsasymmetrien für Marktteilnehmer zu reduzieren, empfehlen einige Green Bond-Standards den Emittenten, ihr Green Bond Framework, ihre Green Bond-Prozesse bzw. ihre Berichterstattungen zur Emission von Green Bonds von einem oder mehreren externen Prüfern analysieren bzw. die Übereinstimmung mit den Anforderungen des gewählten Green Bond Standards verifizieren zu lassen. Einige Standards sehen verpflichtende externe Verifizierungen/ Validierungen vor.

i

Hinweis:
Dabei sind drei verschiedene Tätigkeitsbereiche eines externen Prüfers zur Emission von Green Bonds zu unterscheiden:

1. Eine Prüfung oder Zertifizierung des Rahmenwerks für grüne Anleihen vor der Ausgabe (pre-issuance),
2. die Prüfung der Mittelverwendung (Allocation Report) und
3. die Prüfung der Auswirkungen der mit den Mitteln finanzierten Projekte (Impact Report).

---

[18] Für einen Überblick vgl. https://ec.europa.eu/info/business-economy-euro/banking-and-finance/sustainable-finance/ eu-green-bond-standard_en#next; https://www.europarl.europa.eu/legislative-train/theme-an-economythat- works-for-people/file-eu-green-bond-standard.

[19] Vgl. Arbeitsprogramm der EU Kommission für 2021, https://eur-lex.europa.eu/resource. html?uri=cellar:91ce5c0f-12b6-11eb-9a54-01aa75ed71a1.0003.02/DOC_1&format=PDF; https://www. marketscreener. com/news/latest/EU-Commission-to-propose-EU-green-bond-standard-by-June-EU-leaders-say--31991310/.

Derzeit werden Validierungen von vier Institutionen angeboten:

- Wirtschaftsprüfungsgesellschaften,
- Beratungsunternehmen, die sich auf sog. Second Party Opinions und Zertifizierungen spezialisiert haben,
- Nachhaltigkeits-Ratingagenturen und
- Zertifizierungsbehörden.[20]

> **i**
>
> **Hinweis:**
> Die von den Organisationstypen angebotenen Validierungen weisen vor allem einen deutlichen Unterschied hinsichtlich ihres Aussagegehalts und Sicherheitsniveaus auf.

Die Unterschiede zwischen den Leistungen, insbesondere zwischen Prüfungen und Zertifizierungen bzw. Second Party Opinions, ergeben sich vor allem aus den folgenden Merkmalen:

- Vergleichbarkeit der herangezogenen Kriterien für die Untersuchung,
- Nachvollziehbarkeit der durchgeführten Prüfungs- bzw. Untersuchungshandlungen,
- erreichbares Sicherheitsniveau,
- Einheitlichkeit des Aufbaus der Berichterstattung des Prüfers oder des Beraters,
- die an den Prüfern gerichteten Aus- und Fortbildungsanforderungen und die Maßnahmen, zur deren Einhaltung,
- die erforderlichen Qualitätssicherungsverfahren,
- die erforderlichen externen Qualitätskontrollmaßnahmen,
- die Grundsätze der Berufsausübung, einschl. der Anforderungen an die Unabhängigkeit des Prüfers,
- die Erfahrung und Expertise in „assurance skills and techniques".

Nach den GBP sind grob die folgenden vier Kategorien von Verifizierungen zu unterscheiden:[21]

- Second Party Opinions (SPO) sind in der EU und in Deutschland die meistverbreitete Art von Verifizierungen im Zusammenhang mit Green Bonds. Sie zielen auf eine persönliche Einschätzung ab, ob das unternehmensspezifische Rahmenwerk des Green Bonds im Einklang mit den Anforderungen des gewählten Green Bond Standards steht. SPO werden zurzeit insbesondere durch Beratungs- und ESG-Ratingagenturen angeboten, die keine Prüfungen mit begrenzter oder hinreichender Sicherheit im Sinne international anerkannter Prüfungsstandards, z.B. nach ISAE 3000 (Rev.), durchführen.

---

[20] Vgl. TEG, Usability Guide, S. 26.
[21] Vgl. GBP, a.a.O., S. 7 f.

Die Vorgehensweise bei der Meinungsfindung unterliegt damit keinem einheitlichen internationalen Standard. Zudem unterliegen die Beratungs- und ESGRatingagenturen – z.B. im Unterschied zu Wirtschaftsprüfern – regelmäßig u.a. keinen strengen Vorgaben internationaler Standards an ihre Unabhängigkeit vom Auftraggeber sowie keiner regelmäßigen externen Qualitätskontrolle durch eine unabhängige Instanz.

Aufbau und Inhalte der Second-Party-Opinions unterscheiden sich zwischen den Anbietern. Generell sind SPO aber nach den vier zentralen Kernkomponenten des GBP aufgebaut: Use of Proceeds, Process for Evaluation and Selection, Management of Proceeds sowie Reporting. Die verwendete Methodologie und die Beschreibung der verwendeten Maßstäbe werden in unterschiedlichem Umfang transparent gemacht. Eine Vergleichbarkeit der Aussagen für den Emittenten bzw. den Investor oder sonstige Adressaten der SPOs zwischen verschiedenen Anbietern wird dadurch erschwert. Teilweise werden auch keine Angaben zur erreichten Sicherheit der Aussage gemacht. Die Aussagekraft solcher SPO ist begrenzt.

– Bei einer Prüfung i.e.S. wird auf Basis geeigneter Kriterien mit hohem Sicherheitsniveau beispielsweise festgestellt, ob Rahmenwerke und deren Umsetzung im Einklang mit den Anforderungen des gewählten Standards stehen. Hierzu gehört z.B. die Prüfung, ob Prozesse und Vorkehrungen geeignet sind, konforme grüne Projekte zu identifizieren und diese dann auch zu finanzieren. Darüber hinaus können Prüfungen durchgeführt werden, um die Vollständigkeit und Genauigkeit von Mittelverwendungsrechnungen und das Impact Reporting zu bestätigen. Hierzu gibt der Prüfer ein Prüfungsurteil ab (Prüfungsvermerk). Solche Prüfungen erfolgen auf Basis von anerkannten Prüfungsstandards mit hinreichender (reasonable) oder begrenzter (limited) Sicherheit (assurance), z.B. nach ISAE 3000 (Rev.) oder nach IDW PS 480 und IDW PS 490. Dabei bestehen hohe Anforderungen an Unabhängigkeit und Kompetenz des Prüfers, so dass die Prüfungen im Wesentlichen durch Wirtschaftsprüfer durchgeführt werden. Wirtschaftsprüfer führen seit vielen Jahren Prüfungen mit hinreichender oder begrenzter Sicherheit zu Umweltbelangen auch unter Einsatz von multidisziplinären Prüfungsteams durch. In den Vermerken des Prüfers werden die verwendeten Kriterien und die Vorgehensweise bei der Prüfung sowie der Grad der damit erreichten Aussagesicherheit jeweils entsprechend dem verwendeten Prüfungsstandard transparent gemacht. Eine Vergleichbarkeit auch zwischen den verschiedenen Erstellern der Prüfungsvermerke wird für den Adressaten damit unterstützt.

– Bei der Zertifizierung kann ein Emittent sein Rahmenwerk oder seine öffentlichen Berichterstattungen über die Green Bonds von externen Stellen zertifizieren lassen. Die Zertifizierung beruht auf internen Kriterien der Zertifizierer, die ihre Einschätzungen häufig auf der Basis der Beantwortung von Fragebögen durch den Emittenten abgeben. Eine konkrete Aussage über Art und Umfang der durchgeführten Untersuchungshandlungen ist in dem Zertifikat regelmäßig nicht enthalten.

– Neben den genannten Ausprägungsformen externer Bestätigungsleistungen werden im Markt auch Green Bond-Ratings angeboten. Diese werden von Researchanbietern oder Ratingagenturen auf Basis eines internen (nicht unbedingt einsehbaren) Ratingverfahrens durchgeführt.

Die folgende Abbildung 7 veranschaulicht das unterschiedliche Sicherheitsniveau von angebotenen Verifizierungen:

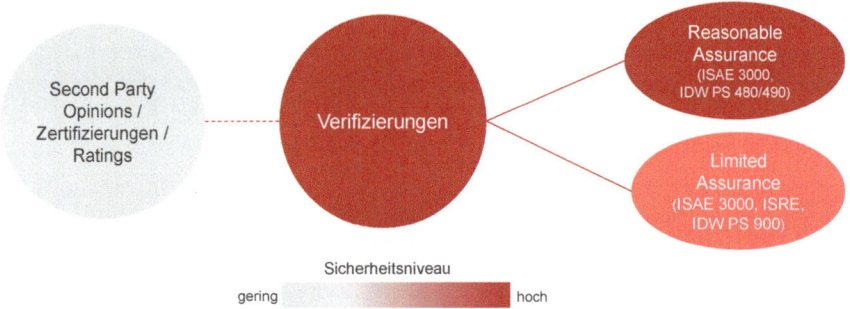

Abb. 7: Sicherheitsniveau von unterschiedlichen externen Verifizierungen

7.5.5.2 Vorgaben des EU Green Bond Standards

Der vorliegende Entwurf des EU GBS der TEG sieht verpflichtende externe „Verifications" durch zugelassene „Verifier" vor, die sowohl den Pre-issuance- als auch den Post-Issuance- Bereich betreffen:[22]

1. Vor oder zum Zeitpunkt der Emission: Prüfung der Übereinstimmung des unternehmensspezifischen Green Bond Framework (GBF) des Emittenten mit dem EU GBS einschließlich einer Berücksichtigung der Vorgaben der EU-Taxonomie.
2. Nach der vollständigen Verwendung der Mittel für die grünen Projekte: Prüfung der Übereinstimmung des Final Allocation Reports mit den Anforderungen des EU GBS.

Prüfung anderer Allocation Reports (z.B. der pflichtmäßigen jährlichen Berichte vor vollständiger Allokation der Mittel) sowie des Impact Reportings werden im EU GBS empfohlen, sollen nach den Vorstellungen der TEG jedoch nicht verpflichtend vorgeschrieben werden.

---

[22] Vgl. TEG, Usability Guide – EU Green Bond Standard, S. 38.

Die vorgesehenen Regelungen des EU GBS zur Prüfung sind in der folgenden Abbildung 8 veranschaulicht:

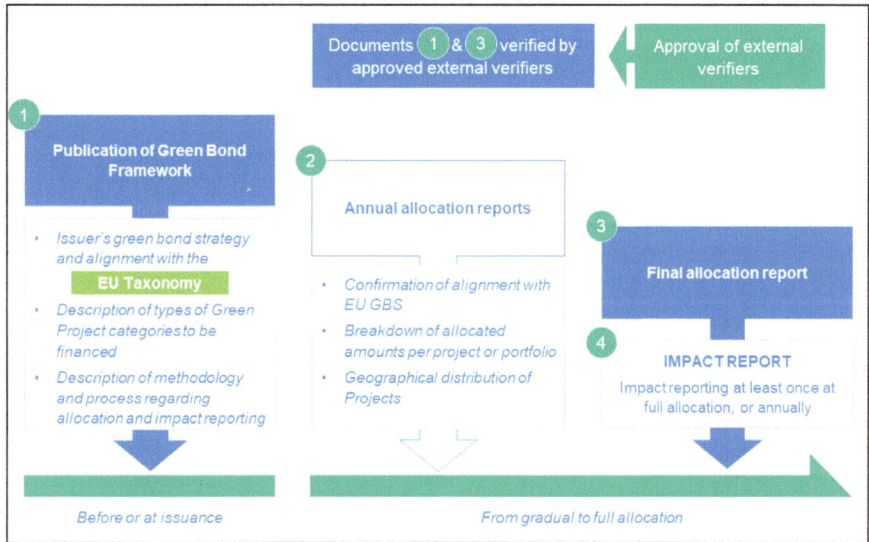

Abb. 8: Kernbestandteile des Entwurfs eines EU Green Bond Standards der TEG[23]

Das Ergebnis der externen Prüfung, z.B. der Vermerk des Wirtschaftsprüfers nach ISAE 3000, muss zusammen mit dem jeweiligen Reporting veröffentlicht werden.

Die TEG spricht sich zudem für eine Überwachungsinstanz der Prüfer von Green Bonds aus. Diese soll nach Auffassung der TEG von der European Securities and Markets Authority (ESMA) organisiert werden. Bis zur Umsetzung einer solchen Überwachungseinrichtung könne nach Meinung der TEG eine maximal drei Jahre andauernde Übergangslösung etabliert werden, die einen Registrierungsprozess für die Prüfer vorsehen sollte.

7.5.6   Ausblick: Social und Sustainability Bonds

Neben Green Bonds sind in den letzten Jahren zunehmend auch andere nachhaltige Finanzierungsinstrumente wie Social oder Sustainability Bonds am Markt zu beobachten. Bei Social Bonds handelt es sich um Anleihen, deren Emissionserlöse ausschließlich zur anteiligen oder vollständigen Finanzierung oder Refinanzierung geeigneter sozialer Projekte verwendet werden. Anleihen, deren Erlöse sowohl grünen als auch sozialen Projekten zufließen, werden als Sustainability Bonds bezeichnet. Hinzu gekommen sind seit kurzem auch sogenantte Sustainability-Linked Bonds. Bei Sustainability-Linked Bonds

---

[23]   Vgl. TEG, Usability Guide – EU Green Bond Standard, S. 10.

handelt es sich anders als bei Social und Sustainability Bonds um Anleihen, bei denen die Emissionserlöse nicht zweckgebunden sind, deren finanzielle oder strukturelle Merkmale aber durch das Erreichen oder Nicht-Erreichen anhand von Key Performance Indicators (KPIs) vordefinierter Sustainability Performance Targets (SPTs) variieren können.

Die Emissionsvolumina sozialer bzw. nachhaltiger Anleihen sind in den letzten Jahren überproportional gestiegen. Neben supranationalen Organisationen, einzelnen Staaten, Regierungsbehörden und Banken haben auch Unternehmen Social, Sustainability und Sustainability-Linked Bonds herausgegeben.

Im Jahr 2020 ist aufgrund des erheblichen Bedarfs an finanziellen Mitteln, um den umfangreichen sozialen Herausforderungen der Covid-19-Pandemie zu begegnen, ein besonders starkes Wachstum bei der Platzierung von Social Bonds zu verzeichnen gewesen. So hat beispielsweise die International Finance Corporation ihren bisher größten Social Bond begeben, um im Rahmen eines Maßnahmenpakets der Weltbankgruppe solche Entwicklungsländer, die vom Ausbruch der Covid- 19-Pandemie besonders stark betroffen sind, bei der Stärkung ihrer Gesundheitssysteme zu unterstützen. Im Oktober 2020 hat die Europäische Kommission angekündigt, dass sie ihre künftigen EU-SURE-Anleihen (Support to mitigate Unemployment Risks in an Emergency) zur Finanzierung der Abmilderung der sozialen Auswirkungen der Covid-19-Pandemie in der EU im Wert von bis zu EUR 100 Mrd. als Social Bonds ausgeben wird. Noch im selben Monat wurden Anleihen über EUR 17 Mrd. platziert. Es folgten weitere Mittelaufnahmen von EUR 14 Mrd. und EUR 8,5 Mrd. im November 2020. Es ist davon auszugehen, dass die Covid-19-Pandemie auch Unternehmen und Finanzinstitutionen auf dem Markt für soziale Anleihen aktiver werden lässt. Parallel ist im Jahr 2020 auch das Emissionsvolumen von Sustainability und Sustainability-Linked Bonds gestiegen.

Transparenz für Sustainability Bonds

Ähnlich wie bei Green Bonds haben Investoren auch bei Social, Sustainability und Sustainability- Linked Bonds Interesse an möglichst einheitlichen und klaren Vorgaben für die Kategorisierung einer Anleihe als sozial bzw. nachhaltig. Es besteht die Gefahr, dass Anleihen als sozial oder nachhaltig etikettiert werden, die soziale Wirkung oder der Nachhaltigkeitseffekt der Projekte, in die investiert wird, jedoch nicht messbar und ggf. sogar fragwürdig ist. Oder aber, dass bei Sustainability- Linked Bonds Performance Targets für KPIs definiert werden, die im Zusammenhang mit der Nachhaltigkeitsentwicklung des Emittenten nicht relevant sind.

Mit den Social Bond-Principles (SBP) und den Sustainability Bond-Guidelines (SBG) hat die International Capital Markets Association (ICMA) freiwillige Prozessleitlinien für die Emission von Social bzw. Sustainability Bonds herausgegeben. Diese Leitlinien sollen Emittenten zur Transparenz anhalten, um den Marktteilnehmern relevante Informationen zu den spezifischen Social bzw. Sustainability Bond Charakteristika bereitzustellen. Darüber hinaus hat die ICMA im Mai 2020 erstmals auch Sustainability-Linked Bond Principles (SLBP) veröffentlicht.

Die veröffentlichten Leitlinien beinhalten Empfehlungen zur Emission von Social, Sustainability und Sustainability-Linked Bonds, u.a. zur Gestaltung der unternehmensspezifischen Rahmenwerke, zur Berichterstattung durch die Emittenten und zur externen Prüfung in Form von Pre- und Post-Issuance Leistungen. Wie bei der Emission von Green Bonds beziehen sich die Pre-Issuance- Leistungen im Zusammenhang mit Social und Sustainability Bonds in der Praxis zur Zeit im Wesentlichen auf Second Party Opinions, die eine Würdigung des individuellen Rahmenwerks zum Ziel haben, und auf Post-Issuance-Prüfungsleistungen im Zusammenhang mit dem Allocation und dem Impact Reporting. Bei Sustainability-Linked Bonds werden zur Zeit vor allem Second Party Opinions zur Würdigung der KPIs und der vordefinierten Sustainability Performance Targets abgegeben; Post-Issuance-Prüfungen beziehen sich auf das Erreichen der Sustainability Performance Targets.

Hinweis:
Die von der ICMA im Juni 2020 veröffentlichten External Review Guidelines[24] erkennen ISAE 3000 (Revised) explizit als geeigneten Standard für die Durchführung der in den Principles empfohlenen Prüfungen an.

Die ICMA Principles für Social, Sustainability und Sustainability-Linked Bonds beinhalten keine konkreten technischen Bewertungskriterien für die Einstufung von Anleihen als sozial oder nachhaltig. Auch in Bezug auf zu verwendende KPIs und Sustainability Performance Targets bei Sustainability- Linked Bonds werden keine konkreten Vorgaben gemacht. Die Kriterien sind deshalb in den individuellen Rahmenwerken der Emittenten festzulegen. Dabei können sich die Emittenten an unterschiedlichen externen Social Standards orientieren; die Verwendung eines konkreten Standards ist nicht verpflichtend. Dies führt zu einer geringeren Vergleichbarkeit der emittierten Bonds und erfordert im Rahmen von Pre-Issuance Leistungen nach ISAE 3000 (Revised) eine zusätzliche Prüfung, ob die im individuellen Rahmenwerk festgelegten Kriterien für die Einstufung von Anleihen als sozial oder nachhaltig geeignet sind bzw. ob im Fall von Sustainability-Linked Bonds geeignete KPIs und Sustainability Performance Targets definiert wurden.

Vor diesem Hintergrund wäre die zeitnahe Erweiterung der EU-Taxonomie um soziale Ziele und die Definition entsprechender technischer Bewertungskriterien zu begrüßen.

---

[24] ICMA, Guidelines for Green, Social and Sustainability Bonds External Reviews, June 2020.

7.5.7   Schlussbemerkungen

Durch eine wachsende Nachfrage nach nachhaltigen Investments nimmt auch der Anreiz zu, „Greenwashing" zu betreiben. Sowohl die Verabschiedung der EU-Taxonomie als auch die Einführung von Labels und einheitlichen Standards wirken dieser Entwicklung entgegen. Eine besondere Bedeutung kommt hierbei dem für 2021 von der EU-Kommission angekündigten EU Green Bond Standard zu. Dabei sollten jedoch sowohl der nationale als auch der europäische Gesetzgeber auch den Markt von Social bzw. allgemein Sustainability Bonds im Blick behalten, da hier vergleichbare Anforderungen hinsichtlich Transparenz und Zuverlässigkeit bestehen.

Der Berufsstand der Wirtschaftsprüfer ist davon überzeugt, dass die zu Recht ambitionierten Nachhaltigkeitsziele nur dann erreicht werden können, wenn die Wirtschaftsakteure nachhaltig Vertrauen in ESG-Maßnahmen haben. Hierzu bedarf es unabhängiger externer Prüfungen mit angemessener Aussagekraft, Zuverlässigkeit und einer transparenten Berichterstattung, welche Informationsasymmetrien zwischen den Akteuren abbauen und Vertrauen stärken.

Wie Analysen der IDW Arbeitsgruppe „Grüne Investments" zeigen, besteht hier weltweit, aber insbesondere auch in Deutschland, ein großer Handlungsbedarf, um der Bildung „grüner Blasen" und den daraus resultierenden Gefahren für die Finanzierung der nachhaltigen Transformation wirksam zu begegnen. Dabei ist zu beachten, dass „grüne Anlage"– wie alle anderen Anlageformen auch – einem Verlustrisiko unterliegen.

7.6 Green and More: Sicherung der Zuverlässigkeit nichtfinanzieller Informationen durch eine EU-weite Prüfungspflicht

Große Ereignisse werfen ihre Schatten voraus: Auch wenn der Vorschlag für eine Überarbeitung der europäischen CSR-Richtlinie erst für Anfang 2021 zu erwarten ist, wird derzeit auf europäischer Ebene intensiv über die Ausgestaltung einer gesetzlichen Prüfungspflicht für nichtfinanzielle Informationen durch den Abschlussprüfer diskutiert.

7.6.1 Überarbeitung der CSR-Richtlinie

Die Europäische Kommission überarbeitet derzeit die Richtlinie über die nichtfinanzielle Berichterstattung (Richtlinie 2014/95/EU – CSR-Richtlinie). Ursprünglich sollte die Überprüfung im vierten Quartal 2020 abgeschlossen werden; dies wurde im Mai 2020 auf das erste Quartal 2021 verschoben.[1] Hintergrund für die Überarbeitung der CSR-Richtlinie ist die mit der Sustainable-Finance-Gesetzgebung der EU beabsichtigte Umlenkung von Finanzströmen in umwelt- bzw. klimafreundliche Investitionen.

Hier kommt der Bereitstellung von aussagekräftigen und glaubhaften nichtfinanziellen Informationen ein immer höherer Stellenwert zu. Die Unternehmen der Realwirtschaft sollen dazu angehalten werden, in ihrer Breite ein erhöhtes Spektrum an nichtfinanziellen Informationen den anderen Finanzmarktteilnehmern zumindest als Rohdaten zur Verfügung zu stellen. Diese anderen Finanzmarktteilnehmer – beispielsweise Vermögensverwalter – können derartige Informationen für eigene Risikosteuerungs- oder Offenlegungszwecke weiterverarbeiten. Um die Markteffizienz zu sichern, misst der Vizepräsident der Europäischen Kommission Valdis Dombrovskis der Zuverlässigkeit solcher Daten besondere Bedeutung zu; dies hat er in seinen öffentlichen Reden wiederholt betont[2]. Bei der zuverlässigen Informationsversorgung will Dombrovskis sich aber nicht in erster Linie auf Rating-Agenturen und andere Informationsintermediäre verlassen. In der eingangs erwähnten, von der Europäischen Kommission von Februar bis Juni 2020 durchgeführten Konsultation zur Überarbeitung der CSR-Richtlinie wurde eine Pflicht zur Prüfung der nichtfinanziellen Berichterstattung von der Mehrheit der Befragten unterstützt, und zwar vor allem von den Nutzern dieser Informationen, beispielsweise Asset-Managern. Interessanterweise findet sich aber auch auf Seiten der berichterstattenden Unternehmen eine mehrheitliche Unterstützung.[3]

---

[1] Siehe Europäische Kommission, COM(2020) 440 final, 27.05.2020 (https://ec.europa.eu; Abruf: 21.09.2020).
[2] Siehe stellvertretend die Rede von Dombrovskis anlässlich einer Tagung der IFRS Foundation am 19.02.2020 in Brüssel (https://ec.europa.eu; Abruf: 21.09.2020).
[3] Europäische Kommission, Summary Report of the Public Consultation on the Review of the Non-Financial Reporting Directive, 20 February 2020 – 11 June 2020, S. 33–39 (https:// ec.europa.eu; Abruf: 21.09.2020).

7.6.2   Pflichtprüfung durch den Aufsichtsrat nur als erster Schritt

In Deutschland wird derzeit die nichtfinanzielle Erklärung von bestimmten Unternehmen von öffentlichem Interesse inhaltlich durch den Aufsichtsrat geprüft. Die Prüfung durch den Aufsichtsrat umfasst neben der Ordnungsmäßigkeit der Berichterstattung auch deren Zweckmäßigkeit. Der Abschlussprüfer muss nach heutiger Gesetzeslage lediglich das Vorhandensein der nichtfinanziellen Erklärung bestätigen. Diese Regelung zur Prüfung durch den Aufsichtsrat ist eine Besonderheit der Umsetzung der CSR-Richtlinie im deutschen Corporate-Governance- System. Eine inhaltliche Prüfung auf dem Niveau der gesetzlichen Abschlussprüfung würde eine im Vergleich zu Finanzdaten gleichwertige Datenqualität und Verlässlichkeit der nichtfinanziellen Informationen voraussetzen.

In der Praxis greifen die Aufsichtsräte häufig freiwillig auf die Unterstützung durch den gesetzlichen Abschlussprüfer oder einen anderen externen Prüfer zurück, um ihren gesetzlichen Prüfungsauftrag bewältigen zu können. [4] Derzeit sind es im DAX 30 mehr als 90 Prozent der Unternehmen und bei den einhundert größten deutschen Unternehmen etwa drei Viertel, bei denen eine externe Prüfung der nichtfinanziellen Erklärung – zumeist durch eine Wirtschaftsprüfungsgesellschaft – erfolgt. Der Inhalt und der Umfang der Beauftragung des Abschlussprüfers mit einer Prüfung der nichtfinanziellen Erklärung haben sich allerdings noch nicht abschließend herausgebildet – so kann sich beispielsweise der Grad der Zusicherung (assurance) durch den Abschlussprüfer erheblich unterscheiden. Viele Aufsichtsräte begnügen sich – auch mit Blick auf die Kosten – mit einer geringen Prüfungstiefe mit begrenzter Sicherheit („limited assurance"); andere, mehr risikoaverse Aufsichtsräte verlangen bereits ein höheres Zusicherungsniveau, also eine Prüfungstiefe mit hinreichender Sicherheit („reasonable assurance"). Im DAX 30 fragen derzeit etwa 80 Prozent der Unternehmen eine Prüfung mit begrenzter Sicherheit nach, während es bei den größten einhundert deutschen Unternehmen etwa 90 Prozent sind.

Im europäischen Kontext zeichnet eine jüngere Erhebung der Dachorganisation der europäischen Berufsstände Accountancy Europe vom Februar 2020 ein gemischtes Bild. In den 26 von Accountancy Europe untersuchten Ländern wird zwar auf freiwilliger Basis geprüft; eine Prüfungspflicht besteht bisher allerdings in nur drei Ländern, und zwar in Frankreich, Italien und Spanien. [5]

7.6.3   Auf Augenhöhe mit der Prüfung der Finanzberichterstattung

Für Anfang 2021 ist zu erwarten, dass die Europäische Kommission eine Prüfungspflicht für die künftig ausgeweitete nichtfinanzielle Berichterstattung vorschlagen wird. Bei einer stärkeren Verortung der nichtfinanziellen Berichterstattung im Lagebericht wäre

---

[4]   Für mehr CSR-Sachverstand im Aufsichtsrat sprachen sich zuletzt Simon-Heckroth/Borcherding, WPg 2020, S. 1104, aus.

[5]   Accountancy Europe, Towards Reliable Non-Financial Information Across Europe, Februar 2020 (www.accountancyeurope.eu; Abruf: 20.09.2020).

nicht nur in Deutschland, wo bereits heute nach IDW PS 350 n. F. lageberichtstypische Angaben mit hinreichender Sicherheit zu prüfen sind, eine Prüfung durch den gesetzlichen Abschlussprüfer die nächstliegende Lösung. Auch ließe sich die Prüfung durch den Abschlussprüfer mit der von der Europäischen Kommission angestrebten Gleichstellung von finanzieller und nichtfinanzieller Berichterstattung begründen. Diese Gleichstellung bedarf jedoch einiger Weichenstellungen im Gesetzgebungswerk, um auch ein vergleichbares Niveau der Prüfungssicherheit sicherzustellen. Im Vordergrund dürften dabei die Anforderungen an die Systeme und Prozesse zur Generierung von nichtfinanziellen Informationen stehen. Die Unternehmen, die heute eine nichtfinanzielle Erklärung abgeben, haben in ihren Umsetzungsprojekten bereits Erfahrungen mit der Integration in die Welt der finanziellen Berichterstattung gemacht. Dieser Trend dürfte sich fortsetzen.

Darüber hinaus dürften inhaltliche Aspekte der nichtfinanziellen Berichterstattung besondere Herausforderungen bergen. Dies gilt beispielsweise für die Bestimmung der Wesentlichkeit von zu berichtenden nichtfinanziellen Sachverhalten. Herangehensweise und Prozesse werden sich hier von der klassischen Wesentlichkeitsbestimmung in der Finanzberichterstattung unterscheiden werden. Angesichts des von der Europäischen Kommission vertretenen Ansatzes einer doppelten Wesentlichkeit ist voraussichtlich besonders die Inside-out-Perspektive zu beachten, also die erwarteten Wirkungen des Unternehmens auf sein Umfeld. Diese neue Perspektive hat auch Auswirkungen auf die Bestimmung relevanter Risiken.[6]

Andere Aspekte betreffen die Ausgestaltung der Berichterstattung über zukunftsbezogene Informationen, unter anderem erforderlich bei Szenario-Analysen. Hier müssen sich die Abschlussprüfer auf neue Prüfungsaufgaben vorbereiten. Mit der allgemeinen berufsständischen Vorgabe im internationalen Standard ISAE 3000 (revised)[7] verfügen Wirtschaftsprüfer bereits heute grundsätzlich über ein geeignetes Instrumentarium. Es wird jedoch im Detail zu untersuchen sein, ob in Reaktion auf die konkreten EU-Vorgaben an die Berichterstattung und deren Prüfung mit konkreteren Standards nachjustiert werden muss. Auf globaler Ebene hat der internationale Prüfungsstandardsetzer, der International Auditing and Assurance Standard Board (IAASB), zwischen März und Juli 2020 eine Konsultation zur Erarbeitung einer spezifischen Guidance zu „Extended External Reporting (EER) Assurance" durchgeführt.[8] Die Ergebnisse dieser Konsultation sollen in Kürze veröffentlicht werden.

---

[6] Vgl. Richter/Meyer, WPg 2020, S. 1340.
[7] International Standard on Assurance Engagements (ISAE) 3000 revised, Assurance Engagements other than audits or reviews of historical financial information, Dezember 2013 (www.iaasb.org; Abruf: 20.09.2020).
[8] IAASB Consults on Extended External Reporting (EER) Assurance, 13.03.2020 (www.iaasb.org; Abruf: 20.09.2020).

7.6.4 „Hinreichende Sicherheit" bedarf einer Übergangsphase

Eine Einbeziehung der nichtfinanziellen Berichterstattung in die Abschlussprüfung dürfte kurzfristig bei vielen Unternehmen eine Herkulesaufgabe sein, wenn der Abschlussprüfer – wie bei der Finanzberichterstattung – das Zusicherungsniveau der hinreichenden Sicherheit erlangen soll. Einem Abschlussprüfer wird dies mit angemessenem Aufwand jedoch umso eher gelingen, je eindeutiger die zu prüfenden Inhalten standardisiert vorgegeben und je stärker sie in einem durch Systeme und Prozesse geprägten Umfeld erhoben werden. Daher erscheint es geboten, in dem für Anfang 2021 erwarteten EU-Gesetzgebungsvorschlag diesen organisatorischen Transformationsprozess mittels einer geeigneten Übergangsregelung für die Prüfung zu unterstützen.

WP Alexander Glöckner, Frankfurt am Main

WP StB Georg Lanfermann, Berlin

(Quelle: Die Wirtschaftsprüfung, Heft 20/2020, Seite 1227 ff. (Reihe „Green and more"))

7.7 Green and more: Bühne frei für ein Sorgfaltspflichtengesetz

Unternehmen versäumen es, freiwillig und sorgfältig auf die Einhaltung der Menschenrechte in ihren globalen Wertschöpfungsketten hinzuwirken. Sorgfaltspflichten zur Achtung der Menschenrechte treten daher auf die gesetzgeberische Agenda in Deutschland und Europa. Über rechtliche Konsequenzen und Sanktionsmechanismen besteht noch keine Einigung. Dennoch sollten sich Unternehmen vorbereiten und Chancen transparenter Lieferketten für Reputation und kommerziellen Erfolg nutzen.

7.7.1 Bedeutung globaler Wertschöpfungsketten

Der Wohlstand Deutschlands und der EU fußt auf importierten Vorleistungen, die ihren Ursprung regelmäßig in Schwellen- und Entwicklungsländern haben. Transnationale Wertschöpfungsketten können in diesen Ländern einen wichtigen Beitrag zur wirtschaftlichen Entwicklung leisten, wenn Arbeitsplätze geschaffen werden oder Technologietransfer stattfindet. Zugleich belegen Berichte über moderne Formen der Zwangsarbeit, ausbeuterische Kinderarbeit und prekäre Arbeitsbedingungen nachdrücklich die Verletzung grundlegender Rechte in Wertschöpfungsketten global agierender Unternehmen[1].

Mängel in der Achtung von Menschenrechten sind vielfältig. Dazu zählen etwa unzureichende Gesundheits- und Sicherheitsstandards in Minen oder Löhne unterhalb des Subsistenzniveaus in Fabriken und der Landwirtschaft. Verstöße bestehen ebenso bei Diskriminierungen am Arbeitsplatz, der Verweigerung oder Unterminierung von Kollektivverhandlungen, unrechtmäßigen Enteignungen oder der Schädigung von zum Lebensunterhalt benötigten Ressourcen durch schwere Gewässer-, Boden- oder Luftverunreinigungen.

7.7.2 Unternehmerische Verantwortung ist international anerkannt

Der Menschenrechtsrat der UN hat im Juni 2011 die Leitprinzipien für Wirtschaft und Menschenrechte verabschiedet und damit für Staaten und Unternehmen einen internationalen Referenzrahmen zum Schutz der Menschenrechte geschaffen. Ein Blick auf die weltweite Rechtslandschaft zeigt, dass die unternehmerische Sorgfaltspflicht bereits in mehreren Ländern verbindlich kodifiziert wurde[2] und bei Verstößen zum Teil Haftungs- und Sanktionsmöglichkeiten vorgesehen sind.

---

[1] Siehe www.bpb.de (Abruf: 02.11.2020).

[2] US-Dodd-Frank Act (2010), California Transparency in Supply Chains Act (2010), UK Modern Slavery Act (2015), EU-Konfliktmineralien-VO (2017), französisches Gesetz über unternehmerische Sorgfaltspflichten (2017), australischer Modern Slavery Act (2018), niederländisches Gesetz über Sorgfaltspflichten zur Vermeidung von Kinderarbeit (2019); die EU-CSR-Richtlinie (2014) sieht eine Berichterstattung über angewandte Konzepte zur Achtung der Menschenrechte vor.

Viele multinationale Unternehmen sind sich ihrer grundsätzlichen Verantwortung bereits bewusst und um die Einhaltung von Menschenrechten bemüht. In der Praxis zeigen sich aber große Herausforderungen: Die Komplexität globaler Wertschöpfungsketten mit Geschäftsaktivitäten in zahlreichen Ländern und vielen unterschiedlichen Lieferanten beeinträchtigt Transparenz und behindert Einflussnahme und Kontrolle. Dadurch werden vor allem die menschenrechtliche Risikoanalyse sowie die Umsetzung und Wirksamkeitskontrolle entsprechender Maßnahmen in Wertschöpfungsketten erschwert. Derartige Herausforderungen entbinden Unternehmen aber nicht von ihrer Verantwortung.

7.7.3   Ernüchternde Bilanz zur freiwilligen Selbstverpflichtung

Die Bundesregierung hat im Jahr 2016 mit dem Nationalen Aktionsplan „Umsetzung der VN-Leitprinzipien für Wirtschaft und Menschenrechte" (NAP) zunächst auf freiwillige Selbstverpflichtung gesetzt. Im NAP ist die Verantwortung deutscher Unternehmen für die Einhaltung der Menschenrechte in fünf Kernelementen unternehmerischer Sorgfaltspflicht verankert: Grundsatzerklärung, menschenrechtliche Risikoanalyse, Maßnahmen und Wirksamkeitskontrolle, Berichterstattung, Beschwerdemechanismen.

Im Koalitionsvertrag (2018) vereinbarte die Bundesregierung, für den Fall, dass bis zum Jahr 2020 nicht mindestens 50% der in Deutschland ansässigen Unternehmen mit über 500 Beschäftigten die Kernelemente umsetzen, national gesetzlich tätig zu werden und sich für eine EU-Regulierung einzusetzen. Der Stand der freiwilligen Umsetzung der Kernelemente wurde daher seit Juni 2018 durch ein Monitoring überprüft. Repräsentative Erhebungen (2019 und 2020) zeigten, dass nur etwa eines von sieben Unternehmen als „Erfüller" der Kernelemente des NAP gilt.[3] Der am 08.10.2020 freigegebene Abschlussbericht[4] zum Monitoring dokumentiert somit, dass eine freiwillige Selbstverpflichtung nicht ausreicht.

Mit der Ankündigung, einen EU-Aktionsplan zur Stärkung der Unternehmensverantwortung in globalen Lieferketten voranzutreiben, kommt die Bundesregierung der Koalitionsvereinbarung nach. Damit unterstützt sie auch die Pläne des EU-Justizkommissars Reynders für eine EU-Gesetzesinitiative Anfang 2021, die Durchsetzungsmechanismen und Sanktionssysteme für die Einhaltung unternehmerischer Sorgfaltspflichten sicherstellen soll. Auf nationaler Ebene bleibt die Bundesregierung bisher aber hinter den selbstgesteckten Zielen zurück.

---

[3]   Auf Basis der statistischen Mittelwerte gelten bezogen auf die Grundgesamtheit von 7.396 Unternehmen 13% bis 17% als „Erfüller" und 83% bis 87% als „Nicht-Erfüller" (darin 10% bis 12% „auf einem guten Weg").

[4]   Siehe www.diplo.de (Abruf: 23.10.2020).

7.7.4 Trotz breiter Zustimmung stockt das nationale Gesetzesvorhaben

Zurzeit findet unter Federführung von BMAS, BMZ und BMWi die Abstimmung zu Eckpunkten einer verbindlichen Regelung der unternehmerischen Sorgfaltspflicht statt. Nach der Kabinettsbefassung sollen die Eckpunkte als Basis für ein Sorgfaltspflichtengesetz dienen.

Befürwortet wird das Vorhaben von zahlreichen Unternehmen, die sich mit dem Verweis auf die Notwendigkeit eines level playing field für ein Gesetz aussprechen[5]. Es soll zu gleichen Bedingungen für alle Marktteilnehmer führen und so möglichen Wettbewerbsnachteilen von Unternehmen, die ihren menschenrechtlichen Sorgfaltspflichten bereits nachkommen, entgegenwirken[6]. Laut einer Umfrage vom September 2020 befürworten ferner drei von vier Bundesbürgern ein solches Gesetz[7]; über 200.000 Menschen haben sich einer Petition für ein Lieferkettengesetz angeschlossen. Wenngleich sich die Bundesregierung weiterhin ihrem Koalitionsvertrag verpflichtet fühlt,[8] steht die Verabschiedung der Eckpunkte für ein Sorgfaltspflichtengesetz durch das Bundeskabinett auch Ende Oktober weiterhin aus.

7.7.5 Mögliche Inhalte eines Sorgfaltspflichtengesetzes

Einer ersten Orientierung zu Gesetzesinhalten dient der bekannt gewordene Entwurf für Eckpunkte eines Bundesgesetzes vom 10.03.2020. Die Vorschläge von BMAS und BMZ sehen an den UN-Leitprinzipien orientierte Vorschriften für in Deutschland ansässige Personen- und Kapitalgesellschaften mit mehr als 500 Beschäftigten vor. Unternehmen sollen verpflichtet werden, ihrer Verantwortung in der gesamten Wertschöpfungskette wie folgt nachzukommen:

– Ermittlung, Bewertung und Priorisierung von potentiell oder tatsächlich nachteiligen Auswirkungen auf die Menschenrechte,
– Definition geeigneter Maßnahmen für Prävention, Abhilfe und Wirksamkeitskontrolle,
– Einrichtung von Beschwerdemechanismen,
– jährliche öffentliche Berichterstattung.

Die unternehmerische Verantwortung erstreckt sich folglich auf die Gesamtheit der Aktivitäten und Geschäftsbeziehungen sowie die mit dem Unternehmen verbundenen Dienstleistungen und Produkte, von der Rohstoffgewinnung bis zur Entsorgung.

---

[5] Vgl. BMZ: „Mehr als 60 Unternehmen sprechen sich bereits für ein Sorgfaltspflichtengesetz aus."
[6] Vgl. Stellungnahme des Rates für nachhaltige Entwicklung zu einer wirksamen Verankerung von Nachhaltigkeit und Menschenrechten in globalen Lieferketten.
[7] Umfrage von infratest dimap im Auftrag von Germanwatch e.V.
[8] Vgl. BT-Drucksache 19/22090.

7.7.6   Rechtliche Implikationen erscheinen begrenzt und stoßen trotzdem auf Widerstand

Kontrovers diskutiert werden neben dem Anwendungsbereich eines Sorgfaltspflichten-gesetzes vor allem die Fragen nach Durchsetzungsmechanismen und Sanktionssyste-men. Das Eckpunktepapier fordert transparente und öffentliche Berichterstattung über nachteilige Auswirkungen unternehmerischen Handelns auf die Menschenrechte sowie darauf bezogene Maßnahmen. Bußgelder sind für die unzureichende Erfüllung der Be-richterstattungspflichten vorgesehen.

Der wohl zentralste Streitpunkt ist die Frage der zivilrechtlichen Haftung. Eine pau-schale Haftung für Menschenrechtsverletzungen in der Wertschöpfungskette sieht das Papier explizit nicht vor. Indes sollen die Rechte Betroffener gestärkt werden, indem die Möglichkeit der Geltendmachung von Schadensersatzansprüchen vor deutschen Gerich-ten eingeräumt wird. Eine zivilrechtliche Haftung für Menschenrechtsverletzungen im Ausland verlagert somit den Ort des Schadenseintritts vom Produktionsland zum Ort des Lieferkettenmanagements. Dabei obliegt die Beweislast dem Kläger, und es wird keine Erfolgs-, sondern eine Bemühungspflicht vorgesehen. Unternehmen haften also bei billigender Inkaufnahme vorhersehbarer und vermeidbarer Verletzungen wesentli-cher Rechtsgüter wie Leben, Körper, Gesundheit, Freiheit, Eigentum und das allgemeine Persönlichkeitsrecht. Eine Verletzung dieser Rechtsgüter kann sich auch aus der Verursa-chung von Umweltschäden ergeben. Kommt ein Unternehmen den Sorgfaltspflichten in angemessener Weise nach, mangelt es an der Grundlage einer Klage auf Schadensersatz selbst im Fall einer tatsächlich eingetretenen Menschenrechtsverletzung.

Zudem eröffnet das Papier Unternehmen mit einem „Safe Harbor" die Möglichkeit, durch Implementierung staatlich anerkannter (Branchen-)Standards die zivilrechtliche Haftung auf Vorsatz und grobe Fahrlässigkeit zu beschränken. Damit würde der Gesetz-geber branchenspezifische Ansätze aus der Praxis berücksichtigen und für die Zukunft stärken.

Bei nachweislicher Durchführung eines angemessenen Risikomanagements, das in ver-hältnismäßiger und zumutbarer Weise auf die Vermeidung einer kausalen Beteiligung an Menschenrechtsverletzungen ausgerichtet ist, erscheint das im Eckpunktepapier skiz-zierte Haftungsrisiko für Unternehmen begrenzt.

7.7.7   Chance einer deutschen Vorreiterrolle

Ohne Zweifel ist ein harmonisiertes europäisches Sorgfaltspflichtengesetz erstrebens-wert, da sich darin auch der Anspruch einer Wertegemeinschaft widerspiegelt. Mit der Festlegung verbindlicher nationaler Rahmenbedingungen können aber Rechtssicherheit für deutsche Unternehmen geschaffen und Maßstäbe für den EU-Verhandlungsprozess gesetzt werden. Deutschland käme als führende Wirtschaftsnation, die unbestritten von internationalem Handel profitiert, der eigenen globalen Verantwortung nach, indem der Rechtsschutz Betroffener und menschenrechtliche Standards gestärkt würden.

Ferner sichert und stärkt Menschenrechtskonformität die Reputation von Unternehmen bei Zivilgesellschaft und Verbrauchern. Investoren berücksichtigen soziale Aspekte ebenfalls zunehmend bei der Unternehmensbewertung, auch weil durch das proaktive Management von Menschenrechtsrisiken die Wahrscheinlichkeit für Lieferengpässe und Geschäftsunterbrechungen sinkt. Insoweit sind Unternehmen auch aus rein kommerzieller Sicht gut beraten, menschenrechtliche Sorgfaltspflichten in ihren Wertschöpfungsketten wahrzunehmen.

Mirjam Kolmar, München

(Quelle: Die Wirtschaftsprüfung, Heft 22/2020, Seite 1369 ff. (Reihe „Green and more"))

Kapitel 8: Ausblick

Vor 20 Jahren wurde ich zur Wirtschaftsprüferin bestellt, seit 18 Jahren beschäftige ich mich beruflich intensiv mit dem Thema Nachhaltigkeit – damals für eine Wirtschaftsprüferin ein exotisches Gebiet, weshalb ich hinter vorgehaltener Hand von manchen belächelt wurde. Ich habe früh begonnen, die Themen Audit und Sustainability im Zusammenhang zu sehen, muss aber zugeben, dass ich sie in meiner praktischen Arbeit über viele Jahre (zwangsläufig) getrennt behandelt habe. Aus dem Wunsch heraus, eine Brücke zwischen beiden Themen zu bauen, wurde unter anderem der „Wegweiser Nachhaltigkeit"[1] geboren, mit dessen Herausgabe der IDW Verlag 2019 geradezu Pioniergeist zeigte. In den letzten beiden Jahren sind wir an einem Wendepunkt angelangt: Das Thema Nachhaltigkeit hat in der Politik, Gesellschaft und Wirtschaft und auch innerhalb des Berufsstands der Wirtschaftsprüfer exponentiell an Bedeutung gewonnen, das spiegeln nicht zuletzt die Beiträge, die dieses Buch versammelt, wider. Es ist davon auszugehen, dass die Entwicklung ihre Dynamik beibehält – entsprechende Treiber sind inzwischen vorhanden.

Nachdem wir erst vor zwei Jahren ein Einführungswerk für Wirtschaftsprüfer in das Thema Nachhaltigkeit verfasst haben, ist es mittlerweile absehbar, dass die Durchführung inhaltlicher Prüfungen von nichtfinanziellen Erklärungen und Nachhaltigkeitsberichten nicht nur für Abschlussprüfer großer Gesellschaften, sondern wahrscheinlich für den ganzen Berufsstand in den nächsten Jahren zur Routinetätigkeit wird.

Ein Grund, der mich zu dieser Prognose verleitet, ist das Konsultationspapier „Sustainability Reporting"[2] der IFRS Foundation, das vielleicht zu globalen Standards zur integrierten Berichterstattung von Finanzberichterstattung und Nachhaltigkeitsaspekten führen wird. Das IDW unterstützt diese Entwicklung.

Eine weitere nennenswerte Entwicklung ist der Zusammenschluss von 17 Berufsorganisationen zum A4S Accounting Bodies Network (ABN), die mit 2,5 Millionen Wirtschaftsprüfern und Studierenden aus 179 Ländern zwei Drittel des weltweiten Berufsstandes repräsentieren und es sich zum Ziel gesetzt haben, ihre Mitglieder in Sachen Nachhaltigkeit zu unterstützen. Aktuell fordert die Organisation den Berufsstand auf, sich aktiv im Klimaschutz einzubringen.

WP StB Katharina Völker-Lehmkuhl, Heiligenhaus

---

[1] Völker-Lehmkuhl/Reisinger: Wegweiser Nachhaltigkeit.
[2] Konsultationspapier der IFRS Foundation zu Sustainability Reporting (September 2020), online verfügbar unter ifrs.org, Suchbegriff Sustainability Reporting, abgerufen am 15.01.2021.

8.1 Konsultation der IFRS Foundation „Sustainable Reporting"

IDW aktuell vom 23.12.2020

Die Treuhänder der IFRS Foundation haben Ende September 2020 ein Konsultationspapier veröffentlicht, um den Wunsch nach globalen Standards zur Berichterstattung über Nachhaltigkeitsaspekte bei unterschiedlichen Interessengruppen rund um den Globus zu ermitteln und, falls der Bedarf groß sein sollte, zu beurteilen, ob und in welchem Umfang die Foundation zur Entwicklung solcher Standards beitragen könnte.

Auf der Website des IDW finden Sie ein Schreiben vom 21.12.2020 an die IFRS Foundation, in dem das IDW die Entwicklung einer internationalen Lösung für die integrierte Unternehmensberichterstattung unterstützt. Es vertritt die Auffassung, dass der IFRS Foundation dabei eine Schlüsselrolle zukommen sollte.

8.2 Klimarisiken in der Unternehmensberichterstattung

IDW aktuell vom 17.12.2020

Die 17 Berufsorganisationen rechnungslegender und wirtschaftsprüfender Berufe, die sich im A4S Accounting Bodies Network (ABN) zusammengeschlossen haben, darunter auch das IDW, stimmen mit dem IASB darin überein, dass bestehende Standards auf klimabezogene und andere neu aufkommende Risiken anzuwenden sind.

Die Berufsorganisationen haben einen Drei-Punkte-Plan entwickelt, mit dem sie ihre Mitglieder aus den rechnungslegenden und prüfenden Berufen bei der Berichterstattung über Klimarisiken unterstützen. Sie verpflichten sich zu folgenden Maßnahmen:

- Orientierungshilfen der Standardsetter zu den IFRS, zu den ISA und zu den IPSAS über den Umgang mit Klimarisiken zu verbreiten,
- ihre Mitglieder in der Umsetzung dieser Orientierungshilfen fortzubilden sowie
- mit den Standardsettern zusammenzuarbeiten, um eventuelle Lücken der Standards in Bezug auf Klimarisiken zu schließen.

Das IDW hält vor allem die Fortentwicklung der Rechnungslegung für notwendig und spricht sich auch für eine Weiterentwicklung der nichtfinanziellen hin zu einer integrierten Unternehmensberichterstattung aus. Es veröffentlicht zurzeit eine Reihe von Positionspapieren zu Nachhaltigkeitsthemen, zuletzt „Sustainable Finance" und „Zukunft der nichtfinanziellen Berichterstattung".

Weitere Informationen: https://www.idw.de/idw/im-fokus/nachhaltigkeit (zuletzt abgerufen am 12.02.2021)

Anhang

Kategorien und Themen nach GRI

GR- Index	Kategorie	Beschreibung
102-1	Allgemeine Angaben Organisationsprofil	Name der Organisation
102-2	Allgemeine Angaben Organisationsprofil	Aktivitäten, Marken, Produkte und Dienstleistungen
102-3	Allgemeine Angaben Organisationsprofil	Ort des Hauptsitzes
102-4	Allgemeine Angaben Organisationsprofil	Betriebsstätten
102-5	Allgemeine Angaben Organisationsprofil	Eigentum und Rechtsform
102-6	Allgemeine Angaben Organisationsprofil	Bediente Märkte
102-7	Allgemeine Angaben Organisationsprofil	Größenordnung der Organisation
102-8	Allgemeine Angaben Organisationsprofil	Informationen über Angestellte und andere Mitarbeiter
102-9	Allgemeine Angaben Organisationsprofil	Lieferkette
102-10	Allgemeine Angaben Organisationsprofil	Signifikante Änderungen in der Organisation und ihrer Lieferkette
102-11	Allgemeine Angaben Organisationsprofil	Vorsorgeprinzip oder Vorsichtsmaßnahmen
102-12	Allgemeine Angaben Organisationsprofil	Externe Initiativen
102-13	Allgemeine Angaben Organisationsprofil	Mitgliedschaft in Verbänden
102-14	Allgemeine Angaben Strategie	Aussagen der Führungskräfte
102-15	Allgemeine Angaben Strategie	Wichtigste Auswirkungen, Risiken und Chancen
102-16	Allgemeine Angaben Ethik und Integrität	Werte, Richtlinien, Standards und Verhaltensnormen
102-17	Allgemeine Angaben Ethik und Integrität	Verfahren für ethische Beratung und Bedenken
102-18	Allgemeine Angaben Führung	Führungsstruktur
102-19	Allgemeine Angaben Führung	Befugniserteilende Stelle

GR- Index	Kategorie	Beschreibung
102-20	Allgemeine Angaben Führung	Verantwortung der Führungsebene für ökonomische, ökologische und soziale Themen
102-21	Allgemeine Angaben Führung	Einbindung der Stakeholder bei ökonomischen, ökologischen und sozialen Themen
102-22	Allgemeine Angaben Führung	Zusammensetzung des höchsten Kontrollorgans und seiner Gremien
102-23	Allgemeine Angaben Führung	Vorstand des höchsten Kontrollorgans
102-24	Allgemeine Angaben Führung	Nominierung und Wahl des höchsten Kontrollorgans
102-25	Allgemeine Angaben Führung	Interessenkonflikte
102-26	Allgemeine Angaben Führung	Die Rolle des höchsten Kontrollorgans bei der Bestimmung von Aufgaben, Werten und Strategien
102-27	Allgemeine Angaben Führung	Gemeinwissen des höchsten Kontrollorgans
102-28	Allgemeine Angaben Führung	Bewertung der Leistung des höchsten Kontrollorgans
102-29	Allgemeine Angaben Führung	Bestimmung und Management ökonomischer, ökologischer und sozialer Auswirkungen
102-30	Allgemeine Angaben Führung	Effektivität des Risikomanagementprozesses
102-31	Allgemeine Angaben Führung	Prüfung von ökonomischen, ökologischen und sozialen Themen
102-32	Allgemeine Angaben Führung	Die Rolle des höchsten Kontrollorgans bei der Nachhaltigkeitsberichterstattung
102-33	Allgemeine Angaben Führung	Kommunikation kritischer Bedenken
102-34	Allgemeine Angaben Führung	Art und Gesamtzahl kritischer Bedenken
102-35	Allgemeine Angaben Führung	Vergütungspolitik
102-36	Allgemeine Angaben Führung	Verfahren zur Festsetzung der Vergütung
102-37	Allgemeine Angaben Führung	Die Beteiligung der Stakeholder an der Vergütung
102-38	Allgemeine Angaben Führung	Verhältnis der Jahresgesamtvergütung
102-39	Allgemeine Angaben Führung	Verhältnis der prozentualen Erhöhung der Jahresgesamtvergütung
102-40	Allgemeine Angaben Stakeholder-Einbeziehung	Liste der Stakeholder-Gruppen

GR- Index	Kategorie	Beschreibung
102-41	Allgemeine Angaben Stakeholder-Einbeziehung	Tarifverhandlungen
102-42	Allgemeine Angaben Stakeholder-Einbeziehung	Bestimmen und Auswählen von Stakeholdern
102-43	Allgemeine Angaben Stakeholder-Einbeziehung	Ansatz für die Stakeholder-Einbeziehung
102-44	Allgemeine Angaben Stakeholder-Einbeziehung	Schlüsselthemen und Anliegen
102-45	Allgemeine Angaben Vorgehensweise bei der Berichterstattung	Entitäten, die in den Konzernabschlüssen erwähnt werden
102-46	Allgemeine Angaben Vorgehensweise bei der Berichterstattung	Bestimmung des Berichtsinhalts und Themenabgrenzung
102-47	Allgemeine Angaben Vorgehensweise bei der Berichterstattung	Liste der wesentlichen Themen
102-48	Allgemeine Angaben Vorgehensweise bei der Berichterstattung	Neuformulierung der Informationen
102-49	Allgemeine Angaben Vorgehensweise bei der Berichterstattung	Änderungen bei der Berichterstattung
102-50	Allgemeine Angaben Vorgehensweise bei der Berichterstattung	Berichtszeitraum
102-51	Allgemeine Angaben Vorgehensweise bei der Berichterstattung	Datum des aktuellsten Berichts
102-52	Allgemeine Angaben Vorgehensweise bei der Berichterstattung	Berichtszyklus
102-53	Allgemeine Angaben Vorgehensweise bei der Berichterstattung	Kontaktangaben bei Fragen zum Bericht
102-54	Allgemeine Angaben Vorgehensweise bei der Berichterstattung	Aussagen zu Berichterstattung in Übereinstimmung mit den GRI-Standards
102-55	Allgemeine Angaben Vorgehensweise bei der Berichterstattung	GRI-Inhaltsindex
102-56	Allgemeine Angaben Vorgehensweise bei der Berichterstattung	Externe Prüfung

GR- Index	Kategorie	Beschreibung
103-1	Managementansätze Managementansätze	Erklärung der wesentlichen Themen und ihre Abgrenzungen
103-2	Managementansätze Managementansätze	Der Managementansatz und seine Komponenten
103-3	Managementansätze Managementansätze	Prüfung des Managementansatzes
201-1	Wirtschaft Wirtschaftliche Leistung	Direkt erwirtschafteter und verteilter wirtschaftlicher Wert
201-2	Wirtschaft Wirtschaftliche Leistung	Durch den Klimawandel bedingte finanzielle Folgen und andere Risiken und Chancen
201-3	Wirtschaft Wirtschaftliche Leistung	Verpflichtungen aus leistungsorientierten und anderen Pensionsplänen
201-4	Wirtschaft Wirtschaftliche Leistung	Finanzielle Unterstützung vonseiten der Regierung
202-1	Wirtschaft Lohnstruktur und regionale Beschäftigung	Verhältnis der nach Geschlecht aufgeschlüsselten Standardeintrittsgehälter zum lokalen Mindestlohn
202-2	Wirtschaft Lohnstruktur und regionale Beschäftigung	Anteil der lokal angeworbenen Führungskräfte
203-1	Wirtschaft Indirekte ökonomische Auswirkungen	Infrastrukturinvestitionen und geförderte Dienstleistungen
203-2	Wirtschaft Indirekte ökonomische Auswirkungen	Erhebliche indirekte ökonomische Auswirkungen
204-1	Wirtschaft Beschaffungspraktiken	Anteil der Ausgaben für lokale Lieferanten
204-1a	Wirtschaft Beschaffungspraktiken	a. Prozentsatz des für die Beschaffung verwendeten Budgets an Hauptgeschäftsstandorten, das für lokale Lieferanten an dem jeweiligen Standort ausgegeben wird (z. B. Prozentsatz der vor Ort eingekauften Produkte und Dienstleistungen).
204-1b	Wirtschaft Beschaffungspraktiken	b. Die geografische Definition der Organisation für „lokal".
204-1c	Wirtschaft Beschaffungspraktiken	c. Die Definition, die für „Hauptgeschäftsstandorte" verwendet wurde
205-1	Wirtschaft Korruptionsbekämpfung	Geschäftsstandorte, die in Hinblick auf Korruptionsrisiken geprüft wurden
205-2	Wirtschaft Korruptionsbekämpfung	Informationen und Schulungen zu Strategien und Maßnahmen zur Korruptionsbekämpfung
205-3	Wirtschaft Korruptionsbekämpfung	Bestätigte Korruptionsvorfälle und ergriffene Maßnahmen

GR- Index	Kategorie	Beschreibung
206-1	Wirtschaft Fairer Wettbewerb	Rechtsverfahren aufgrund von wettbewerbswidrigem Verhalten oder Kartell- und Monopolbildung
301-1	Umwelt Materialien	Eingesetzte Materialien nach Gewicht oder Volumen
301-2	Umwelt Materialien	Eingesetzte rezyklierte Ausgangsstoffe
301-3	Umwelt Materialien	Wiederverwertete Produkte und ihre Verpackungsmaterialien
302-1	Umwelt Energie	Energieverbrauch innerhalb der Organisation
302-2	Umwelt Energie	Energieverbrauch außerhalb der Organisation
302-3	Umwelt Energie	Energieintensität
302-4	Umwelt Energie	Verringerung des Energieverbrauchs
302-5	Umwelt Energie	Senkung des Energiebedarfs für Produkte und Dienstleistungen
303-1	Umwelt Wasser	Wasserentnahme nach Quelle
303-2	Umwelt Wasser	Durch Wasserentnahme erheblich beeinträchtigte Wasserquellen
303-3	Umwelt Wasser	Zurückgewonnenes und wiederverwendetes Wasser
304-1	Umwelt Biodiversität	Eigene, gemietete oder verwaltete Betriebsstandorte, die sich in oder neben Schutzgebieten und Gebieten mit hohem Biodiversitätswert außerhalb von Schutzgebieten befinden
304-2	Umwelt Biodiversität	Erhebliche Auswirkungen von Aktivitäten, Produkten und Dienstleistungen auf die Biodiversität
304-3	Umwelt Biodiversität	Geschützte oder renaturierte Lebensräume
304-4	Umwelt Biodiversität	Arten auf der Roten Liste der Weltnaturschutzunion (IUCN) und auf nationalen Listen geschützter Arten, die ihren Lebensraum in Gebieten haben, die von Geschäftstätigkeiten betroffen sind
305-1	Umwelt Emissionen	Direkte THG-Emissionen (Scope 1)
305-2	Umwelt Emissionen	Indirekte energiebedingte THG-Emissionen (Scope 2)
305-3	Umwelt Emissionen	Sonstige indirekte THG-Emissionen (Scope 3)

GR- Index	Kategorie	Beschreibung
305-4	Umwelt Emissionen	Intensität der THG-Emissionen
305-5	Umwelt Emissionen	Senkung der THG-Emissionen
305-6	Umwelt Emissionen	Emissionen Ozon abbauender Substanzen (ODS)
305-7	Umwelt Emissionen	Stickstoffoxide (NO X), Schwefeloxide (SO X) und andere signifikante Luftemissionen
306-1	Umwelt Abwasser und Abfall	Abwassereinleitung nach Qualität und Einleitungsort
306-2	Umwelt Abwasser und Abfall	Abfall nach Art und Entsorgungsmethode
306-3	Umwelt Abwasser und Abfall	Erheblicher Austritt schädlicher Substanzen
306-4	Umwelt Abwasser und Abfall	Transport von gefährlichem Abfall
306-5	Umwelt Abwasser und Abfall	Von Abwassereinleitungen und/oder Oberflächenabfluss betroffene Gewässer
307-1	Umwelt Umwelt-Compliance	Nichteinhaltung von Umweltschutzgesetzen und -verordnungen
308-1	Umwelt Bewertung Lieferanten hinsichtlich ökologischer Kriterien	Neue Lieferanten, die anhand von Umweltkriterien überprüft wurden
308-2	Umwelt Bewertung Lieferanten hinsichtlich ökologischer Kriterien	Negative Umweltauswirkungen in der Lieferkette und ergriffene Maßnahmen
401-1	Soziales Anstellungsbedingungen	Neu eingestellte Angestellte und Angestelltenfluktuation
401-2	Soziales Anstellungsbedingungen	Betriebliche Leistungen, die nur vollzeitbeschäftigten Angestellten, nicht aber Zeitarbeitnehmern oder teilzeitbeschäftigten Angestellten angeboten werden
401-3	Soziales Anstellungsbedingungen	Elternzeit
402-1	Soziales Arbeitgeber-Arbeitneh-mer-Kommunikation	Mindestmitteilungsfrist für betriebliche Veränderungen
403-1	Soziales Arbeitssicherheit und Gesundheitsschutz	Repräsentation von Mitarbeitern in formellen Arbeitgeber- Mitarbeiter-Ausschüssen für Arbeitssicherheit und Gesundheitsschutz
403-2	Soziales Arbeitssicherheit und Gesundheitsschutz	Art und Rate der Verletzungen, Berufskrankheiten, Arbeitsausfalltage und Abwesenheit sowie Zahl der arbeitsbedingten Todesfälle

GR- Index	Kategorie	Beschreibung
403-3	Soziales Arbeitssicherheit und Gesundheitsschutz	Mitarbeiter mit hohem Auftreten von oder Risiko für Krankheiten, die mit ihrer beruflichen Tätigkeit in Verbindung stehen
403-4	Soziales Arbeitssicherheit und Gesundheitsschutz	Gesundheits- und Sicherheitsthemen, die in formellen Vereinbarungen mit Gewerkschaften behandelt werden
404-1	Soziales Aus- und Weiterbildung	Durchschnittliche Stundenzahl für Aus- und Weiterbildung pro Jahr und Angestelltem
404-2	Soziales Aus- und Weiterbildung	Programme zur Verbesserung der Kompetenzen der Angestellten und zur Übergangshilfe
404-3	Soziales Aus- und Weiterbildung	Prozentsatz der Angestellten, die eine regelmäßige Beurteilung ihrer Leistung und ihrer Karriereentwicklung erhalten
405-1	Soziales Vielfalt und Chancengleichheit	Vielfalt in Leitungsorganen und der Angestellten
405-2	Soziales Vielfalt und Chancengleichheit	Verhältnis des Grundgehalts und der Vergütung von Frauen zum Grundgehalt und zur Vergütung von Männern
406-1	Soziales Gleichbehandlung	Diskriminierungsvorfälle und ergriffene Abhilfemaßnahmen
407-1	Soziales Vereinigungsfreiheit und Recht auf Kollektivverhandlungen	Geschäftsstandorte und Lieferanten, bei denen das Recht auf Vereinigungsfreiheit und Tarifverhandlungen bedroht sein könnte
408-1	Soziales Kinderarbeit	Geschäftsstandorte und Lieferanten mit einem erheblichen Risiko für Vorfälle von Kinderarbeit
409-1	Soziales Zwangs- und Pflichtarbeit	Geschäftsstandorte und Lieferanten mit einem erheblichen Risiko für Vorfälle von Zwangs- oder Pflichtarbeit
410-1	Soziales Sicherheitspersonal, das in Menschenrechtspolitik und -verfahren geschult wurde	Sicherheitspersonal, das in Menschenrechtspolitik und -verfahren geschult wurde
411-1	Soziales Rechte der indigenen Bevölkerung	Vorfälle, in denen Rechte der indigenen Völker verletzt wurden
412-1	Soziales Menschenrechtsprüfung	Geschäftsstandorte, an denen eine Prüfung auf Einhaltung der Menschenrechte oder eine menschenrechtliche Folgenabschätzung durchgeführt wurde
412-2	Soziales Menschenrechtsprüfung	Schulungen für Angestellte zu Menschenrechtspolitik und -verfahren
412-3	Soziales Menschenrechtsprüfung	Erhebliche Investitionsvereinbarungen und -verträge, die Menschenrechtsklauseln enthalten oder auf Menschenrechtsaspekte geprüft wurden

GR- Index	Kategorie	Beschreibung
413-1	Soziales Lokale Gemeinschaften Soziale Themen	Geschäftsstandorte mit Einbindung der lokalen Gemeinschaften, Folgenabschätzungen und Förderprogrammen
413-2	Soziales Lokale Gemeinschaften Soziale Themen	Geschäftstätigkeiten mit erheblichen tatsächlichen oder potenziellen negativen Auswirkungen auf lokale Gemeinschaften
414-1	Soziales Bewertung Lieferanten hinsichtlich sozialer Aspekte	Neue Lieferanten, die anhand von sozialen Kriterien überprüft wurden
414-2	Soziales Bewertung Lieferanten hinsichtlich sozialer Aspekte	Negative soziale Auswirkungen in der Lieferkette und ergriffene Maßnahmen
415-1	Soziales Politisches Engagement	Parteispenden
416-1	Soziales Kundengesundheit und -sicherheit	Beurteilung der Auswirkungen verschiedener Produkt- und Dienstleistungskategorien auf die Gesundheit und Sicherheit
416-2	Soziales Kundengesundheit und -sicherheit	Verstöße im Zusammenhang mit den Gesundheits- und Sicherheitsauswirkungen von Produkten und Dienstleistungen
417-1	Soziales Kennzeichnung und Vermarktung	Anforderungen für die Produkt- und Dienstleistungsinformationen und Kennzeichnung
417-2	Soziales Kennzeichnung und Vermarktung	Verstöße im Zusammenhang mit den Produkt- und Dienstleistungsinformationen und der Kennzeichnung
417-3	Soziales Kennzeichnung und Vermarktung	Verstöße im Zusammenhang mit Marketing und Kommunikation
418-1	Soziales Schutz der Privatsphäre von Kunden	Begründete Beschwerden in Bezug auf die Verletzung des Schutzes und den Verlust von Kundendaten
419-1	Soziales Compliance	Nichteinhaltung von Gesetzen und Vorschriften im sozialen und wirtschaftlichen Bereich

WP StB Katharina Völker-Lehmkuhl, Heiligenhaus

Dr. Christian Reisinger, Berlin

Glossar

Begriff	Erläuterung
Angaben zum Managementansatz	Hierunter versteht man die Beschreibung des unternehmensseitigen Umgangs mit den wesentlichen Nachhaltigkeitsthemen und ihren Auswirkungen. liefert den Rahmen für die Angaben zu den themenspezifischen Standards.
Aufwendungen für Umweltschutz	Es sind alle Aufwendungen gemeint, die dazu dienen, ökologische Aspekte zu berücksichtigen sowie negative Auswirkungen und Risiken zu verhindern, zu reduzieren und zu dokumentieren. Hierzu gehören auch Aufwendungen für die Entsorgung, Aufbereitung, Sanierung und Reinigung.
Austritt schädlicher Substanzen	Es handelt sich um den versehentlichen Austritt von Substanzen, die für die menschliche Gesundheit, für Böden, Flora, Gewässer oder Grundwasser schädlich sind.
Auswirkung	Auswirkung gemäß GRI-Standards ist der Effekt, den ein Unternehmen auf die Wirtschaft, die Umwelt beziehungsweise die Gesellschaft hat und der wiederum auf den positiven oder negativen Beitrag des Unternehmens auf die nachhaltige Entwicklung hindeuten kann. Der Begriff ist sehr allgemein gefasst. Auswirkungen können positiv, negativ, tatsächlich, unmittelbar, kurzfristig, langfristig, beabsichtigt oder unbeabsichtigt sein. Sie können Konsequenzen für das Geschäftsmodell, den Ruf oder die Erreichung der Unternehmensziele haben.
Carbon Footprint	Der Carbon Footprint, auch CO_2-Bilanz, CO_2-Fußabdruck, Klimabilanz, Treibhausgasbilanz oder THG-Bilanz genannt, ist die Bilanz aller Treibhausgasemissionen, die durch ein Unternehmen, ein Produkt oder eine Dienstleistung verursacht werden. Unternehmen, Produkte und Dienstleistungen emittieren entweder selbst oder sie verursachen durch die Verbrennung fossiler Energieträger und anderer Aktivitäten indirekt Treibhausgasemissionen. Der Carbon Footprint gibt Auskunft über die Höhe dieser Emissionen und identifiziert gleichzeitig Reduktionspotenziale. Zudem bildet er die Grundlage für Klimaneutralität. Der Carbon Footprint darf keinesfalls mit dem ökologischen Fußabdruck verwechselt werden, da dieser neben der globalen Erwärmung weitere Umweltauswirkungen berücksichtigt.
Clean Development Mechanism	Der Clean Development Mechanism (deutsch: Mechanismus für umweltverträgliche Entwicklung, kurz CDM) ist ein wichtiges, im Kyoto-Protokoll vorgesehenes Instrument, das der wirtschaftlich effizienten Verringerung von Treibhausgasemissionen dient. Ökologisch kann es sinnvoll sein, Projekte zur Emissionsvermeidung und -reduzierung in Schwellen- und Entwicklungsländern und nicht in Industrienationen durchzuführen. Die Klimaschutzprojekte werden dort auf Basis von CDM-Kriterien entwickelt und fördern somit die ökologisch nachhaltige Entwicklung vor Ort. Für die eingesparten Treibhausgasemissionen werden nach strengen Kriterien Emissionsminderungszertifikate ausgestellt. Akteure aus Industrieländern können diese Zertifikate erwerben und sich auf ihre eigenen Reduktionsziele anrechnen. Diesem Instrument liegt die Tatsache zugrunde, dass Treibhausgase global wirken und es daher für den Klimaschutz irrelevant ist, an welchem Ort der Erde Treibhausgase verursacht oder vermindert werden.

Begriff	Erläuterung
CO_2-Äquivalente	Mittels CO_2-Äquivalenten werden die im Kyoto-Protokoll reglementierten Treibhausgase Methan (CH_4), Lachgas (N_2O), Schwefelhexafluorid (SF_6), teilhalogenierte Fluorkohlenwasserstoffe (HFCs) Perfluorcarbone (PCFs) sowie Stickstofftrifluorid (NF_3) auf ein einheitliches Maß umgerechnet. CO_2 ist das mit Abstand wichtigste Treibhausgas, da es für etwa 60 % des vom Menschen verursachten Klimawandels verantwortlich ist, und dient daher als Referenzwert für die Umrechnung aller Treibhausgase. In der Praxis wird oft vereinfachend von CO_2-Emissionen oder Treibhausgasemissionen (THG-Emissionen) gesprochen, wenn eigentlich CO_2-Äquivalente gemeint sind.
CO_2-Ausgleich	Der Ausgleich unvermeidbarer Emissionen, auch Emissionsausgleich oder Kompensation genannt, stellt nach zuvor zwingend notwendigen Maßnahmen der Emissionsvermeidung und -reduktion den letzten Schritt und wichtigen Baustein eines ganzheitlichen Klimaschutzengagements dar. Es handelt sich um die rechnerische Kompensation der unvermeidbaren Treibhausgasemissionen durch Emissionsminderungszertifikate aus Klimaschutzprojekten. Auf diese Weise können Unternehmen, Produkte und Dienstleistungen klimaneutral gestellt werden.
Dauerhaftigkeit	Dauerhaftigkeit ist eines der vier grundlegenden Kriterien für Klimaschutzprojekte, die sicherstellen müssen, dass ausgewiesene Emissionseinsparungen langfristig erfolgen. So dürfen beispielsweise aufgeforstete Gebiete nicht nach wenigen Jahren abgeholzt oder gerodet werden, da dies die gespeicherte Menge CO_2 wieder freisetzen würde. Daher werden bei Waldschutzprojekten regelmäßig Garantien über 30, 50 oder 100 Jahre gefordert.
Direkte THG-Emissionen	Direkte THG-Emissionen des Scope 1 stammen aus Emissionsquellen, die sich im Besitz des Unternehmens befinden oder von diesem kontrolliert werden wie beispielsweise Verbrennungsanlagen oder Fahrzeugen mit Verbrennungsmotor.
Diversitätsindikator	Indikator, für den das Unternehmen Daten zu Alter, Abstammung, ethnischer Herkunft, Staatsbürgerschaft, Religion, Behinderung und Geschlecht sammelt.
Doppelzählungen	Der Ausschluss von Doppelzählungen ist eines der vier grundlegenden Kriterien für Klimaschutzprojekte. Die Emissionseinsparungen dürfen nur einmal angerechnet werden, ein Weiterverkauf von Emissionszertifikaten ist nicht zulässig.
Emissionsfaktor	Emissionsfaktoren geben Auskunft darüber, wie viele Treibhausgasemissionen in Relation zu einer bestimmten Menge eines Produkts oder Rohstoffs verursacht werden und bilden neben Verbrauchsdaten die Grundlage für die Berechnung von Carbon Footprints. So hat beispielsweise Steinkohle einen Emissionsfaktor von 0,335 kg CO_2 pro Kilowattstunde.
Energieeffizienz	Effizienz liegt vor, wenn ein bestimmter Nutzen mit minimalem Aufwand erreicht wird. Die Energieeffizienz wird demnach dann verbessert, wenn ein Produkt mit vermindertem Energieaufwand entsteht.
Erneuerbare Energiequelle	Energiequellen, die sich innerhalb eines kurzen Zeitraums durch ökologische Kreisläufe oder landwirtschaftliche Prozesse erneuern wie z. B. Erdwärme, Wind, Sonne, Wasser und Biomasse. Im Gegensatz hierzu sind Kohle, Erdöl und Erdgas nicht erneuerbar, da sie über einen im Verhältnis zu ihrem Abbau und Verbrauch sehr langen Zeitraum entstanden sind. Kernenergie zählt ebenfalls zu den nicht erneuerbaren Energiequellen.

Begriff	Erläuterung
Fossile Energieträger	Fossile Energieträger wie Braun- und Steinkohle, Erdöl, Erdgas und Torf sind vor langer Zeit aus dem Abbau toter Tiere und Pflanzen entstanden. Der in ihnen enthaltene Kohlenstoff setzt bei der Verbrennung Energie frei und stellt derzeit den mit weitem Abstand bedeutsamsten Energieträger weltweit dar. Das bei der Verbrennung aus der chemischen Verbindung von Kohlenstoff und Umgebungssauerstoff entstehende CO_2 wurde lange als für die Umwelt unschädlich angesehen, da CO_2 auch zur natürlichen Zusammensetzung der Atmosphäre gehört. Mittlerweile weiß man, dass eine zu hohe Konzentration von CO_2 in der Atmosphäre zu Klimaveränderungen führt.
Freiwilliger Markt	Unternehmen, die nicht gesetzlich verpflichtet sind, Emissionen zu reduzieren, können dies freiwillig tun. Hierfür besteht ein freiwilliger Markt für Emissionsminderungszertifikate. Der zugrunde liegende Mechanismus funktioniert analog dem Clean Development Mechanism für den verpflichtenden Markt, der im Kyoto-Protokoll verankert ist.
Gesamtwasserentnahme	Die Gesamtwasserentnahme umfasst die gesamte Wassermenge aus allen Quellen wie Oberflächenwasser, Grundwasser, Regenwasser, Hydranten und Leitungswasser.
Gold Standard	Der im Jahr 2003 von WWF und 40 weiteren Nichtregierungsorganisationen entwickelte Gold Standard ist der weltweit umfassendste Standard für Klimaschutzprojekte. Neben den grundlegenden Kriterien für Klimaschutzprojekte hat er besonders strenge Anforderungen bezüglich Zusätzlichkeit, nachhaltiger Entwicklung und Einbeziehung der lokalen Bevölkerung.
Greenhouse Gas Protocol	Das Greenhouse Gas Protocol (GHG Protocol) ist ein international anerkannter Standard zur Berechnung von Corporate und Product Carbon Footprints. Es wurde vom World Resources Institute und dem World Business Council for Sustainable Development entwickelt und dient als Grundlage vieler weiterer Standards im Carbon-Management-Bereich. Die grundlegenden Prinzipien der Carbon-Footprint-Berechnung nach dem GHG Protocol sind Relevanz, Vollständigkeit, Konsistenz, Genauigkeit und Transparenz sowie die Einteilung der Emissionen in Scope 1 bis 3.
Intergovernmental Panel on Climate Change	Das Intergovernmental Panel on Climate Change (IPCC, auch „Weltklimarat") wurde 1988 von den Vereinten Nationen ins Leben gerufen und fasst für politische Entscheidungsträger den Stand der wissenschaftlichen Klimaforschung zusammen. Die regelmäßigen IPCC-Berichte repräsentieren den neuesten Stand der weltweiten Klimaforschung. Die Berechnung von Carbon Footprints basiert häufig auf den vom IPCC ermittelten Emissionsfaktoren.
Joint-Implementation-Projekte	Joint-Implementation-Projekte ermöglichen die Durchführung von Klimaschutzprojekten in Industriestaaten, die Emissionsreduktionsverpflichtungen unter dem Kyoto-Protokoll eingegangen sind. Der Mechanismus sieht vor, dass Projektentwickler bei den jeweils zuständigen Stellen Klimaschutzaktivitäten anmelden. Nach einem festgelegten Zeitraum werden Emissionszertifikate ausgestellt, die der Menge der Emissionsminderung bzw. des gespeicherten Kohlenstoffs entsprechen, sofern strenge Kriterien eingehalten wurden.

Begriff	Erläuterung
Klimaneutralität	Unternehmen, Produkte und Dienstleistungen sind klimaneutral, wenn ihr Carbon Footprint berechnet und durch den Ankauf von Emissionszertifikaten ausgeglichen wurde. Wissenschaftlicher Hintergrund der Klimaneutralität ist die Tatsache, dass es für den Treibhauseffekt keine Rolle spielt, wo Emissionen ausgestoßen oder eingespart werden, da sich Treibhausgase langfristig gleichmäßig in der Atmosphäre verteilen. Der Ausgleich von Treibhausgasemissionen findet mittels handelbarer Emissionsminderungszertifikate statt. Diese Zertifikate werden durch Klimaschutzprojekte generiert, die Treibhausgase einsparen und entsprechende Kriterien erfüllen.
Klimaschutz	Klimaschutz zu betreiben bedeutet, dem vom Menschen verursachten Klimawandel und der globalen Erwärmung entgegenzuwirken. Dies geschieht durch die Verminderung des Treibhausgasausstoßes oder durch die Wiederherstellung von Wäldern und Mooren. Klimaschutz ist ein Teilbereich des Umweltschutzes und des Nachhaltigkeitsengagements. Ganzheitlicher Klimaschutz bedeutet die Vermeidung unnötiger Emissionen, Reduzierung bestehender Emissionen sowie Ausgleich unvermeidbarer Emissionen.
Klimaschutzprojekt	Zertifizierte Klimaschutzprojekte sparen effektiv Treibhausgasemissionen ein. Emissionsminderungszertifikate machen diese Einsparung handelbar. Der Emissionshandel ermöglicht global die Förderung einer nachhaltigen Entwicklung und die kostensparende Vermeidung von Treibhausgasen. Die Einsparung erfolgt häufig, indem fossile Energieträger durch erneuerbare Energien ersetzt oder natürliche Kohlenstoffsenken wie Wälder und Moore auf- und ausgebaut werden, z. B. im Rahmen von Projekten mit Biomasseanlagen, Windparks oder Wasserkraftanlagen sowie Aufforstungs- und Waldschutzprojekten. Klimaschutzprojekte müssen strengen internationalen Kriterien und Standards genügen. Sie sollen neben der Emissionseinsparung vier grundlegende Kriterien erfüllen: Ausschluss von Doppelzählungen, Dauerhaftigkeit, Überprüfung durch unabhängige Dritte und Zusätzlichkeit.
Kompensation	Vgl. CO_2-Ausgleich.
Korruption	Unter Korruption versteht man den Missbrauch von Macht und Vertrauen zum privaten Nutzen oder Vorteil. Korruption kann durch einzelne Personen oder Organisationen erfolgen. Sie umfasst Bestechung, Schmiergeldzahlungen, Betrug, Erpressung, betrügerische Absprachen, Geldwäsche, die Tätigung, Aufnahme oder Annahme von Schenkungen, Krediten, Gebühren, Belohnungen und andere Handlungen, die unehrlichem oder illegalem Verhalten Vorschub leisten.
Kyoto-Protokoll	Das 1997 in Kyoto, Japan, vom UNFCCC beschlossene und von 193 Staaten unterzeichnete Kyoto-Protokoll ist ein bedeutendes internationales Klimaschutzabkommen. Es verpflichtet Industrieländer, ihre Treibhausgasemissionen innerhalb eines gewissen Zeitraums zu reduzieren. Zusätzlich soll es Entwicklungs- und Schwellenländern eine nachhaltige Entwicklung ermöglichen. Es enthält Mechanismen des Emissionshandels, den Clean Development Mechanism sowie den Joint Implementation Mechanism.

Begriff	Erläuterung
Lieferant	Lieferanten sind Unternehmen oder Personen, die Produkte oder Dienstleistungen bereitstellen, die vom belieferten Unternehmen verwendet werden, z. B. Rohstofflieferanten und -produzenten, Großhändler, Auftragnehmer, Distributoren, Heimarbeiter, Subunternehmer Freelancer, Hersteller, Berater oder Makler. Neben direkten Lieferanten sind auch die Lieferanten der Lieferanten usw. gemeint, sofern deren Produkte und Dienstleistungen in die Lieferkette eingehen.
Lieferkette	Gemeint ist die Reihe der Lieferanten, deren Produkte und Dienstleistungen vom Unternehmen bezogen werden.
Menschenrechtsklausel	Verbindliche Mindestanforderungen an Menschenrechte als Voraussetzung für Investitionen, die schriftlich vereinbart wurden.
Mitarbeiter/in	Neben den Angestellten des Unternehmens können auch Praktikanten, Auszubildende, Freelancer, Mitarbeiter von Subunternehmern und Lieferanten dazuzählen.
Nachhaltigkeitsziele	Die 17 Nachhaltigkeitsziele der Vereinten Nationen umfassen die relevanten ökonomischen, sozialen und ökologischen Ziele und sind seit 2016 für 15 Jahre bis 2030 für die globale Politik maßgebend.[1]
Ökostrom	Unter Ökostrom (auch Strom aus erneuerbaren Energien oder Grünstrom genannt) versteht man Strom aus erneuerbaren Energiequellen wie beispielsweise Wind, Sonne oder Wasserkraft. Da die Stromerzeugung keine direkten Treibhausgasemissionen verursacht, ist das Umstellen auf Ökostrom eine der wichtigsten Maßnahmen zur Vermeidung von Treibhausgasemissionen.
Ozonloch	In der zweiten Hälfte des 20. Jahrhunderts haben Emissionen von Fluorchlorkohlenwasserstoffen zu einer starken Ausdünnung der Ozonschicht geführt. Die meisten Ozon abbauenden Substanzen werden durch das Umweltprogramm der Vereinten Nationen kontrolliert. Globale Maßnahmen haben zu einer wesentlichen Reduzierung des Ozonlochs geführt. Man geht davon aus, dass sich die noch in der Atmosphäre befindlichen Fluorchlorkohlenwasserstoffe im Laufe des 21. Jahrhunderts abbauen werden und das Ozonloch sich wieder nahezu vollständig schließen wird. Aus heutiger Sicht handelt es sich bei den Maßnahmen zur Behebung des Ozonlochs um ein sehr erfolgreiches globales Umweltschutzprojekt.
Renaturiertes Gebiet	Gebiet, das für Geschäftstätigkeiten genutzt oder beeinträchtigt und durch Sanierungsmaßnahmen wieder in seinen ursprünglichen Zustand mit intaktem Ökosystem versetzt wurde.
Schutzgebiet	Ein vor negativen Auswirkungen geschütztes Gebiet, das sich in seinem ursprünglichen Zustand mit intaktem Ökosystem befindet.

[1]   Vgl. die ausführliche Darstellung Kapitel 1.

Begriff	Erläuterung
Treibhausgase	Treibhausgase entstehen vorrangig bei der Verbrennung fossiler Brennstoffe zur Energieerzeugung (Kohle- oder Gaskraftwerke) oder im Dienst der Mobilität (Verbrennung von Treibstoffen im Fahr- oder Flugzeug), können aber auch das Ergebnis chemischer oder physikalischer Prozesse sein. Bezogen auf das ausgestoßene Gesamtvolumen ist Kohlendioxid (CO_2) das bedeutendste Treibhausgas. Neben CO_2 werden im Regelfall auch Methan (CH_4 aus Viehzucht, Reisanbau, Deponien), Lachgas (N_2O aus Stickstoffdüngung und Deponien), Schwefelhexafluorid (SF_6 durch Hochspannungsleitungen) und Fluorkohlenwasserstoffe (FKW und H-FKW durch Kühlmittelleckagen und aus der chemischen Industrie) berücksichtigt. Die Treibhausgase werden in das Treibhauspotenzial von CO_2 umgerechnet und bilden somit CO_2-Äquivalente (CO_2e). So hat Methan einen Äquivalenzfaktor von 21, Lachgas von ca. 300, Fluorkohlenwasserstoffe von bis zu 9.200 und Schwefelhexafluorid von 23.900.
Treibhauseffekt	Treibhausgase sind ein wichtiger Bestandteil unserer Atmosphäre und tragen durch den natürlichen Treibhauseffekt dazu bei, ein lebenserhaltendes Klima auf unserer Erde zu schaffen. Durch den hohen zusätzlichen Ausstoß an Treibhausgasen seit Beginn der Industrialisierung hat sich die Konzentration an Treibhausgasen in der Atmosphäre jedoch signifikant erhöht, was zu einer zusätzlichen Erwärmung unserer Atmosphäre führt. Dieser vom Menschen induzierte („anthropogene") Treibhauseffekt bedroht langfristig unsere Lebensgrundlage. Daher hat sich die Weltgemeinschaft zuletzt im Pariser Abkommen von 2015 das Ziel gesetzt, die Erderwärmung auf maximal 2 °C zu begrenzen.
United Nations Framework Convention on Climate Change	Unter UNFCCC versteht man die 1992 auf der Konferenz der Vereinten Nationen für Umwelt und Entwicklung in Rio de Janeiro verabschiedete UN-Klimarahmenkonvention. Sie wurde bisher von 193 Staaten ratifiziert und ist am 21. März 1994 in Kraft getreten. Das Sekretariat der Klimarahmenkonvention ist in Bonn angesiedelt. 1997 verabschiedeten die Unterzeichnerstaaten das Kyoto-Protokoll, in dem konkrete Maßnahmen zum Klimaschutz erarbeitet wurden – unter anderem der Clean Development Mechanism.
Verified Carbon Standard	Der Verified Carbon Standard (VCS) ist der weltweit am weitesten verbreitete Standard für Klimaschutzprojekte. Er wurde 2005 unter Beteiligung des Weltwirtschaftsforums und des World Business Council on Sustainable Development gegründet. Heute sind mehr als die Hälfte aller freiwilligen Emissionsreduktionen nach dem VCS validiert und verifiziert.
Weltklimarat	Dies ist eine im Deutschen verwendete Bezeichnung des Intergovernmental Panel on Climate Change (IPCC).
Zusätzlichkeit	Zusätzlichkeit ist eines der vier grundlegenden Kriterien für Klimaschutzprojekte. Es bedeutet, dass ein Klimaschutzprojekt nur auf Basis der zusätzlichen Finanzierung durch den Verkauf von Emissionsminderungszertifikaten verwirklicht werden kann. So soll sichergestellt werden, dass das Projekt nicht sowieso, also auch ohne zusätzliche Finanzierung durch den Verkauf von Klimaschutzzertifikaten, realisiert worden wäre. Staatlich subventionierte Anlagen zur Stromerzeugung können aus diesem Grund keine Klimaschutzprojekte werden.

Begriff	Erläuterung
Zwangs- oder Pflichtarbeit	Arbeiten, die nicht freiwillig, sondern unter Androhung von Strafe ausgeübt werden. Auch wenn Sklavenarbeit offiziell weltweit abgeschafft ist, gibt es zahlreiche Formen moderner Sklaverei wie Schuldknechtschaft, politische Gefangenschaft, Kinderarbeit, Zwangsprostitution, Rekrutierung von Kindersoldaten sowie die klassischen Formen der Leibeigenschaft und wirtschaftlichen Ausbeutung, die Millionen von Menschen leiden lassen. Hinweise auf Zwangsarbeit sind die Einbehaltung von Ausweispapieren, Verpflichtung zu obligatorischen Kautionen, Verpflichtung zu Überstunden. Die global gültige Vereinbarung zur Vermeidung der Zwangsarbeit ist die Forced Labour Convention aus dem Übereinkommen 29 der Internationalen Arbeitsorganisation von 1930.

WP StB Katharina Völker-Lehmkuhl, Heiligenhaus

Dr. Christian Reisinger, Berlin

Quellen

Beckmann, Kai Michael: Sustainable Finance treibt die „nachhaltige Transformation", in: Die Wirtschaftsprüfung, Heft 6/2020, Seite 331 (Reihe „Green and more")

Beckmann, Kai Michael: Impact-orientierter Standard für eine Wertbilanz, in: Die Wirtschaftsprüfung, Heft 14/2020, Seite 808 ff. (Reihe „Green and more")

Heller, Christian [CEO Value Balancing Alliance e.V. (VBA)]: Hin zur Wertoptimierung: Value Balancing Alliance [Interview], in: IDW Life, Heft 01/2021, Seite 11 ff.

IDW (Hrsg.): Kreditinstitute, Finanzdienstleister und Investmentvermögen (WPH Edition) Düsseldorf 2020.

IDW Positionspapier Nachhaltigkeit – Pflichten und Zweifelsfragen zur nichtfinanziellen Erklärung als Bestandteil der Unternehmensführung (Stand 14.06.2017).

IDW Positionspapier Sustainable Finance als Teil der nachhaltigen Transformation. Auswirkungen auf Kreditinstitute (Stand 30.09.2020).

IDW Positionspapier Zukunft der nichtfinanziellen Berichterstattung und deren Prüfung (Stand 16.10.2020).

IDW Prüfungshinweis (IDW PH) 9.350.2 Die Behandlung der nichtfinanziellen Berichterstattung nach §§ 289b bis 289e, 315b und 315c HGB durch den Abschlussprüfer (Stand 22.09.2020).

ISA [DE] 720 (Rev.): Verantwortlichkeiten des Abschlussprüfers im Zusammenhang mit sonstigen Informationen; Visualisierung in: IDW (Hrsg.): GoA visuell. Strukturierte grafische Darstellung aller vom IDW veröffentlichten Grundsätze ordnungsmäßiger Abschlussprüfung, Düsseldorf 2020, S. 205 ff.

Kolmar, Mirjam: Bühne frei für ein Sorgfaltspflichtengesetz, in: Die Wirtschaftsprüfung, Heft 22/2020, Seite 1369 ff. (Reihe „Green and more")

Lanfermann, Georg/Glöckner, Alexander: Europa als Motor für die Vereinheitlichung von nichtfinanziellen Rahmenwerken?, in: Die Wirtschaftsprüfung, Heft 8/2020, Seite 436 ff. (Reihe „Green and more")

Lanfermann, Georg/Glöckner, Alexander: Sicherung der Zuverlässigkeit nichtfinanzieller Informationen durch eine EU-weite Prüfungspflicht, in: Die Wirtschaftsprüfung, Heft 20/2020, Seite 1227 ff. (Reihe Green and more)

Praum, Kai: CR, CSR und Nachhaltigkeit. Nicht dasselbe, aber das Gleiche?, in: Corporate Responsibility, Jubiläumsausgabe Nr. 10 (2015): Bestandsaufnahme und Zukunftsperspektiven für Corporate Responsibility, S. 40 ff.

Richter, Nicole/Meyer, Yvonne C.: ESG-Risiken? In das Risikomanagementsystem!, in: Die Wirtschaftsprüfung, Heft 24/2019, Seite 1340 ff. (Reihe „Green and more")

Richter, Nicole/ Meyer, Yvonne C.: EU-Standard für Green Bonds – aktuelle Entwicklungen, in: Die Wirtschaftsprüfung, Heft 16/2020, Seite 970 ff. ((Reihe „Green and more")

Schäfer, Nina/Schönberger, Martin W.: Klimaberichterstattung mit Luft nach oben, in: Die Wirtschaftsprüfung, Heft 10/2020, Seite 549 ff. (Reihe „Green and more")

Schmidt, Matthias: Quo vadis nichtfinanzielle Berichterstattung?, in: Die Wirtschaftsprüfung, Heft 22/2019, Seite 1198 ff. (Reihe „Green and more")

Schmidt, Matthias: Zur Relevanz der SASB-Standards für deutsche Unternehmen, in: Die Wirtschaftsprüfung, Heft 12/2020, Seite 685 ff. (Reihe „Green and more")

Schmidt, Matthias: Sustainable-Finance-Taxonomie der EU, in: Die Wirtschaftsprüfung, Heft 24/2020, Seite 1495 ff. (Reihe „Green and more")

Siegel, Daniel P./Stibi, Bernd: Nachhaltigkeit: Bedeutung für den Berufsstand, in: IDW Life, Heft 01/2021, Seite 8 ff.

Simon-Heckroth, Ellen/Borcherding, Nils: Verankerung der Corporate Social Responsibility im Geschäftsmodell, in: Die Wirtschaftsprüfung, Heft 4/2020, Seite 210 ff. (Reihe „Green and more")

Simon-Heckroth, Ellen/Borcherding, Nils: Sachverstand im Aufsichtsrat, in: Die Wirtschaftsprüfung, Heft 18/2020, Seite 1104 ff. (Reihe „Green and more")

Völker-Lehmkuhl, Katharina: Praxis der Bilanzierung und Besteuerung von CO_2-Emissionsrechten, Berlin 2019.

Völker-Lehmkuhl, Katharina/Reisinger, Christian: Wegweiser Nachhaltigkeit: Praxisorientierter Überblick zur Berichterstattung und Prüfung, Düsseldorf 2019.

Völker-Lehmkuhl, Katharina: Praxisleitfaden unternehmerischer Klimaschutz, Berlin 2021.

Völker-Lehmkuhl, Katharina: Herausforderung Nachhaltigkeit, in: IDW Life, Heft 01/2021, Seite 5 ff.

Stichwortverzeichnis